工学结合·基于工作过程导向的项目化创新系列教材
国家示范性高等职业教育土建类"十三五"规划教材

建设工程监理

JIANSHE GONGCHENG JIANLI

主　编　吴业平
副主编　袁定安　何　欢
　　　　王雪峰
参　编　刘　刚

華中科技大学出版社
http://www.hustp.com
中国·武汉

内容简要

本书根据国家最新法律法规、政策、标准编写，共有11个教学项目，紧密联系我国建设工程监理的实际以及监理制度的发展，遵循高职学生培养目标，系统阐述建设工程监理的基本概念、基本理论和基本方法，编写思路清晰，体系结构安排合理，在编写风格和表达形式方面有新突破，通过构建具体的项目情境，减少了理论阐述，增加了相关知识链接，提供相关的练习，以达到学习目的。

本书为土建系列高职高专规划教材，也适合现场工程监理人员参考。

图书在版编目(CIP)数据

建设工程监理/吴业平主编. —武汉：华中科技大学出版社，2018.9
国家示范性高等职业教育土建类"十三五"规划教材
ISBN 978-7-5680-2867-7

Ⅰ.①建…　Ⅱ.①吴…　Ⅲ.①建筑工程-监理工作-高等职业教育-教材　Ⅳ.①TU712

中国版本图书馆CIP数据核字(2017)第108466号

建设工程监理
Jianshe Gongcheng Jianli

吴业平　主编

策划编辑：袁　冲
责任编辑：刘　静
责任监印：朱　玢
出版发行：华中科技大学出版社(中国·武汉)　电话：(027)81339688
武汉市东湖新技术开发区华工科技园　邮编：430223
录　　排：匠心文化
印　　刷：武汉华工鑫宏印务有限公司
开　　本：787mm×1092mm　1/16
印　　张：14.25
字　　数：355千字
版　　次：2018年9月第1版第1次印刷
定　　价：35.00元

前言 QIANYAN

本书根据国家最新法律法规、政策、标准编写，结合国家注册监理工程师考试内容和工程监理领域前沿知识，从高等职业教育的培养目标和教学要求出发，主要对建设工程监理制度、“三控”、“三管”、“一协调”等内容进行了阐述。

本书在确保建设工程监理基本概念、基本理论和基本方法的前提下，提高了法律法规和合同管理等内容的比重。本书体现高职教学特色，理论与实践在书中有机融合，注重引发学生的思考与学习兴趣。本书内容丰富，案例实用，并附有复习思考题，学习与练习同步进行，以激发学生学习兴趣。

本书由武汉铁路职业技术学院吴业平任主编，由中铁十一局集团有限公司高级工程师袁定安、武汉铁路职业技术学院何欢、江西科技学院王雪峰任副主编，武汉铁路桥梁职业学院刘刚参与了本书编写工作。本书共 11 个项目，其中吴业平编写项目二至项目五，袁定安编写项目八和项目十，何欢编写项目六和项目七，王雪峰编写项目一和项目九，刘刚编写项目十一。

在编写本书的过程中，编者参考了注册监理工程师考试用书、大量同类书和相关资料，在此对相关的作者也一并表示感谢。

由于编者学识水平有限，书中难免有不妥或者疏漏之处，恳请读者批评指正。

编　者

2018 年 5 月

目录 MULU

项目一　建设工程监理概述 …… (1)
任务一　建设工程监理的基本概念及概念的要点 …… (2)
任务二　建设工程监理的性质、特点和作用 …… (3)
任务三　建设工程监理的方法 …… (6)
任务四　建设程序及建设工程监理制度 …… (7)
任务五　建设工程监理的实施程序及主要内容和实施原则 …… (12)
复习思考题 …… (15)
项目二　工程监理企业、项目监理机构和监理工程师 …… (16)
任务一　工程监理企业 …… (17)
任务二　项目监理机构 …… (22)
任务三　监理人员 …… (23)
复习思考题 …… (27)
项目三　监理文件 …… (28)
任务一　监理文件概述 …… (29)
任务二　监理大纲 …… (30)
任务三　监理规划 …… (32)
任务四　监理实施细则 …… (45)
复习思考题 …… (49)
项目四　建设工程监理组织 …… (50)
任务一　组织的基本原理 …… (51)
任务二　建设工程组织管理模式 …… (56)
任务三　工程监理模式与实施程序 …… (60)
任务四　项目监理机构 …… (65)
复习思考题 …… (76)
项目五　建设工程投资控制 …… (77)
任务一　建设工程投资控制概述 …… (78)
任务二　施工阶段的投资控制 …… (80)
任务三　竣工决算 …… (90)
复习思考题 …… (94)
项目六　建设工程进度控制 …… (95)
任务一　进度控制概述 …… (96)

任务二　施工阶段的进度控制 …… (99)
任务三　施工进度计划实施的检查与监督 …… (106)
任务四　施工进度计划实施的调整方法 …… (114)
复习思考题 …… (119)
项目七　建设工程监理目标控制 …… (120)
任务一　目标控制原理 …… (121)
任务二　建设工程目标系统 …… (126)
任务三　建设工程目标控制 …… (128)
任务四　建设工程目标控制的任务和措施 …… (157)
复习思考题 …… (163)
项目八　建设工程合同管理 …… (164)
任务一　合同基本原理 …… (165)
任务二　监理工程师对施工合同的管理 …… (167)
任务三　FIDIC《土木工程施工合同条件》简介 …… (169)
任务四　建设工程委托监理合同管理 …… (170)
复习思考题 …… (176)
项目九　建设工程风险管理 …… (177)
任务一　建设工程风险管理概述 …… (178)
任务二　建设工程风险识别 …… (180)
任务三　建设工程风险评估 …… (184)
任务四　建设工程风险响应 …… (194)
任务五　建设工程风险控制 …… (196)
复习思考题 …… (198)
项目十　建设工程安全生产管理 …… (199)
任务一　相关法律责任 …… (200)
任务二　安全生产管理的监理工作主要内容 …… (201)
任务三　安全生产管理的监理工作主要方法 …… (204)
任务四　建筑工程安全生产管理监理工作现场检查要点 …… (206)
任务五　安全文明施工监理 …… (210)
复习思考题 …… (213)
项目十一　建设工程监理信息管理 …… (214)
任务一　监理信息管理概述 …… (215)
任务二　监理的信息管理 …… (217)
任务三　监理资料与文档管理 …… (219)
复习思考题 …… (221)
参考文献 …… (222)

项目一
建设工程监理概述

1

学习目标

了解建设工程监理的概念；理解建设工程监理的性质、特点和作用；掌握建设工程监理的基本方法；熟悉建设工程建设程序及建设工程监理制度；掌握建设工程监理实施程序和实施原则。

案例引入

某工程，建设单位委托工程监理单位承担施工阶段监理任务。在施工过程中，监理工程师在检查混凝土试块强度报告时，发现下部结构有一个检验批内的混凝土试块强度不合格，经法定检测单位对相应部位实体进行测定，强度未达到设计要求。经设计单位验算，实体强度不能满足结构安全的要求。对于此类事件，工程监理单位应依据什么规定进行处理？如何进行处理？

任务一　建设工程监理的基本概念及概念的要点

一、建设工程监理的基本概念

建设工程监理是指工程监理单位受建设单位委托，根据法律法规、工程建设标准、勘察设计文件及合同，在施工阶段对建设工程质量、造价、进度进行控制，对合同、信息进行管理，对工程建设相关方的关系进行协调，并履行建设工程安全生产管理法定职责的服务活动。实行工程建设监理制度的目的在于提高工程建设的投资效益和社会效益。

工程监理单位是指依法成立并取得国务院建设主管部门颁发的工程监理企业资质证书，从事建设工程监理活动的服务机构。建设单位也称为业主、项目法人，是委托监理的一方。建设单位在工程建设中拥有确定建设工程的规模、标准、功能，以及选择勘察单位、设计单位、施工单位、监理单位等工程建设中重大问题的决定权。

二、建设工程监理概念的要点

(1)建设工程监理的行为主体是工程监理企业。

(2)建设工程监理的实施需要建设单位的委托和授权。工程监理企业应根据建设工程委托监理合同和有关的建设工程合同的规定实施监理。工程监理企业在所监理的工程中拥有一定的管理权限，是建设单位授权的结果。承包单位接收并配合监理是履行合同的一种行为。

(3)建设工程监理的依据包括工程建设文件、有关法律法规和标准规范、建设工程委托监理合同和有关的建设工程合同。

(4)建设工程监理的范围。《建设工程质量管理条例》对实行强制性监理的工程范围做出了原则性的规定，下列建设工程必须实行监理：

①国家重点建设工程；

②大中型公用建设工程；

③成片开发建设的住宅小区工程；

④利用外国政府或国际组织贷款、援助资金的工程；

⑤国家规定必须实行监理的其他工程。

建设工程监理适用于工程投资决策阶段和实施阶段，但目前主要是对建设工程施工阶段进行监理。

任务二 建设工程监理的性质、特点和作用

一、建设工程监理的性质

建设工程监理具有服务性、科学性、公正性和独立性。

1. 服务性

建设工程监理的服务性是由它的业务性质决定的。在工程建设中，监理人员利用自己的知识、技能和经验、信息及必要的试验、检测手段，为建设单位提供项目管理服务，并向建设单位收取一定数量的酬金。

工程监理单位既不直接进行设计，也不直接进行施工；既不向建设单位承包造价，也不参与承包单位的利益分成。建设工程监理是工程监理单位接受建设单位的委托而开展的服务性活动，它直接服务的对象是建设单位。这种服务性活动是按照建设工程委托监理合同进行的，是受法律的约束和保护的。

2. 科学性

建设工程监理应当遵循科学性准则。建设工程监理的科学性体现在，建设工程监理是为工程管理与工程技术提供知识的服务。监理的任务决定了监理应当采用科学的思想、理论、方法和手段，为建设单位提供服务。监理的社会化、专业化特点要求工程监理单位按照高智能原则组建工作团队。

按照建设工程监理的科学性要求，工程监理单位应当拥有足够数量的、业务素质合格的监理工程师，要有一套科学的管理制度，要掌握先进的监理理论、方法，要积累足够的技术、经济资料和数据，以及拥有现代化的监理手段。

3. 公正性

工程监理单位不仅是为建设单位提供技术服务的一方，还应当成为建设单位与承包单位之间公正的第三方。在任何时候，工程监理单位都应该站在公正的立场上，依据国家法律、法规、技术标准、规范、规程和合同文件进行判断、证明和行使自己的处理权，要在维护建设单位合法利益的同时，不损害被监理单位的合法权益。

4. 独立性

从事建设工程监理活动而建立的工程监理单位是直接参与工程项目建设的“三方当事人”之一，与项目建设单位、承包单位之间的关系是平等的、横向的。在工程项目建设中，工程监理单位是独立的一方。工程监理单位在履行监理义务和开展监理活动的过程中，要建立自己的组织机构，确定自己的工作准则，运用自己掌握的方法和手段，根据自己的判断，独立开展工作。工程监理单位既要认真、勤奋、竭诚地为委托方建设单位服务，协助建设单位实现预定目标，也要按照公正、独立、自主的原则开展监理工作。

二、建设工程监理的特点

我国的建设工程监理无论是在管理理论和方法上，还是在业务内容和工作程序上，与国

外的建设项目管理均大同小异。但由于发展条件不尽相同，我国建设工程监理具有以下特点。

1. 建设工程监理的服务对象具有单一性

在国际上，建设项目管理按服务对象主要可分为为建设单位服务的项目管理和为承建单位服务的项目管理。而我国的建设工程监理制规定，工程监理单位只接受建设单位的委托，即只为建设单位服务。它不能接受承建单位的委托为其提供管理服务。从这个角度来讲，我国的建设工程监理就是为建设单位服务的项目管理。

2. 建设工程监理制属于强制推行的制度

建设项目管理是适应建筑市场中建设单位新的需求的产物，其发展过程也是整个建筑市场发展的一个方面，没有来自政府部门的行政指导或干预。而我国的建设工程监理从一开始就是作为对计划经济条件下所形成的建设工程管理体制改革的一项新制度提出来的，也是依靠行政手段和法律手段在全国范围推行的。为此，不仅在各级政府部门中设立了主管建设工程监理有关工作的专门机构，而且制定了有关的法律、法规、规章，明确提出国家推行建设工程监理制度，并明确规定了必须实行建设工程监理的工程范围。其结果是在较短时间内促进了建设工程监理在我国的发展，形成了一批专业化、社会化的工程监理单位和监理工程师队伍，缩小了与发达国家建设项目管理的差距。

3. 建设工程监理具有监督功能

我国的工程监理单位有一定的特殊地位，它与建设单位构成委托与被委托的关系，与承建单位虽然无任何经济关系，但根据建设单位授权，有权对其不当建设行为进行监督，或者预先防范，或者指令其及时改正，或者向有关部门反映并请求纠正。不仅如此，在我国的建设工程监理中还强调对承建单位施工过程和施工工序的监督、检查和验收，而且在实践中又进一步提出了旁站监理的规定。我国监理工程师在质量控制方面的工作所达到的深度和细度，应当说远远超过国际上一些发达国家建设项目管理人员的工作深度和细度，这对保证工程质量起到了很好的作用。

4. 市场准入的双重控制

在建设项目管理方面，一些发达国家只对专业人士的执业资格提出要求，而没有对企业的资质管理做出规定。而我国对建设工程监理的市场准入采取了企业资质和人员资格的双重控制，要求专业监理工程师以上的监理人员要取得监理工程师资格证书，不同资质等级的工程监理单位要有一定数量的取得监理工程师资格证书并经注册的人员。应当说，这种市场准入的双重控制对保证我国建设工程监理队伍的基本素质、规范我国建设工程监理市场起到了积极的作用。

三、建设工程监理的作用

建设工程监理制度在我国虽然实施时间不长，但已经发挥出明显的作用。建设工程监理的作用主要体现在以下几个方面。

1. 有利于提高建设工程投资决策的科学化水平

在建设单位委托工程监理单位实施全方位、全过程监理的前提下，当建设单位有了初步的项目意向后，工程监理单位可协助建设单位选择适当的工程咨询机构，管理工程咨询合同的实施，并对咨询结果（如项目建议书、可行性研究报告）进行评估，提出有价值的修改意见和建议；或者直接从事工程咨询工作，为建设单位提供建设方案。工程监理单位参与或承担项目决策阶段的监理工作，有利于提高项目投资决策的科学化水平，避免项目投资决策失误，也为实现建设工程投资综合效益最大化打下良好的基础。

2. 有利于规范工程建设参与各方的建设行为

工程建设参与各方的建设行为都应当符合法律、法规、规章和市场准则。要做到这一点，仅仅依靠自律机制是远远不够的，还需要建立有效的约束机制。为此，首先需要政府对工程建设参与各方的建设行为进行全面的监督管理，这是最基本的约束，也是政府的主要职能之一。但是，由于客观条件所限，政府的监督管理不可能深入到每一项建设工程的实施过程中，因而，还需要建立另一种约束机制，来对工程建设参与各方的建设行为进行约束。建设工程监理制就是这样一种约束机制。

在建设工程实施过程中，工程监理单位可依据建设工程委托监理合同和有关的建设工程合同对承包单位的建设行为进行监督管理。这种约束机制由于贯穿于工程建设的全过程，因此可以采用事前、事中和事后控制相结合的方式，从而有效地规范各承包单位的建设行为，最大限度地避免不当建设行为的发生。即使出现不当的建设行为，工程监理单位也可以及时加以制止，最大限度地减少其不良后果。另一方面，由于建设单位不了解建设工程有关的法律、法规、规章、管理程序和市场行为准则，也可能发生不当的建设行为。在这种情况下，工程监理单位可以向建设单位提出适当的建议，从而避免建设单位不当建设行为的发生，这对规范建设单位的建设行为也起到一定的约束作用。

当然，要发挥上述约束作用，工程监理单位必须首先规范自身的行为，并接受政府的监督管理。

3. 有利于促使承建单位保证建设工程质量和使用安全

建设工程是一种特殊的产品，不仅价值大、使用寿命长，而且关系到人民的生命财产安全、健康和环境。因此，保证建设工程质量和使用安全就显得尤为重要。工程监理单位对承包单位建设行为的监督管理实际上是从产品需求者的角度对建设工程生产过程的管理，这与产品生产者自身的管理有很大的不同。工程监理单位的监理人员都是既懂工程技术又懂经济管理的专业人士，他们有能力及时发现建设工程实施过程中出现的问题，及时发现工程材料、设备及阶段产品存在的问题，从而避免留下工程质量隐患。因此，在承包单位自身对工程质量加强管理的基础上，工程监理单位介入建设工程生产过程的管理，对保证建设工程质量和使用安全有着重要作用。

4. 有利于实现建设工程投资效益最大化

建设工程投资效益最大化有以下三种不同表现。

（1）在满足建设工程预定功能和质量标准的前提下，建设投资额最少。

（2）在满足建设工程预定功能和质量标准的前提下，建设工程寿命周期费用（或全寿命费用）最少。

（3）建设工程本身的投资效益与环境、社会效益的综合效益最大化。

实行建设工程监理制之后，工程监理单位一般都能协助建设单位实现上述第（1）种表现,也能在一定程度上实现上述第(2)种和第(3)种表现。随着建设工程寿命周期费用思想和综合效益理念的深入,建设工程投资效益最大化的第(2)种和第(3)种表现越来越受重视,从而大大地提高了我国的整体投资效益,促进了国民经济的发展。

任务三 建设工程监理的方法

建设工程监理的基本方法是目标规划、动态控制、组织协调及信息管理和合同管理。它们相互联系、相互支持、共同运行,形成一个完整的建设工程监理方法体系。

一、目标规划

目标规划是以实现目标控制为目的的规划和计划,它是围绕工程项目投资、进度和质量目标进行的研究确定、分解综合、安排计划、风险管理、制订措施等工作的集合。目标规划是目标控制的基础和前提,只有做好目标规划,才能有效地实施目标控制。

目标规划工作包括以下几个方面。

(1)正确确定投资、进度、质量目标或对已经初步确定的目标进行论证。

(2)按照目标控制的需要将各目标进行分解,使每个目标都形成一个既能分解又能综合的满足控制要求的目标划分系统,以便对目标实施控制。

(3)把工程项目实施的过程、目标和活动编制成计划,用动态的计划系统来协调和规范工程项目的实施,为实现预期目标构筑一条通路,使项目协调、有序地达到预期目标。

(4)对计划目标的实现进行风险分析和管理,以便采取有针对性的有效措施,实施主动控制。

(5)制订各项目标的综合控制措施,力保项目目标的实现。

二、动态控制

动态控制是开展建设工程监理活动时采用的基本方法。动态控制工作贯穿于工程项目的整个监理过程中。

动态控制就是在工程项目的实施过程中,通过对过程、目标和活动的跟踪,全面、及时、准确地掌握建设工程信息,定期将实际目标值与计划目标值进行对比,如果偏离了计划和标准的要求,就采取措施进行纠正,以保证总计划目标的实现。这种控制是一个动态的、不断循环的过程,直至项目建成并交付使用。

三、组织协调

组织协调与目标控制是密不可分的。组织协调就是为了实现项目目标。在监理过程中,当设计概算超过投资估算时,监理工程师要与设计单位进行协调,在满足建设单位对项目的功能和使用要求的前提下,力求项目费用不超过限定的投资额度;当施工进度影响到项目动工时间时,监理工程师就要与承包单位进行协调,或改变投入,或修改计划,或调整目标,直到制订出一个解决问题的理想方案为止;当发现承包单位的管理人员不称职,给工程质量造成影响时，监理工程师要与承包单位进行协调，以确保工程质量。

组织协调包括项目监理机构内部人与人、机构与机构之间的协调。例如，项目总监理工程师与各专业监理工程师之间人际关系的协调，以及纵向监理部门与横向监理部门之间关系的协调。组织协调还存在于项目监理单位与外部环境组织之间，其中主要是与项目建设单位、设计单位、承包单位、材料和设备供应单位，以及与政府有关部门、社会团体、咨询单位、科学研究、工程毗邻单位之间的协调。

四、信息管理和合同管理

1. 信息管理

建设工程监理离不开工程信息。在实施监理过程中，监理工程师要对所需要的信息进行收集、整理、处理、存储、传递、应用等一系列工作，这些工作统称为信息管理。

信息管理对建设工程监理是十分重要的。监理工程师在开展监理工作中要不断地预测或发现问题，要不断地进行规划、决策、执行和检查，而规划需要规划信息，决策需要决策信息，执行需要执行信息，检查需要检查信息。监理工程师对目标的控制也需要信息。因此，监理工程师必须加强信息管理。

2. 合同管理

工程监理单位在建设工程监理过程中的合同管理主要是根据建设工程委托监理合同的要求，对工程承包合同的签订、履行、变更和解除进行监督和检查，对合同双方的争议进行调解和处理，以保证合同的依法签订和全面履行。

合同管理对工程监理单位完成监理任务是非常重要的。根据国外经验，合同管理产生的经济效益往往大于技术优化所产生的经济效益。一项工程合同，应当对参与建设项目各方的建设行为起控制作用，同时具体指导一项工程如何操作完成。所以，从这个意义上来讲，合同管理起着控制整个项目实施的作用。例如，按照FIDIC《土木工程施工分包合同条件》实施的工程，通过72条，194项条款，详细地列出了在项目实施过程中遇到的各方面问题，并规定了合同各方在遇到这些问题时的权利和义务，同时还规定了监理工程师在处理各种问题时的权限和职责，涉及了工程实施过程中经常发生的有关设备、材料、开工、停工、延误、变更、风险、索赔、支付、争议和违约等问题，以及财务管理、工程进度管理和工程质量管理等方面的工作。

任务四 建设程序及建设工程监理制度

一、建设程序

（一）建设程序的概念

所谓建设程序，是指一项建设工程从设想、提出到决策，经过设计、施工，直至投产或交付使用的整个过程中，应当遵循的内在规律。

按照建设工程的内在规律，投资建设一项工程应当经过投资决策、建设实施和交付使用三个发展时期。每个发展时期又可分为若干阶段，各阶段及每个阶段内的各项工作之间存在着不能随意颠倒的、严格的先后顺序关系。科学的建设程序应当在坚持“先勘察，后设计，再施工”的原则的基础上，突出“优化决策，竞争择优，委托监理”的原则。

按现行规定，我国一般大中型及限额以上项目将建设活动分成以下几个阶段。

(1)提出项目建议书。

(2)编制可行性研究报告。

(3)根据咨询、评估情况对建设项目进行决策。

(4)根据批准的可行性研究报告编制设计文件。

(5)初步设计方案批准后，做好施工前各项准备工作。

(6)组织施工，并根据施工进度做好生产或动用前准备工作。

(7)项目按照批准的设计内容建完，经投料试车验收合格后，正式投产交付使用。

(8)生产运营一段时间，进行项目后评价。

项目建设与管理的程序如图 1-1 所示。

(二)建设工程各阶段工作内容

1. 提出项目建议书阶段

项目建议书是向国家提出的建设某一项目的建议性文件，是对拟建项目的初步设想。项目建议书的主要作用是通过论述拟建项目建设的必要性、可行性，以及获利、获益的可能性，向国家推荐建设项目，供国家选择并确定是否进行下一步工作。

项目建议书的基本内容有：

(1)拟建项目建设的必要性和依据；

(2)产品方案、建设规模、建设地点初步设想；

(3)建设条件初步分析；

(4)投资估算和资金筹措设想；

(5)项目进度初步安排；

(6)效益估计。

按照规定，项目建议书根据拟建项目规模报送有关部门审批。一般大中型及限额以上项目的项目建议书应先报行业归口主管部门，同时抄送国家发改委。行业归口主管部门初审同意后报国家发改委，国家发改委根据建设总规模、生产力总布局、资源优化配置、资金供应可能和外部协作条件等方面进行综合平衡，还要委托具有相应资质的工程咨询单位评估后审批；重大项目由国家发改委报国务院审批。小型和限额以下项目的项目建议书，按项目隶属关系由部门或地方发改会审批。

项目建议书批准后，项目可列入项目建设前期工作计划，可以进行下一步的可行性研究工作。

2. 可行性研究阶段

可行性研究是指在项目决策之前，通过调查、研究和分析与项目有关的工程、技术、经济等方面的条件和情况，对可能的多种方案进行比较论证，同时对项目建成后的经济效益进行预测和评价的一种投资决策分析和科学分析活动。其目的就是要论证建设项目在技术上是

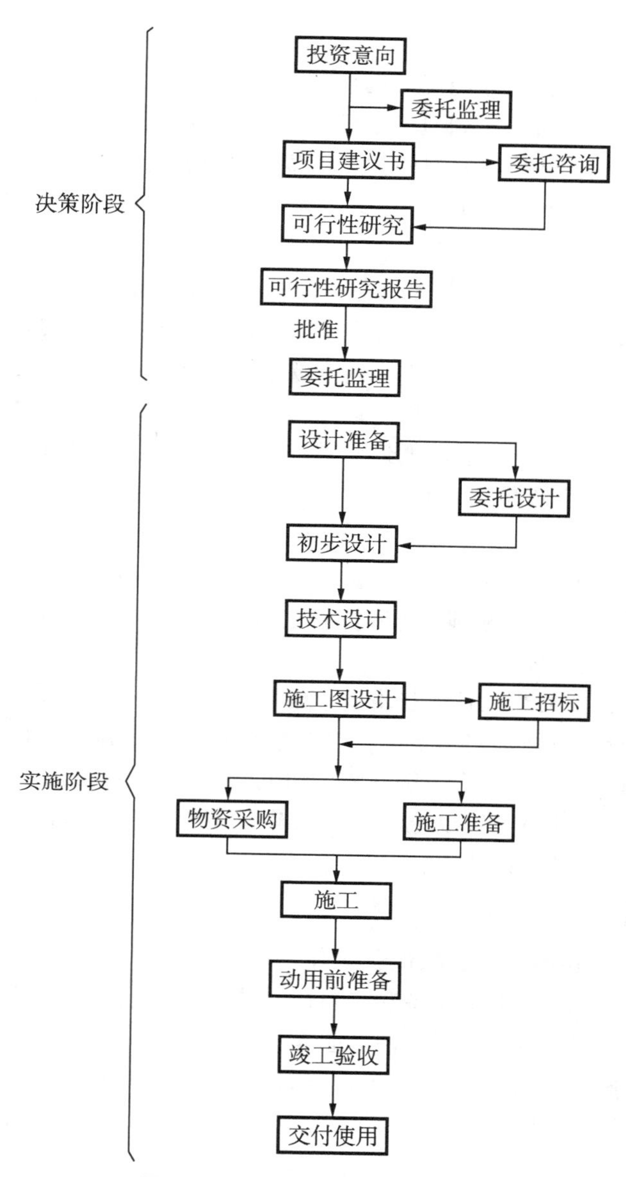

图 1-1 项目建设与管理的程序

否先进，在功能上是否实用、可靠，在经济上是否合理，在财务上是否盈利，通过多方案比较，提出评价意见，推荐最佳方案，从而降低项目决策的盲目性，使建设项目的确定具有切实的科学性。

可行性研究是从项目建设和生产经营全过程分析项目的可行性，大体包括市场、技术和经济两个方面的研究，主要解决项目建设是否必要、技术方案是否可行、生产建设条件是否具备和项目建设是否经济合理等问题。

可行性研究的成果是可行性研究报告。经批准的可行性研究报告是项目最终决策文件。可行性研究报告批准后，拟建项目正式立项。此时，根据实际需要设立项目法人，即组织建设单位。在一般情况下，改、扩建项目不单独设筹建机构，仍由原企业负责建设。

3. 设计阶段

设计是对拟建工程在技术和经济上进行全面的安排，是工程建设计划的具体化，是组织施工的依据。设计质量直接关系到建设工程的质量，是建设工程的决定性环节。

经批准立项的建设工程，一般应通过招标、投标择优选择设计单位。

一般工程进行两阶段设计，即初步设计和施工图设计。有些工程根据需要可在两阶段设计之间增加技术设计。

(1)初步设计。初步设计是根据批准的可行性研究报告和设计基础资料，对工程进行系统研究，粗略计算，做出总体安排，制订出具体实施方案。初步设计的目的是在指定的时间、空间等限制条件下，在总投资控制的额度内和质量要求下，做出技术上可行、经济上合理的设计和规定，并编制工程总概算。初步设计不得随意改变批准的可行性研究报告所确定的建设规模、产品方案、工程标准、建设地址和总投资等基本条件。当初步设计提出的总概算超过可行性研究报告总投资的10%以上，或者其他主要指标需要变更时，应重新向原审批单位报批。

(2)技术设计。为了进一步解决初步设计中的重大问题，如工艺流程、建筑结构、设备造型等，根据初步设计和进一步的调查研究资料进行技术设计。这样做可以使建设工程更具体、更完善，技术指标更合理。

(3)施工图设计。在初步设计或技术设计的基础上进行施工图设计，使设计达到施工安装的要求。施工图设计应结合实际情况，完整、准确地表达出建筑物的外形、内部空间的分割、结构体系及建筑系统的组成和周围环境的协调。《建设工程质量管理条例》规定，建设单位应当将施工图设计文件报县级以上人民政府建设主管部门或其他有关部门审查，未经审查批准的施工图设计文件不得使用。

4. 施工准备阶段

工程开工前，应当切实做好各项准备工作，其中包括：组建项目法人；征地、拆迁和平整场地，做到水通、电通、路通；组织设备和材料的订货；建设工程报监；委托工程监理；组织施工招标投标，优选施工单位；办理施工许可证等。

按规定做好准备工作，具备开工条件以后，建设单位申请开工。经批准，项目进入下一阶段，即施工安装阶段。

5. 施工安装阶段

建设工程具备了开工条件并取得施工许可证后才能开工。

按照规定，建设工程正式开工时间是指建设工程项目设计文件中规定的任何一项永久性工程第一次正式破土开槽的开始日期。不需要破土开槽的工程，以正式打桩作为正式开工日期。铁道、公路和水库等需要进行大量土石方工程的，以开始进行土石方工程作为正式开工日期。工程地质勘查、平整场地、旧建筑物拆除、临时建筑或设施等的施工不算正式开土。

本阶段的主要任务是按设计进行施工安装，建成工程实体。

在施工安装阶段，承包单位应当认真做好设计交底和图纸会审工作，了解设计意图，明确质量要求，选择合适的材料供应商，做好人员培训，编制好施工组织设计，合理组织施工，建立并落实技术管理体系、质量管理体系和质量保证体系，严格把好中间质量验收和竣工验收环节。

6. 生产准备阶段

生产准备阶段是由建设阶段转入生产经营阶段的重要衔接阶段。在本阶段，建设单位应当做好相关工作的计划、组织、指挥、协调和控制工作。

生产准备阶段的主要工作有：

(1)组建管理机构，制定有关制度和规定；

(2)招聘并培训生产管理人员，组织相关人员参加设备安装和调试、工程验收等工作；

(3)签订供货及运输协议；

(4)工具、器具、备品和备件等的制造或订货工作；

(5)其他需要做好的有关工作。

7. 竣工验收阶段

竣工验收是考核建设成果、检验设计和施工质量的关键步骤，是由投资成果转入生产或使用的标志。竣工验收合格后，建设工程方可交付使用。建设工程按设计文件规定的内容和标准全部完成，并按规定将工程内外全部清理完毕后，达到竣工验收条件，建设单位即可组织勘察、设计、施工、监理等有关单位进行竣工验收。竣工验收后，建设单位应及时向建设行政主管部门或其他有关部门备案并移交建设项目档案。

建设工程自办理竣工验收手续后，因勘察、设计、施工、材料等原因造成的质量缺陷，应及时修复，费用由责任方承担。保修期限、返修和损害赔偿应当遵照《建设工程质量管理条例》的规定。

二、建设工程监理制度

自 1988 年建设部发布《关于开展建设监理工作的通知》以来，我国的工程监理制度先后经历了试点、稳步发展和全面推行三个阶段。1988—1992 年，重点在北京、上海、天津等八个城市和交通、水电两个行业开展试点工作；1993－1995 年，全国地级以上城市稳步开展了工程监理工作；1995 年，全国第六次建设工程监理工作会议明确提出，从 1996 年开始，在建设领域全面推行工程监理制度，并在 1997 年出台《中华人民共和国建筑法》，以法律形式做出规定。这些法律、法规的具体规定构成了我国建设工程监理制度的主要内容：

(1)一定范围内的建设工程项目实行强制性建设监理；

(2)对工程监理单位实行资质管理制度；

(3)对专业监理工程师实行考试注册和继续教育制度；

(4)从事监理工作可以合法获取监理酬金。

《中华人民共和国建筑法》的颁布实施，确立了工程监理在建设活动中的法律地位；《建设工程质量管理条例》和《建设工程安全生产管理条例》的出台，进一步明确了工程监理在质量管理和安全生产管理方面的法律责任、权利和义务。为了规范工程监理行为，保障工程监理健康发展，建设部先后出台了《监理工程师资格考试和注册试行办法》《建设工程监理范围和规模标准规定》《工程监理企业资质管理规定》等部门规章；国务院铁道、交通、水利、信息产业等有关部门也出台了相应专业工程监理的部门规章。近几年来，一些省市相继出台了地方法规和规章，如浙江省于 2001 年出台了《浙江省建设工程监理管理条例》，深圳市于

2002 年出台了《深圳经济特区建设工程监理条例》，四川、河北等省也以省长令的形式出台了监理规定。这些法律、法规和规章，初步形成了我国工程监理的法规体系，为工程监理工作提供了法律保障。

建设工程监理制度进一步完善了我国工程建设管理体制，它与建设项目法人责任制、招标投标制和合同管理制共同组成了我国工程建设的基本管理体制，适应了我国社会主义市场经济条件下工程建设管理的需要。建设工程监理制度的推行，加快了我国工程建设组织实施方式向社会化、专业化方向转变的步伐，建立了建设工程各方主体之间相互协作、相互制约、相互促进的建设工程项目管理运行机制，促进了我国建设工程项目管理体制的进一步完善。我国建设工程项目管理体制的结构如图 1-2 所示。

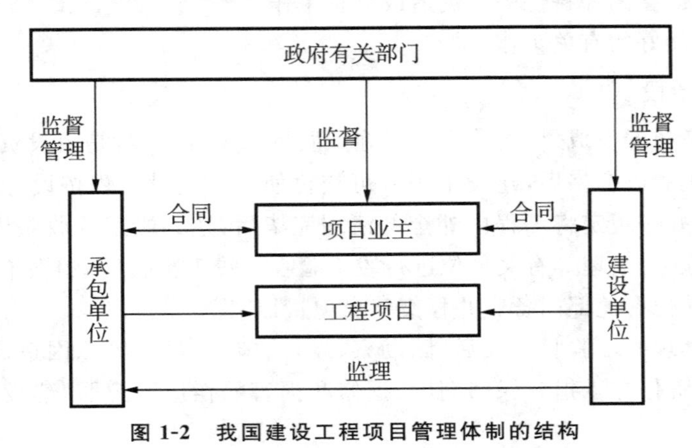

图 1-2　我国建设工程项目管理体制的结构

任务五　建设工程监理的实施程序及主要内容和实施原则

一、建设工程监理的实施程序

在工程监理单位与建设单位签订建设工程委托监理合同后，工程监理单位按建设工程委托监理合同要求正式开始对工程项目实施监理。建设工程项目施工阶段监理实施程序如图 1-3 所示。

(1)确定项目总监理工程师，成立项目监理机构。

工程监理单位应根据项目的规模、性质，建设单位对监理的要求，委派称职的人员担任项目总监理工程师，总监理工程师对内向工程监理单位负责，对外向建设单位负责。同时，委派称职的人员担任项目监理工程师和监理员。

(2)编制建设工程监理规划。

(3)制订各专业监理细则。

(4)规范化地开展监理工作。

规范化主要体现在以下三个方面。

①工作的时序性。监理的各项工作都是按一定的逻辑顺序展开的，从而保证了监理工作的有序性，确保有效地达到监理目标。

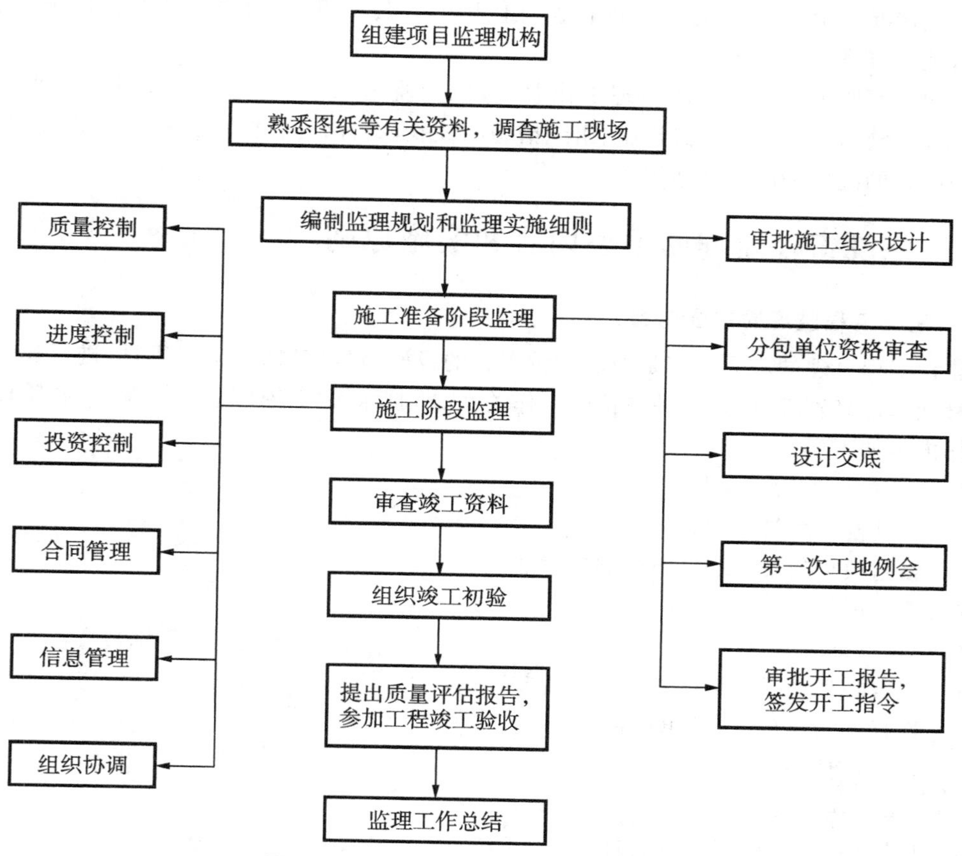

图 1-3 建设工程施工阶段监理实施程序

②职责分工的严密性。建设工程监理工作是由不同专业、不同层次的专家群体共同完成的，因此，严密的职责分工是协调监理工作的前提和实现监理目标的重要保证。

③工作目标的确定性。在职责分工的基础上，每一项监理工作应达到的具体目标都应是确定的，完成的时间也应有时限规定，从而能通过报表资料对监理工作及其效果进行检查和考核。

(5)参与验收，签署建设工程监理意见。

在建设工程施工完成后，工程监理单位应在正式验收前组织竣工预验收，对在预验收中发现的问题，应及时与承包单位沟通，提出整改要求。承包单位按要求整改后，工程监理单位提出工程质量评估报告，并应参加建设单位组织的工程竣工验收，签署意见。

(6)向建设单位提交建设工程监理档案资料。

项目建设监理业务完成后，工程监理单位要向建设单位提交建设工程监理档案资料。提供的建设工程监理档案资料应在建设工程委托监理合同中约定，主要有设计变更、工程变更资料，监理指令性文件，各类签证资料，以及其他约定提交的档案资料。

(7)监理工作总结。

项目监理机构应及时向建设单位和工程监理单位提交监理工作总结。监理工作的总结主要有以下内容。

①向业主提交的监理工作总结，包括建设工程监理委托合同履行情况概述，监理任务或

目标完成情况评价，建设单位提供的供监理使用的办公用房、交通设备和实验设施等清单，表明监理工作终结的说明；

②向工程监理单位提交的监理工作总结，包括监理工作的经验，可采用的某种监理技术、方法的经验，采用某种经济措施、组织措施的经验，签订合同、协调关系的经验，以及监理工作中存在的问题和改进的建议等。

二、建设工程监理的主要内容和实施原则

1. 建设工程监理的主要内容

建设工程监理的主要内容是控制建设工程的投资、建设工期和工程质量，进行建设工程合同管理和信息管理，协调有关单位的工作关系，即通称的“三控两管一协调”。各阶段的具体工作内容如下所述。

1)建设前期阶段

(1)提供投资决策咨询；

(2)编制项目建议书和可行性研究报告；

(3)项目评估。

2)设计阶段

(1)审查和评选设计方案；

(2)选择勘察单位、设计单位；

(3)核查设计概算书。

3)施工准备阶段

(1)协助建设单位编制招标文件；

(2)核查施工图设计文件和概(预)算书；

(3)协助建设单位组织招标投标活动；

(4)协助建设单位签订勘察合同、设计合同并监督合同的实施；

(5)协助建设单位与中标单位商签承包合同。

4)施工阶段

(1)协助建设单位与承包单位编写开工报告；

(2)确认承包单位选择的分包单位；

(3)审批施工组织设计；

(4)下达开工令；

(5)审查承包单位提供的材料、设备采购清单；

(6)检查工程使用的材料、构件、设备的规格和质量；

(7)检查施工技术措施和安全防护设施；

(8)协商工程设计变更，超出委托权限的变更须报建设单位决定；

(9)督促履行承包合同，主持协商合同条款的变更，调解合同双方的争议，处理索赔事项；

(10)检查工程进度和施工质量，验收分部分项工程，签署工程付款凭证；

(11)督促整理承包合同文件和技术档案资料；

(12)组织工程预验收，提供竣工验收报告；

(13)核查工程结算。

5)工程保修阶段

在规定的保修期内,负责检查工程质量状况,鉴定质量问题责任,督促责任单位维修。

2. 建设工程监理的实施原则

(1)公正、独立、自主的原则。

(2)权责一致的原则。在建设工程委托监理合同和其他建设工程合同中应当体现出这一原则,在工程监理单位与项目监理机构之间应当体现这一原则,在项目监理机构内部也应当体现这一原则。

(3)总监理工程师负责制的原则。总监理工程师在工程项目监理中应当成为监理责任主体、监理权力主体和利益主体。

(4)坚持严格监理、竭诚服务的原则。一方面,严格按照有关法律、法规、规范、标准实施监理,严格根据有关部门批准的建设工程文件进行监理,严格按照建设工程委托监理合同和其他建设工程合同开展监理;另一方面,要运用合理的技能,谨慎而努力地工作,为委托者提供满意的服务。但是,不能因此而一味地向承包单位转嫁风险,从而损害承包单位的正当经济利益。

(5)综合效益的原则。实施建设工程监理时,不仅要维护建设单位的正当经济利益,还要维护社会公众利益和考虑环境效益。

案例分析

按照《建设工程监理规范》的规定,监理工程师发现施工存在重大质量隐患,可能造成质量事故时,应向总监理工程师反映,总监理工程师应及时下达“工程暂停令”,要求承包单位停工整改。整改完毕,经监理工程师复查,符合规定要求后,总监理工程师应及时签署“工程复工报批单”。

复习思考题

1. 何谓建设工程监理?它的概念要点是什么?
2. 建设工程监理有哪些基本性质?
3. 建设工程监理的任务是什么?
4. 简述建设工程监理的基本方法。
5. 我国建设工程监理制度的主要内容有哪些?
6. 试述建设工程项目施工阶段的监理实施程序。

项目二
工程监理企业、项目监理机构和监理工程师

学习目标

熟悉监理人员的概念，了解监理人员的素质要求和工作职能；熟悉监理工程师的概念，了解监理工程师的素质要求和职业道德；了解监理工程师执业资格考试、注册和继续教育，熟悉监理工程师的法律责任；熟悉工程监理企业的概念，了解工程监理企业的建立过程，了解工程监理企业与工程建设其他方的关系，熟悉工程监理企业经营管理。

案例引入

某公路工程项目，监理业务由业主直接委托给某工程监理企业。监理范围包括路基路面、桥梁、隧道等主要项目的设计和施工。

业主直接将项目的质量控制、进度控制等相关监理业务全部委托给该工程监理企业，是否符合现行法律法规的规定？该工程监理企业应派几名总监理工程师？

任务一 工程监理企业

一、工程监理企业的资质管理

工程监理企业，一般是指取得监理企业资质证书，具有法人资格的从事工程监理业务的经济组织。它是监理工程师的执业机构，包括专门从事监理业务的独立的监理公司、监理事务所，也包括取得监理资质的工程设计、科学研究、工程建设咨询及工程项目管理的单位。工程监理企业是建筑市场的三大主体之一。建设部为了加强工程监理企业资质管理，维护建筑市场秩序，保证建设工程质量、工期和投资效益，制定了《工程监理企业资质管理规定》。

1. 工程监理企业资质

工程监理企业应当按照其拥有的注册资本、专业技术人员和工程监理业绩等资质条件申请资质，经审查合格，取得相应等级的资质证书后，方可在其资质等级许可范围内从事工程监理活动。工程监理企业的资质分为综合资质、专业资质和事务所资质。其中，专业资质按照工程性质和技术特点划分为若干工程类别。综合资质、事务所资质不分级别。专业资质分为甲级、乙级。其中，房屋建筑、水利水电、公路和市政公用专业资质可设立丙级。

工程监理企业的资质等级标准如下。

1)综合资质标准

(1)具有独立法人资格且注册资本不少于 600 万元。

(2)企业技术负责人应为注册监理工程师，并具有 15 年以上从事工程建设工作的经历或者具有工程类高级职称。

(3)具有 5 个以上工程类别的专业甲级工程监理资质。

(4)注册监理工程师不少于 60 人，注册造价工程师不少于 5 人，一级注册建造师、一级注册建筑师、一级注册结构工程师或者其他勘察设计注册工程师合计不少于 15 人次。

(5)企业具有完善的组织结构和质量管理体系，有健全的技术、档案等管理制度。

(6)企业具有必要的工程试验检测设备。

(7)申请工程监理资质之日前一年内没有《工程监理企业资质管理规定》第十六条禁止的行为。

(8)申请工程监理资质之日前一年内没有因本企业监理责任造成重大质量事故。

(9)申请工程监理资质之日前一年内没有因本企业监理责任发生三级以上工程建设重大安全事故或者发生两起以上四级工程建设安全事故。

2)专业资质标准

(1)甲级。

①具有独立法人资格且注册资本不少于300万元。

②企业技术负责人应为注册监理工程师,并具有15年以上从事工程建设工作的经历或者具有工程类高级职称。

③注册监理工程师、注册造价工程师、一级注册建造师、一级注册建筑师、一级注册结构工程师或者其他勘察设计注册工程师合计不少于25人次;其中,相应专业注册监理工程师不少于要求配备的人数,注册造价工程师不少于2人。

④企业近2年内独立监理过3个以上相应专业的二级工程项目,但是,具有甲级设计资质或一级及以上施工总承包资质的企业申请本专业工程类别甲级资质的除外。

⑤企业具有完善的组织结构和质量管理体系,有健全的技术、档案等管理制度。

⑥企业具有必要的工程试验检测设备。

⑦申请工程监理资质之日前一年内没有《工程监理企业资质管理规定》第十六条禁止的行为。

⑧申请工程监理资质之日前一年内没有因本企业监理责任造成重大质量事故。

⑨申请工程监理资质之日前一年内没有因本企业监理责任发生三级以上工程建设重大安全事故或者发生两起以上四级工程建设安全事故。

(2)乙级。

①具有独立法人资格且注册资本不少于100万元。

②企业技术负责人应为注册监理工程师,并具有10年以上从事工程建设工作的经历。

③注册监理工程师、注册造价工程师、一级注册建造师、一级注册建筑师、一级注册结构工程师或者其他勘察设计注册工程师合计不少于15人次。其中,相应专业注册监理工程师不少于要求配备的人数,注册造价工程师不少于1人。

④有较完善的组织结构和质量管理体系,有技术、档案等管理制度。

⑤有必要的工程试验检测设备。

⑥申请工程监理资质之日前一年内没有《工程监理企业资质管理规定》第十六条禁止的行为。

⑦申请工程监理资质之日前一年内没有因本企业监理责任造成重大质量事故。

⑧申请工程监理资质之日前一年内没有因本企业监理责任发生三级以上工程建设重大安全事故或者发生两起以上四级工程建设安全事故。

(3)丙级。

①具有独立法人资格且注册资本不少于50万元。

②企业技术负责人应为注册监理工程师,并具有8年以上从事工程建设工作的经历。

③相应专业的注册监理工程师不少于要求配备的人数。

④有必要的质量管理体系和规章制度。

⑤有必要的工程试验检测设备。

3)事务所资质标准

(1)取得合伙企业营业执照,具有书面合作协议书。

(2)合伙人中有3名以上注册监理工程师,合伙人均有5年以上从事建设工程监理的工作经历。

(3)有固定的工作场所。

(4)有必要的质量管理体系和规章制度。

(5)有必要的工程试验检测设备。

2. 工程监理企业的资质管理

工程监理企业资质管理的内容，主要包括对工程监理企业的设立、定级、升级、降级、变更和终止等的资质审查、批准及资质年检工作。工程监理企业在分立或合并时，要按照新设立的工程监理企业的要求重新审查其资质等级并核定其业务范围，颁发新核定的资质证书。工程监理企业有破产、倒闭、撤销、歇业的，应当将资质证书交回原发证机关予以注销。

我国工程监理企业资质管理的原则是“分级管理，统分结合”，按中央和地方两个层次进行工程监理企业资质管理。中央级是由国务院建设主管部门负责全国工程监理企业资质的监督管理工作；地方级是指省、自治区、直辖市人民政府建设主管部门，负责其行政区域内工程监理企业资质的监督管理工作。

1)工程监理企业资质的申请和审批

(1)申请综合资质、专业甲级资质的，应当向企业工商注册所在地的省、自治区、直辖市人民政府建设主管部门提出申请。

省、自治区、直辖市人民政府建设主管部门应当自受理申请之日起20日内初审完毕，并将初审意见和申请材料报国务院建设主管部门。

国务院建设主管部门应当自省、自治区、直辖市人民政府建设主管部门受理申请材料之日起60日内完成审查，公示审查意见，公示时间为10日。其中，涉及铁路、交通、水利、通信、民航等专业工程监理资质的，由国务院建设主管部门送国务院有关部门审核。国务院有关部门应当在20日内审核完毕，并将审核意见报国务院建设主管部门。国务院建设主管部门根据初审意见审批。

(2)专业乙级、丙级资质和事务所资质由企业所在地省、自治区、直辖市人民政府建设主管部门审批。

专业乙级、丙级资质和事务所资质许可。延续的实施程序由省、自治区、直辖市人民政府建设主管部门依法确定。

省、自治区、直辖市人民政府建设主管部门应当自做出决定之日起10日内，将准予资质许可的决定报国务院建设主管部门备案。

(3)申请工程监理企业资质，应当提交以下材料：

①工程监理企业资质申请表(一式三份)及相应电子文档；

②企业法人、合伙企业营业执照；

③企业章程或合伙人协议；

④企业法定代表人、企业负责人和技术负责人的身份证明、工作简历及任命(聘用)文件；

⑤工程监理企业资质申请表中所列注册监理工程师及其他注册执业人员的注册执业证书；

⑥有关企业质量管理体系、技术和档案等管理制度的证明材料；

⑦有关工程试验检测设备的证明材料。

取得专业资质的企业申请晋升专业资质等级或者取得专业甲级资质的企业申请综合资质的，除上述材料外，还应当提交企业原工程监理企业资质证书正、副本复印件，企业监理业务手册及近两年已完成代表工程的监理合同、监理规划、工程竣工验收报告及监理工作总结。

(4)申请资质证书变更，应当提交以下材料：

①资质证书变更的申请报告；

②企业法人营业执照副本原件；

③工程监理企业资质证书正、副本原件。

工程监理企业改制的，除应当提高材料外，还应当提交企业职工代表大会或股东大会关于企业改制或股权变更的决议、企业上级主管部门关于企业申请改制的批复文件。

(5)资质有效期届满，工程监理企业需要继续从事工程监理活动的，应当在资质证书有效期届满60日前，向原资质许可机关申请办理延续手续。

对在资质有效期内遵守有关法律、法规、规章、技术标准，信用档案中无不良记录，且专业技术人员满足资质标准要求的企业，经资质许可机关同意，有效期延续5年。

(6)工程监理企业在资质证书有效期内名称、地址、注册资本、法定代表人等发生变更的，应当在工商行政管理部门办理变更手续后30日内办理资质证书变更手续。

涉及综合资质、专业甲级资质证书中企业名称变更的，由国务院建设主管部门负责办理，并自受理申请之日起3日内办理变更手续。

上述规定以外的资质证书变更手续，由省、自治区、直辖市人民政府建设主管部门负责办理。省、自治区、直辖市人民政府建设主管部门应当自受理申请之日起3日内办理变更手续，并在办理资质证书变更手续后15日内将变更结果报国务院建设主管部门备案。

(7)企业需增补工程监理企业资质证书的(含增加、更换、遗失补办)，应当持资质证书增补申请及电子文档等材料向资质许可机关申请办理。遗失资质证书的，在申请补办前应当在公众媒体刊登遗失声明。资质许可机关应当自受理申请之日起3日内予以办理。

2)工程监理企业的监督检查

(1)县级以上人民政府建设主管部门和其他有关部门应当依照有关法律、法规和《工程监理企业资质管理规定》，加强对工程监理企业资质的监督管理。

(2)建设主管部门履行监督检查职责时，有权采取下列措施：

①要求被检查单位提供工程监理企业资质证书、注册监理工程师注册执业证书，有关工程监理业务的文档，有关质量管理、安全生产管理、档案管理等企业内部管理制度的文件；

②进入被检查单位进行检查，查阅相关资料；

③纠正违反有关法律、法规和《工程监理企业资质管理规定》及有关规范和标准的行为。

(3)建设主管部门进行监督检查时，应当有两名以上监督检查人员参加，并出示执法证件，不得妨碍被检查单位的正常经营活动，不得索取或者收受财物、谋取其他利益。

有关单位和个人对依法进行的监督检查应当协助与配合，不得拒绝或者阻挠。

监督检查机关应当将监督检查的处理结果向社会公布。

(4)工程监理企业违法从事工程监理活动的，违法行为发生地的县级以上地方人民政府建设主管部门应当依法查处，并将违法事实、处理结果或处理建议及时报告该工程监理企业资质的许可机关。

(5)工程监理企业取得工程监理企业资质后不再符合相应资质条件的,资质许可机关根据利害关系人的请求或者依据职权,可以责令其限期改正;逾期不改的,可以撤回其资质。

(6)有下列情形之一的,资质许可机关或者其上级机关,根据利害关系人的请求或者依据职权,可以撤销工程监理企业资质:

①资质许可机关工作人员滥用职权、玩忽职守做出准予工程监理企业资质许可的;

②超越法定职权做出准予工程监理企业资质许可的;

③违反资质审批程序做出准予工程监理企业资质许可的;

④对不符合许可条件的申请人做出准予工程监理企业资质许可的;

⑤依法可以撤销资质证书的其他情形。

以欺骗、贿赂等不正当手段取得工程监理企业资质证书的,应当予以撤销。

(7)有下列情形之一的,工程监理企业应当及时向资质许可机关提出注销资质的申请,交回资质证书,国务院建设主管部门应当办理注销手续,公告其资质证书作废:

①资质证书有效期届满,未依法申请延续的;

②工程监理企业依法终止的;

③工程监理企业资质依法被撤销、撤回或吊销的;

④法律、法规规定的应当注销资质的其他情形。

(8)工程监理企业应当按照有关规定,向资质许可机关提供真实、准确、完整的工程监理企业的信用档案信息。

工程监理企业的信用档案应当包括基本情况、业绩、工程质量和安全、合同违约等情况。被投诉举报和处理、行政处罚等情况应当作为不良行为记入其信用档案。

工程监理企业的信用档案信息按照有关规定向社会公示,公众有权查阅。

二、工程监理企业的经营管理

工程监理企业从事建设工程监理活动时,应当遵循“守法、诚信、公正科学”的经营管理准则。

1. 守法

守法即遵守国家的法律法规。对于工程监理企业来说,守法,就是指要依法经营,主要体现在:

(1)工程监理企业只能在核定的业务范围内开展经营活动;

(2)工程监理企业不得伪造、涂改、出租、出借、转让和出卖资质证书;

(3)工程监理企业应认真履行监理合同;

(4)工程监理企业去外地经营监理业务,要向当地建设部门注册备案,遵守当地监理法规等;

(5)工程监理企业应遵守国家关于企业法人的其他法律、法规的规定。

2. 诚信

工程监理企业在监理活动中,应当做到忠诚、老实,讲信用、重信誉,竭诚为客户服务,应当运用合理的技能,为建设单位提供与其水平相适应的咨询意见,认真、勤奋地工作,协助建设单位实现预定的目标。

3. 公正

工程监理企业既要公正地维护建设单位的利益，又不能损害承包单位的合法权益。同时，工程监理企业要根据合同公平、合理地处理建设单位与承包单位之间的争议。

4. 科学

工程监理企业要根据科学的方案、手段和方法开展建设工程监理活动和提供其他技术服务。

任务二　项目监理机构

工程监理单位与建设单位签订建设工程委托监理合同后，在实施建设工程监理之前，首先应根据监理工作内容及建设工程项目特点建立相应的项目监理机构。项目监理机构的组织形式和规模，应根据建设工程委托监理合同规定的服务内容、服务期限、工程类别、工程规模、工程技术复杂程度和工程环境等确定。

一、建立项目监理机构的步骤

(1)确定项目监理机构目标。
(2)确定监理工作的内容。
(3)项目监理机构组织结构的设计。
具体内容在项目四进行讲解，此处不赘述。

二、项目监理机构的组织形式

项目监理机构的组织形式是指项目监理机构具体采用的管理组织结构，应根据建设工程项目的特点、建设工程组织管理模式、建设单位委托的监理任务及工程监理单位的自身情况而确定。项目监理机构常用的组织形式有直线制监理组织形式、职能制监理组织形式、直线职能制监理组织形式和矩阵制监理组织形式四种。这部分内容在项目四详细介绍，此处不赘述。

三、项目监理机构的人员配备和职责分工

项目监理机构中监理人员的配备应根据监理的任务范围、内容、期限、专业类别，以及工程的类别、规模、技术复杂程度和工程环境等因素综合考虑，并应符合建设工程委托监理合同中对监理深度和密度的要求，能体现项目监理机构的整体素质，满足监理目标控制的要求。

项目监理机构人员配备完毕，应进行职责分工，以保证各监理人员权责一致，保证监理工作顺利展开。

有关项目监理机构人员配备和职责分工的内容在项目四做详细介绍，此处不赘述。

任务三 监理人员

一、监理人员的执业要求

监理人员包括监理工程师和监理员，监理工程师包括国家监理工程师和省监理工程师。国家监理工程师是指经全国监理工程师执业资格统一考试合格，取得监理工程师执业资格证书，并经注册从事建设工程监理活动的专业人员。省监理工程师是指具备免考资格或者通过省建设行政主管部门培训、考核取得岗位证书，并从事建设工程监理活动的专业人员。省监理员是指具备免考资格或者通过设区市建设行政主管部门培训、考核取得岗位证书，并从事建设工程监理活动的人员。

监理工程师是工程监理企业的主要技术监理人员，是具有一定的专业水平和工程实践经验，经过考试合格并经注册的监理人员。监理工程师注册制度是政府对监理人员实行市场准入控制的有效手段。监理工程师经注册，即表明获得了政府对其以监理工程师名义从业的行政许可，因而具有相应工作岗位的责任和权力。仅取得“监理工程师执业资格证书”，没有取得“监理工程师岗位证书”的人员，则不具备这些权力，也不承担相应的责任。

二、监理工程师的素质和职业道德

1. 监理工程师的素质

(1)具有较高的专业学历和复合型的知识结构。

监理工程师至少应具有工程类大专以上学历，并应了解或掌握一定的工程建设经济、法律和组织管理等方面的理论知识，熟悉设计、施工、管理，还要有组织、协调能力，不断了解新技术、新设备、新材料、新工艺，熟悉与工程建设相关的现行法律法规、政策规定，成为一专多能的复合型人才，持续保持较高的知识水准。

(2)具有丰富的工程建设实践经验。

(3)拥有良好的品德。

监理工程师的良好品德主要体现在以下几个方面。

①热爱本职工作。

②具有科学的工作态度。

③具有廉洁奉公、为人正直、办事公正的高尚情操。

④能够听取不同方面的意见，冷静分析问题。

(4)拥有健康的体魄和充沛的精力。

2. 监理工程师的职业道德

(1)维护国家的荣誉和利益，按照“守法，诚信，公正，科学”的准则执业。

(2)执行有关建设工程的法律、法规、规范、标准和制度，履行建设工程委托监理合同规定的义务和职责。

(3)努力学习专业技术和建设工程监理知识，不断提高业务能力和监理水平。

(4)不以个人名义承揽监理业务。

(5)不同时在2个或2个以上工程监理企业注册和从事监理活动,不在政府部门和施工单位、材料和设备的生产供应单位等兼职。

(6)不为所监理项目指定承包单位、建筑构配件、设备、材料和施工方法。

(7)不收受被监理单位的任何礼品、礼金和有价证券等。

(8)不泄露所监理工程各方认为需要保密的事项。

(9)坚持独立自主地开展工作。

三、监理人的权利和义务

监理工程师的职权是通过建设工程委托监理合同和建设工程施工合同来规定的。建设工程委托监理合同中规定了监理人的权利和义务。监理人是指承担监理业务和监理责任的一方,以及其合法继承人。当然,每一个监理工程师都应认真学习和吃透合同文本,按照合同条款规范自身的行为,提高业务水平,维护自身的正当权益。建设工程委托监理合同标准条文的相关条款涉及监理工程师的职责。

1. 监理人的权利

(1)选择工程总承包人的建议权。

(2)选择工程分包人的认可权。

(3)对建设工程有关事项,包括工程规模、设计标准、规划设计、生产工艺设计和使用功能要求,向委托人提建议的权力。

(4)对工程设计中的技术问题,按照安全和优化的原则,向设计人提出建议;如果拟提出的建议可能会提高工程造价或延长工期,监理人应当事先征得委托人的同意。当发现工程设计不符合国家颁布的建设工程质量标准或设计合同约定的质量标准时,监理人应当书面报告委托人并要求设计人更正。

(5)审批工程施工组织设计文件和技术方案,按照保质量、保工期和降低成本的原则,向承包人提出建议,并向委托人提出书面报告。

(6)主持工程建设有关协作单位的组织协调工作,重要协调事项应当事先向委托人报告。

(7)征得委托人同意,监理人有权发布开工令、停工令、复工令,但应当事先向委托人报告。如在紧急情况下未能事先报告,则应在24小时内向委托人做出书面报告。

(8)工程上使用的材料和施工质量的检验权。对于不符合设计要求和合同约定及国家质量标准的材料、构配件、设备,监理人有权通知承包人停止使用;对于不符合规范和质量标准的工序、分部工程、分项工程和不安全施工作业,监理人有权通知承包人停工整改、返工。承包人得到项目监理机构的复工令后才能复工。

(9)工程施工进度的检查、监督权,以及工程实际竣工日期提前或超过建设工程施工合同规定的竣工期限的签认权。

(10)在建设工程施工合同约定的工程价格范围内,工程款支付的审核权和签认权,以及工程结算的复核确认权和否决权。未经总监理工程师签字确认,委托人不支付工程款。

(11)监理人在委托人授权下,可对任何承包人合同规定的义务提出变更。如果由此严重影响了工程费用、质量或进度,则这种变更须经委托人事先批准。在紧急情况下未能事先报委托人批准时，监理人所做的变更也应尽快通知委托人。在监理过程中，如发现工程承包人员工作不力，项目监理机构可要求承包人调换有关人员。

(12)在委托的工程范围内，委托人或承包人对对方的任何意见和要求(包括索赔要求)，均必须首先向项目监理机构提出，由项目监理机构研究并提出处理意见，再同双方协商确定。当委托人和承包人发生争议时，项目监理机构应根据自己的职能，以独立的身份判断，公正地进行调解。当双方的争议由政府建设主管部门调解或仲裁机构仲裁时，项目监理机构应当提供做证的事实材料。

2. 监理人的义务

(1)监理人按合同约定派出开展监理工作需要的项目监理机构和监理人员，向委托人报送委派的总监理工程师和项目监理机构主要成员名单、监理规划，完成建设工程委托监理合同专用条件中约定的监理工程范围内的监理业务。在履行建设工程委托监理合同所规定的义务期间，应按合同约定定期向委托人报告监理工作。

(2)监理人在履行建设工程委托监理合同所规定的义务期间，应认真、勤奋地工作，为委托人提供与其水平相适应的咨询意见，公正维护各方面的合法权益。

(3)监理人所使用的委托人提供的设施和物品属委托人的财产。在监理工作完成或中止时，监理人应将其设施和剩余的物品按建设工程委托监理合同约定的时间和方式移交给委托人。

(4)在建设工程委托监理合同期内或建设工程委托监理合同终止后，未征得有关方同意，监理人不得泄露与本工程、本建设工程委托监理合同业务有关的保密资料。

四、监理工程师的法律责任

监理工程师的法律责任建立在法律法规和建设工程委托监理合同的基础上。监理工程师法律责任的表现行为主要分为两种，一种是违反法律法规的行为，另一种是违反合同约定的行为。

1. 违反法律法规的行为

现行法律法规专门对监理工程师的法律责任做了具体规定。这些法律责任包括刑事责任、民事责任和行政责任，例如以下法律：

《中华人民共和国刑法》第 137 条规定，建设单位、设计单位、施工单位、工程监理单位违反国家规定，降低工程质量标准，造成重大安全事故的，对直接责任人员，处 5 年以下有期徒刑或者拘役，并处罚金；后果特别严重的，处 5 年以上 10 年以下有期徒刑，并处罚金。

《中华人民共和国建筑法》第 68 条规定，在工程发包与承包中索赔、受贿、行贿，构成犯罪的，依法追究刑事责任；不构成犯罪的，分别处以罚款，没收贿赂的财物，对直接负责的主管人员和其他直接责任人员给予处分；对在工程承包中行贿的承包单位，除依照前款规定处罚外，可以责令停业整顿，降低资质等级或者吊销资质证书。第 69 条规定，工程监理单位与建设单位或者建筑施工企业串通，弄虚作假、降低工程质量的，责令改正，处以罚款，降低资质等级或者吊销资质证书；有违法所得的，予以没收；造成损失的，承担连带赔偿责任；构成犯罪的，依法追究刑事责任。工程监理单位转让监理业务的，责令改正，没收违法所得，可以责令停业整顿，降低资质等级；情节严重的，吊销资质证书。

《建设工程质量管理条例》第74条规定，建设单位、设计单位、施工单位、工程监理单位违反国家规定，降低工程质量标准，造成重大安全事故，构成犯罪的，对直接责任人员依法追究刑事责任。

2. 违约行为

监理工程师一般主要受聘于工程监理企业，从事工程监理业务。工程监理企业是订立建设工程委托监理合同的当事人，是法定意义上的合同主体。但建设工程委托监理合同在具体履行时，是由监理工程师代表监理企业来实现的。因此，如果监理工程师出现工作过失，违反了建设工程委托监理合同中的约定，其行为将被视为工程监理企业违约，由工程监理企业承担相应的违约责任。当然，工程监理企业在承担违约赔偿责任后，有权在企业内部向有相应过失行为的监理工程师索赔部分损失。所以，由监理工程师个人过失引发的建设工程委托监理合同违约行为，监理工程师应当与工程监理企业承担一定的连带责任。其连带责任的基础是工程监理企业与监理工程师签订的聘用协议或责任保证书，或工程监理企业法定代表人对监理工程师签发的授权委托书。一般来说，授权委托书应包含职权范围和相应责任条款。

监理人的违约责任包括过失责任和不作为责任。

(1)过失责任。

监理人在责任期内，由于自身的过失造成损失，应承担过失责任，并按建设工程委托监理合同予以赔偿。例如：发出错误的指令，造成质量降低，工期拖延，费用增加；做出错误的判断，造成质量降低，工期拖延，费用增加；违反职业道德而引起的后果等。

(2)不作为责任。

对违反“监理人在履行本合同的义务期间，应认真、勤奋地工作，为委托人提供与其水平相适应的咨询意见，公正维护各方面的合法权益”有关的事宜，监理人向委托人承担赔偿责任。当发生承包人或委托人有违约违法的情况时，监理人应及时向承包人以书面(同时将副本交委托人)提出劝告、警告、通知，下达停工令等监理意见，也对业主方的不规范行为和偏离合同的做法，提出咨询、劝阻意见。如果监理人没有做到这一点且发生了责任事件，则不论何种理由，监理人应承担“不作为责任”。

3. 安全生产责任

安全生产责任是法律责任的一部分，来源于法律法规和建设工程委托监理合同。《建设工程安全生产管理条例》对监理的安全生产责任有明确的规定。

案例分析

这种直接委托监理任务的做法违反了《中华人民共和国招投标法》等法律规范的规定，公路工程等基础设施建设项目必须以招标的方式委托有关建设任务，因此监理业务应采用招标方式。该项目监理企业应派一名总监理工程师，因为项目只有一份建设工程委托监理合同(或一个项目监理组织)。

复习思考题

1. 工程监理企业的资质等级有哪些?
2. 工程监理企业资质管理的内容有哪些?
3. 工程监理企业经营活动的基本准则是什么?
4. 简述建立项目监理机构的步骤。
5. 总监理工程师的职责是什么?
6. 监理工程师的职责是什么?
7. 监理工程师的素质和分别职业道德是什么?
8. 监理工程师的法律责任有哪些?

项目三
监理文件

学习目标

了解建设工程监理文件资料管理、建设监理信息管理的基础知识；掌握建设工程施工阶段监理的基础性工作；能够按照地方工程项目资料管理机构规定的监理文件管理职责、相关要求及时、准确、完善地收集、整理、编写和传递监理文件资料。

案例引入

某工程监理单位承接某一建设工程项目施工阶段的监理工作。此项目的建设单位要求工程监理单位在相关监理人员进场后的7个工作日内提交监理规划。

建设单位对提交监理规划的时间要求是否合理?针对此项监理业务,工程监理单位应依据哪些资料进行监理规划的编制?

任务一 监理文件概述

建设工程监理文件有多种,其中包括监理大纲、监理规划、监理实施细则、监理月报和监理总结等。这里重点介绍监理大纲、监理规划和监理实施细则三个文件。

一、监理大纲、监理规划和监理实施细则的概念

1. 监理大纲

监理大纲又称监理方案,它是工程监理企业在业主开始委托监理的过程中,特别是在业主进行招投标过程中,为承揽到监理业务而编制的监理方案性文件。

2. 监理规划

监理规划是对工程建设项目实施监理的工作计划,它是工程监理企业接受业主建设工程委托监理合同后,在项目总监理工程师的主持下,根据建设工程委托监理合同,在监理大纲的基础上,结合建设工程实际情况,广泛收集建设工程信息和资料的情况下制订,经工程监理企业技术负责人批准,用来指导项目监理机构全面开展监理工作的纲领性、指导性文件。

3. 监理实施细则

监理实施细则简称监理细则,它是在项目监理机构已建立、各专业监理工程师已经就位、监理规划已经制订的基础上,由项目监理机构的专业监理工程师针对建设工程中的某一专业或某一方面的监理工作来编写,并经总监理工程师批准实施的具有可操作性的业务文件。

二、监理大纲、监理规划和监理实施细则的相互关系

监理大纲、监理规划和监理实施细则是工程监理企业在不同阶段编制的工作文件,它们之间既有区别,又有一定的关联。

1. 区别

(1)目的和性质不同。

监理大纲是工程监理企业在招投标过程中为承揽到监理业务而编写的监理方案性文件;监理规划是工程监理企业为了更好地履行建设工程委托监理合同,完成业主委托的监理

工作，结合建设工程项目具体情况而编写的指导项目监理机构全面开展监理工作的纲领性、指导性文件；监理实施细则是项目监理机构落实监理规划，针对中型以上或专业性较强的建设工程，结合专业特点而编写的指导本专业具体业务实施的具有可操作性的业务文件。

（2）编写时间不同。

监理大纲在监理招投标阶段编写，监理规划在签订建设工程委托监理合同和收到设计文件后编写，监理实施细则在监理规划编写好后编写。

（3）内容粗细程度和侧重点不同。

监理大纲内容较粗略，相当于监理工作的框架；侧重点放在满足招标文件要求、拟采用的监理方案上。

监理规划内容比监理大纲的翔实、全面；侧重点放在整个项目监理机构所开展的监理工作上。

监理细则内容更具体，更有针对性；侧重点放在监理工作流程和监理控制要点等方面。

（4）编写人员不同。

监理大纲一般由工程监理企业经营部门或技术管理部门人员负责编写；监理规划由项目监理机构总监理工程师主持编写；监理实施细则是由项目监理机构中的专业监理工程师编写。

2. 关系

监理大纲、监理规划、监理实施细则是相互关联的，它们之间存在着明显的依据关系。在编写监理规划时，一定要严格根据监理大纲的有关内容进行；在编写监理实施细则时，一定要在监理规划的指导下进行。

一般来说，工程监理企业开展监理活动应当编制以上监理文件，但这也不是一成不变的。对于简单的监理活动，只编写监理实施细则就可以了；而对于有些建设项目，也可以编写比较详细的监理规划，而不再编写监理实施细则。

任务二　监理大纲

一、监理大纲的作用

1. 为赢得业主的信任而获得监理业务

业主在进行监理招标时，一般要求投标单位提交监理资信标书、监理技术标书和监理商务标书三个文件，其中监理技术标书即监理大纲。工程监理企业要想在投标中显示自己的技术实力和监理业绩，获得业主的信任而中标，必须写出自己以往监理的经验和能力，以及对本建设工程项目的理解和监理的指导思想、拟派驻现场的主要监理人员的资质情况等。业主通过对所有投标单位的监理资信、监理大纲和监理费用进行综合考评，最终评出中标工程监理企业。需要特别说明的是，业主评定监理投标书的重点在监理大纲即监理技术标书上，所以监理大纲直接决定工程监理企业能否中标。

2. 为下一步编制监理规划提供依据

工程监理企业一旦中标，在签订建设工程委托监理合同后，工程监理企业就要求项目总监理工程师着手编写监理规划。而监理规划的编写必须根据工程监理企业投标时的监理大纲。因为，监理大纲是建设工程委托监理合同的重要组成部分，也是工程监理企业对业主所提技术要求的认同和答复，所以工程监理企业必须以此编写监理规划，来进一步指导建设工程项目的监理工作。

3. 是业主监督、检查监理工程师工作的依据

工程监理企业依据建设工程委托监理合同为建设单位提供监理服务，而监理大纲往往被纳入建设工程委托监理合同附件中。在监理过程中业主监督、检查监理工程师的工作，就是以所签建设工程委托监理合同中监理大纲对监理工程师应完成的工作要求为依据的。因此，工程监理企业在编写监理大纲时，一定要措辞严密、表达清楚，明确自己的责任和义务。一旦建设工程委托监理合同签订，就要履行自己的义务，严格按照监理大纲的要求开展监理工作，给业主树立一个良好的形象。

二、监理大纲的编写

监理大纲的编写应反映工程监理企业与监理项目有关的经验和能力，以及对监理范围内提出的任务的理解，特别要突出工程监理企业自己认为能够给业主节约投资、缩短工期、保证工程质量的具体建议和工程监理企业自己承担本建设工程项目的优势，这些内容往往是工程监理企业长期监理工作经验积累的结晶，对业主通常具有较强的吸引力和说服力。

1. 监理大纲的编写依据

(1)国家有关建设工程方面的法律、法规。

(2)建设单位提供的勘察文件、设计文件。

(3)建设单位的工程监理招标文件。

(4)工程监理企业有关的人力资源和技术资源。

2. 监理大纲的内容

监理大纲应当根据监理招标文件的具体要求组织内容。管理大纲一般包括以下内容。

(1)建设工程项目概况。

(2)监理工作的指导思想和监理目标。

(3)拟派往项目监理机构的主要监理人员及其资质情况。

(4)现场监理组织及其职责。

(5)各阶段监理工作目标及其措施。

(6)安全监理的方法和措施。

(7)合同管理的任务和方法。

(8)信息管理的方法和措施。

(9)组织协调的任务和方法。

(10)工程监理主要工作程序。

(11)拟派驻项目监理机构的技术装备。

(12)拟提供给业主的监理报告目录和主要监理报表格式。

(13)对本建设工程项目建设、设计、施工的建议。

(14)投标书要求的其他资料。

上述内容应重点介绍拟派往项目监理机构的总监理工程师的情况、针对项目监理工作采取的方法和措施，以及提供给业主的有关建议和监理阶段性文件。这将有助于满足业主掌握工程建设过程的需要，也有利于工程监理企业顺利承揽到该建设工程的监理业务。

任务三　监理规划

一、监理规划的作用

1. 指导项目监理机构全面开展工作

监理规划的基本作用就是指导项目监理机构全面开展监理工作。建设工程监理的目的是协助业主实现建设工程的总目标。实现建设工程总目标是一个系统的过程，它需要制订计划，建立组织，配备合适的监理人员，进行有效的指导，实施建设工程目标控制。只有系统地做好上述工作，才能完成建设工程监理的任务。在实施建设工程监理的过程中，工程监理企业要集中精力做好目标控制工作。因此，监理规划需要对项目监理机构开展的各项监理工作做出全面、系统的组织和安排。它包括确定监理工作目标，制订监理工作程序，确定目标控制、合同管理、信息管理、安全管理、组织协调等各项措施，以及确定各项工作的方法和手段。

2. 是建设监理主管机构对工程监理企业监督管理的依据

政府建设监理主管机构对工程监理企业要实施监督、管理和指导，对其人员素质、专业配套和建设工程监理业绩要进行核查和考评，以确认其资质和资质等级，使整个工程监理行业能够达到应有的水平。要做到这一点，除了进行一般性的资质管理工作之外，更为重要的是通过工程监理企业的实际监理工作来认定它的水平，而工程监理企业的实际水平可从监理规划和它的实施中充分地表现出来。因此，政府建设监理主管机构对工程监理企业进行考核时，应当十分重视对监理规划的检查，也就是说，监理规划是政府建设监理主管机构监督、管理和指导工程监理企业开展监理活动的重要依据。

3. 是业主确认工程监理企业是否认真、全面履行建设工程委托监理合同的重要依据

因为监理规划的前期文件，即监理大纲，是监理规划的框架性文件，而且经由谈判确定的监理大纲应当纳入建设工程委托监理合同的附件之中，成为建设工程委托监理合同文件的组成部分，所以作为监理的委托方，业主有权监督工程监理企业，保证其全面、认真执行建设工程委托监理合同。而监理规划正是业主了解和确认工程监理企业是否履行建设工程委托监理合同的主要文件。监理规划应当能够全面而详细地为业主监督建设工程委托监理合同的履行提供依据。

4. 是工程监理企业内部考核的依据和重要的存档资料

从工程监理企业内部管理制度化、规范化、科学化的要求出发，需要对各项目监理机构的工作进行考核，其主要依据就是监理规划。通过考核，可以对有关监理人员的监理工作水平和能力做出客观、正确的评价，这样有利于今后在其他工程上更加合理地安排监理人员，提高监理工作效率。

从建设工程监理控制的过程可知，监理规划的内容必然随着工程的进展而逐步调整、补充和完善。它在一定程度上真实地反映了一个建设工程监理工作的全貌，是最好的监理工作过程记录，因此，它是每一家工程监理企业的重要存档资料。

二、监理规划的编写

1. 监理规划的编写依据

1)工程建设方面的法律、法规

工程建设方面的法律、法规具体包括以下三个层次。

(1)国家颁布的有关工程建设的法律、法规和政策。这是工程建设相关法律、法规的最高层次。在任何地区或任何部门进行工程建设，都必须遵守国家颁布的工程建设方面的法律、法规和政策。

(2)工程所在地颁布的与工程建设相关的法规、规定和政策以及所属部门颁布的与工程建设相关的规定和政策。一项建设工程必然是在某一地区实施的，也必然是归属于某一部门的，这就要求工程建设必须遵守建设工程所在地颁布的与工程建设相关的法规、规定和政策，同时也必须遵守工程所属部门颁布的与工程建设相关的规定和政策。

(3)工程建设的各种标准、规范。工程建设的各种标准、规范也具有法律地位，也必须遵守和执行。

2)建设工程外部环境调查研究资料

(1)自然条件方面的资料包括建设工程所在地的水文、地质、地形、气象和自然灾害发生情况等方面的资料。

(2)社会和经济条件方面的资料包括建设工程所在地社会治安、政治局势、建筑市场状况、相关单位(勘察单位和设计单位、施工单位、材料和设备供应单位、工程咨询和建设工程监理单位)、基础设施(交通设施、通信设施、公用设施、能源设施)和金融市场情况等方面的资料。

3)政府批准的工程建设文件

政府批准的工程建设文件包括以下两个方面。

(1)政府工程建设主管部门批准的可行性研究报告、立项批文。

(2)政府规划部门确定的土地使用条件、规划条件、环境保护要求、市政管理规定等。

4)建设工程委托监理合同

在编写监理规划时，必须依据建设工程委托监理合同中的有关内容，如工程监理企业和监理工程师的权利和义务、监理工作的范围和内容及有关建设工程监理规划方面的要求。

5)其他建设工程合同

在编写监理规划时，也要考虑其他建设工程合同中关于业主和承建单位权利和义务的内容。

6)业主的正当要求

根据工程监理企业应竭诚为客户服务的宗旨，在不超出建设工程委托监理合同职责范围的前提下，工程监理企业应最大限度地满足业主的正当要求。

7)监理大纲

监理大纲中的监理组织计划，拟投入的主要监理人员，投资、进度、质量控制方案，合同管理方案，信息管理方案，安全管理方案，定期提交给业主的监理工作阶段性总结等内容都是监理规划编写的依据。

8）工程实施过程输出的有关工程信息

这方面的内容包括方案设计文件、初步设计文件、施工图设计文件、工程招标投标情况、工程实施状况、重大工程变更和外部环境变化情况等。

2. 监理规划的编写要求

1）监理规划的基本构成内容应当力求统一

由于监理规划是指导整个建设工程项目开展监理工作的纲领性文件，在编制监理规划时，应当做到其内容构成统一。这是监理工作规范化、制度化、统一化的基本要求，也是监理工作科学化的要求。

监理规划的基本作用是指导项目监理机构全面开展工作，如果监理规划的内容不统一，监理工作就会出现漏洞或矛盾，使正常的监理工作受到影响，甚至出现失误。因此，针对一个具体建设工程项目的监理规划，必须对整个监理工作的计划、目标、组织、控制等内容进行统一的考虑，以目标控制为中心，全面、系统地对整个建设工程项目进行组织、规划，根据工程监理企业与业主所签订的建设工程委托监理合同中的监理范围和要求来编写。

对每个监理项目来说，编制监理规划既要因地制宜突出重点，又要力求统一完整。

2）监理规划的具体内容应具有针对性

监理规划基本构成内容应当统一，但各项具体的内容要有针对性。这是因为，监理规划是指导某一特定建设工程监理工作的技术组织文件，它的具体内容应与这个建设工程相适应。由于所有建设工程都具有单件性和一次性的特点，即每个建设工程都有自身的特点，而且每一个工程监理企业和每一位总监理工程师对某一个具体建设工程在监理思想、监理方法和监理手段等方面都会有自己的独到之处。因此，不同的工程监理企业和不同的监理工程师在编写监理规划的具体内容时，会体现出自己鲜明的特色。

每一个监理规划都是针对某一个具体建设工程的监理工作计划，任何具体的建设工程都必然有它自己的投资目标、进度目标、质量目标，有它自己的项目组织形式，有它自己的目标控制措施、方法和手段，有它自己的信息管理制度、合同管理措施和安全管理措施。建设工程监理规划只有具有针对性，才能真正起到指导具体监理工作的作用。

3）监理规划应当遵循建设工程的运行规律

监理规划是针对一个具体建设工程而编写的，不同的建设工程具有不同的工程特点、工程条件和工程运行方式。这就决定了建设工程监理规划必须与工程运行客观规律具有一致性，必须把握、遵循建设工程运行的规律。只有把握建设工程运行的客观规律，监理规划才是有效的，项目监理机构才能实施对该项工程的有效监理。因此，监理规划要随着建设工程的展开进行不断的补充、修改和完善。

监理规划要把握建设工程运行的客观规律，就需要不断收集大量的信息。如果掌握的工程信息量少，就不可能对监理工作进行详尽的规划。例如，随着设计的不断进展、工程招标方案的出台和实施，工程的信息量越来越大，监理规划的内容也就越来越趋于完整。就一项建设工程的全过程监理规划来说，一气呵成是不实际的，也是不科学的，即使监理规划编写出来也是一纸空文，没有任何实施的价值。

4）项目总监理工程师是监理规划编写的主持人

监理规划应当在项目总监理工程师的主持下编写，这是建设工程监理实施项目总监理工程师负责制的必然要求。当然，要编制好建设工程监理规划，还应充分调动整个项目监理机构中专业监理工程师的积极性，广泛征求各专业监理工程师的意见和建议，并吸收水平比较高的专业监理工程师共同参与编写。在监理规划编写的过程中，还应当充分听取业主的意见，最大限度地满足他们的合理要求，为进一步搞好监理服务奠定基础。

5）监理规划一般要分阶段编写

如前所述，监理规划的内容与工程进展密切相关，没有规划信息就没有规划内容。因此，监理规划需要有一个编写过程，需要将编写的整个过程划分为若干个阶段。

监理规划编写阶段可按工程实施的各阶段来划分。工程实施各阶段所输出的工程信息就是相应的监理规划信息。例如，可划分为设计阶段、施工招标阶段和施工阶段。设计的前期阶段完成规划的总框架，并将设计阶段的监理工作进行“近细远粗”的规划，使监理规划内容与已经掌握的工程信息紧密结合。设计阶段结束，大量的工程信息能够提供出来，这样在施工招标阶段监理规划的大部分内容能够落实。随着施工招标的进展，各承包单位逐步确定下来，建设工程施工合同逐步签订，施工阶段监理规划所需的工程信息基本齐备，这时才可能编写出完整的施工阶段监理规划。在施工阶段，有关监理规划的主要工作是根据工程进展情况进行调整、修改，使监理规划能够动态地控制整个建设工程的正常进行。

6）监理规划的表达方式应当格式化、标准化

现代科学管理应当讲究效率、效能和效益，其表现之一就是使控制活动的表达方式格式化、标准化，从而使控制的规划显得更明确、更简洁、更直观。我国的建设工程监理制度应当走规范化、标准化的道路，这是科学管理与粗放型管理在具体工作上的明显区别。因此，需要选择最有效的方式和方法来表示监理规划的各项内容。相比较而言，图、表和简单的文字说明应当是采用的基本方法。可以这样说，规范化、标准化是科学管理的标志之一。所以，编写建设工程监理规划各项内容时，对于应当采用什么表格、图示及哪些内容需要采用简单的文字说明，应当做出统一规定。

7）监理规划应当进行审核

监理规划在编写完成后需进行审核并经批准。工程监理企业的技术主管部门是内部审核单位，其负责人应当签认。监理规划是否要经过业主认可，由建设工程委托监理合同或双方协商确定。监理规划的审核重点应放在以下方面：监理范围、工作内容、监理目标是否符合建设工程委托监理合同的要求，是否与业主的要求相一致；项目监理机构组织形式是否合理，人员是否满足专业配套和数量的要求；监理工作计划是否合理、可行；投资、进度、质量控制方法和措施是否科学、合理；监理内、外工作制度是否健全。

从上述监理规划编写的要求来看，监理规划的编写既需要由主要负责人（项目总监理工程师）主持，又需要形成编写班子。同时，项目监理机构的各部门负责人也有相关的任务和责任。监理规划涉及建设工程监理工作的各方面。所以，有关部门和人员都应当关注监理规划，使监理规划的编制科学、完备，以真正发挥全面指导监理工作的作用。

三、监理规划的内容

监理规划的内容，应在监理大纲和建设工程委托监理合同的基础上，结合建设工程项目的特点、规模及相关的技术标准、规程等确定。根据《建设工程监理规范》（GB/T 50319—2013）的规定，监理规划一般包括以下几个方面的内容。

1. 工程项目概况

工程项目概况部分主要涉及以下内容。

(1)建设工程名称。

(2)建设工程地点。

(3)建设工程组成和建设规模。

(4)主要建筑结构类型。

(5)预计工程投资总额。

(6)建设工程计划工期,可用两种方式表示,一种是以建设工程的计划持续时间表示,如工程项目工期为"××个月"或"×××天";另一种是以建设工程开工、竣工的具体日历时间表示,如工程项目计算工期由____年____月____日至____年____月____日。

(7)工程质量要求(应具体提出建设工程项目的质量目标要求)。

(8)建设工程设计单位和施工单位名称。

(9)建设工程项目结构图和编码系统。

2. 监理工作范围

监理工作范围是指工程监理企业所承担的监理任务的工作范围。如果工程监理企业承担全部建设工程的监理任务,监理工作范围为全部建设工程,否则应按工程监理企业所承担的建设工程的建设阶段或子项目划分确定建设工程监理工作范围。

3. 监理工作内容

1)立项阶段监理工作的主要内容

(1)协助业主整理建设工程报建手续。

(2)项目可行性研究咨询/监理。

(3)组织技术、经济、环保论证,优选建设方案。

(4)编制建设工程项目投资估算。

(5)组织设计任务书编制。

2)设计阶段监理工作的主要内容

(1)根据建设工程项目特点,调查并收集有关技术、经济、环保等方面的资料。

(2)编写设计要求文件。

(3)组织设计方案竞赛或设计招标工作,协助业主优选勘察单位、设计单位。

(4)协助业主拟订和商谈建设工程设计合同。

(5)向设计单位提供设计所需基础资料。

(6)配合设计单位开展方案论证,优化设计方案。

(7)组织设计方案评审工作。

(8)根据设计进度,协调设计单位与其他有关单位的工作。

(9)协调各设计单位之间的工作。

(10)参与项目主要设备和材料的选型。

(11)审核主要设备和材料清单。

(12)审核工程项目估算和设计概算。

(13)全面审核设计图纸。

(14)检查和控制设计进度。

(15)检查和控制设计质量。

(16)负责设计文件的报批工作。

3)施工招标阶段监理工作的主要内容

(1)拟订工程项目施工招标方案,并征得业主同意。

(2)准备工程项目施工招标条件。

(3)办理工程项目招标申请。

(4)协助业主编写施工招标文件。

(5)编制工程项目标底,经业主同意后,报送当地建设主管部门审核。

(6)协助业主组织工程项目施工招标工作。

(7)组织投标单位进行现场勘察,回答投标人提出的问题。

(8)协助业主组织开标、评标和决标工作。

(9)协助业主同中标单位协商并签订建设工程施工合同。

4)材料、设备采购供应的监理工作主要内容

对于由业主负责采购供应的材料、设备等,监理工程师应负责供应计划的制订,并监督订货合同的执行和供应工作。具体有以下几项监理工作。

(1)制订材料、设备供应计划和相应的资金需求计划。

(2)通过分析和比较质量、价格、交货期、运输、维修服务等条件,确定材料、设备等供应厂家。重要设备还应了解现有使用用户的有关情况,并考察生产厂家的质量保证体系和认证情况。

(3)协助业主拟订并协商签订材料、设备的订货合同。

(4)监督订货合同的落实,确保材料、设备的及时供应。

5)施工准备阶段监理工作的主要内容

(1)审查施工单位所选择的分包单位的资质。

(2)监督检查施工单位质量保证体系和安全技术措施,完善质量管理程序和制度。

(3)参与设计单位向施工单位的技术交底工作。

(4)审查施工单位上报的实施性施工组织设计文件,重点对施工方案、劳动力、材料、机械设备的组织以及保证工程质量、安全、工期和控制造价等方面的措施进行监督,并向业主提出监理意见。

(5)在单位工程开工前检查施工单位的复测资料,特别是两个相邻施工单位之间的测量资料、控制桩是否交接清楚,手续是否完善,质量有无问题,并对贯通测量、中线及水准桩的设置、固桩情况进行审查。

(6)对重点工程部位的中线、水平控制进行复查。

(7)监督落实各项施工条件,审批一般单项工程、单位工程的开工报告,并报业主备查。

6)施工阶段监理工作的主要内容

(1)施工阶段的质量控制。

①对所有的隐蔽工程在隐蔽以前进行检查并办理签证,对重点工程要派监理人员驻点跟踪监理,签署重要的分项工程、分部工程和单位工程质量评定表。

②对施工测量、放样等进行检查,发现质量问题,应及时通知施工单位纠正,同时做好监

理记录。

③检查、确认运到现场的工程材料、构件和设备的质量，并查验试验报告单、化验报告单、出厂合格证是否齐全、合格。对不符合质量要求的工程材料、设备，监理工程师有权禁止其进入工地和投入使用。

④监督施工单位严格按照施工规范、设计图纸要求进行施工，严格执行施工合同。

⑤对工程项目主要部位、重要环节及技术复杂工程加强检查。

⑥检查施工单位的工程自检工作，并对施工单位质量评定自检工作做出综合评价。

⑦对施工单位的检验测试仪器、设备、度量衡工作进行全面监督，不定期地进行抽验，保证计量资料的准确。

⑧监督施工单位对各类土木和混凝土试件按规定进行检查和抽查。

⑨监督施工单位认真处理施工中发生的一般质量事故，同时认真做好监理记录。

⑩对重大质量事故和其他紧急情况，及时报告业主。

(2)施工阶段的进度控制。

①监督施工单位严格按施工合同规定的工期组织施工。

②对控制工期的重点工程、关键工作，审查施工单位提出的保证进度的具体措施。如果发生延误，应及时分析原因，采取对策。

③建立工程进度台账，核对工程形象进度，按月、季向业主报告施工计划执行情况、工程进度及存在的问题。

(3)施工阶段的投资控制。

①审查施工单位申报的月、季度计量报表，认真核对其工程数量，严格按合同规定进行计量支付签证。

②保证支付签证的各项工程数量准确、质量合格。

③建立计量支付签证台账，定期与施工单位核对、清算。

④按业主授权和施工合同的规定审核变更设计。

7)施工验收阶段监理工作的主要内容

(1)督促、检查施工单位及时整理竣工文件和验收资料，受理单位工程竣工验收报告，并提出监理意见。

(2)根据施工单位的竣工报告，提出工程质量检验报告。

(3)组织工程预验收，参与业主组织的竣工验收工作。

8)建设工程项目合同管理监理工作的主要内容

(1)拟订建设工程项目合同体系和合同管理制度，包括合同草案的拟订、会签、协商、修改、审批、签署和保管等工作制度。

(2)协助业主拟订建设工程项目的各类合同条款，并参与各类合同的商谈。

(3)合同执行情况的分析和跟踪管理。

(4)协助业主处理与建设工程有关的索赔和合同争议事宜。

9)委托的其他服务

工程监理企业和监理工程师受业主委托，还可承担其他方面的服务。

(1)协助业主办理供水、供电、供气和电信线路等申请业务或签订协议。

(2)协助业主制订建筑产品营销方案。

(3)为业主培训技术人员等。

4. 监理工作目标

建设工程监理目标是指工程监理企业接受业主委托,对所承担的建设工程项目进行监理控制预期达到的目标。它通常以建设工程的投资、进度、质量三大目标的控制值来表示。

(1)投资目标:以____年预算为基价,静态投资为____万元(或合同价为____万元)。

(2)工期目标:____个月或自____年____月____日至____年____月____日。

(3)质量目标:建设工程质量合格,达到业主的其他要求。

5. 监理工作依据

(1)工程建设方面的法律、法规。

(2)政府批准的工程建设文件。

(3)建设工程委托监理合同。

(4)其他建设工程合同。

6. 项目监理机构的组织形式

项目监理机构的组织形式应根据建设工程项目特点、业主委托服务内容、工程监理企业自身情况进行选择,可用组织结构图形式表示。

7. 项目监理机构的人员配备计划

项目监理机构的人员配备应根据建设工程监理的进程合理安排。

8. 项目监理机构的人员岗位职责

项目监理机构中总监理工程师、总监理工程师代表、专业监理工程师和监理员的岗位职责,将在项目四中阐述,此处不赘述。

9. 监理工作程序

监理工作程序可以分阶段编制,如设计阶段监理工作程序、施工准备阶段监理工作程序和施工阶段监理工作程序和竣工验收阶段监理工作程序;也可以按控制的内容编写,如投资控制监理工作程序、质量控制监理工作程序、进度控制监理工作程序和计量支付监理工作程序等;还可以按分部分项工程编制,如房建工程可分为基础工程监理工作程序、主体工程监理工作程序、装修工程监理工作程序和屋面工程监理工作程序等。

监理工作程序比较简单明了的表达方式是监理工作流程图,一般对不同的监理工作内容应分别制订监理工作程序。例如:分包单位资质审查监理工作程序,如图 3-1 所示;计量支付监理工作程序,如图 3-2 所示。

10. 监理工作方法和措施

建设工程监理控制目标的方法和措施应重点围绕投资目标、质量目标、进度目标这三大目标的控制任务展开。

1)投资目标控制方法和措施

(1)投资目标分解。

①按建设工程项目建设投资的费用组成分解。

②按建设工程项目建设年、季(月)度的投资分解。

③按建设工程项目实施阶段分解。

④按建设工程项目结构组成分解。

(2)投资使用计划。投资使用计划可分年度按季(月)度列表编制。

(3)投资目标实现的风险分析。

(4)绘制投资控制监理工作流程图。

(5)投资控制措施。

①投资控制的组织措施:建立健全项目监理机构,完善职责分工及有关规章制度,落实投资控制的目标责任。

②投资控制的技术措施:在设计阶段,推行限额设计和优化设计;在招投标阶段,合理确定标底和合同价;对于材料、设备采购,通过质量价格比选,合理确定生产供应厂家;在施工阶段,通过审核施工组织设计和施工方案,合理开支施工各项费用,合理组织施工。

③投资控制的经济措施:在项目实施过程中,监理工程师应及时进行计划投资与实际投资的比较分析;对于监理人员在监理工作中提出的合理化建议,被采用后使业主节约投资或经济效益提高,业主应按建设工程委托监理合同专用条款中的约定给予经济奖励。

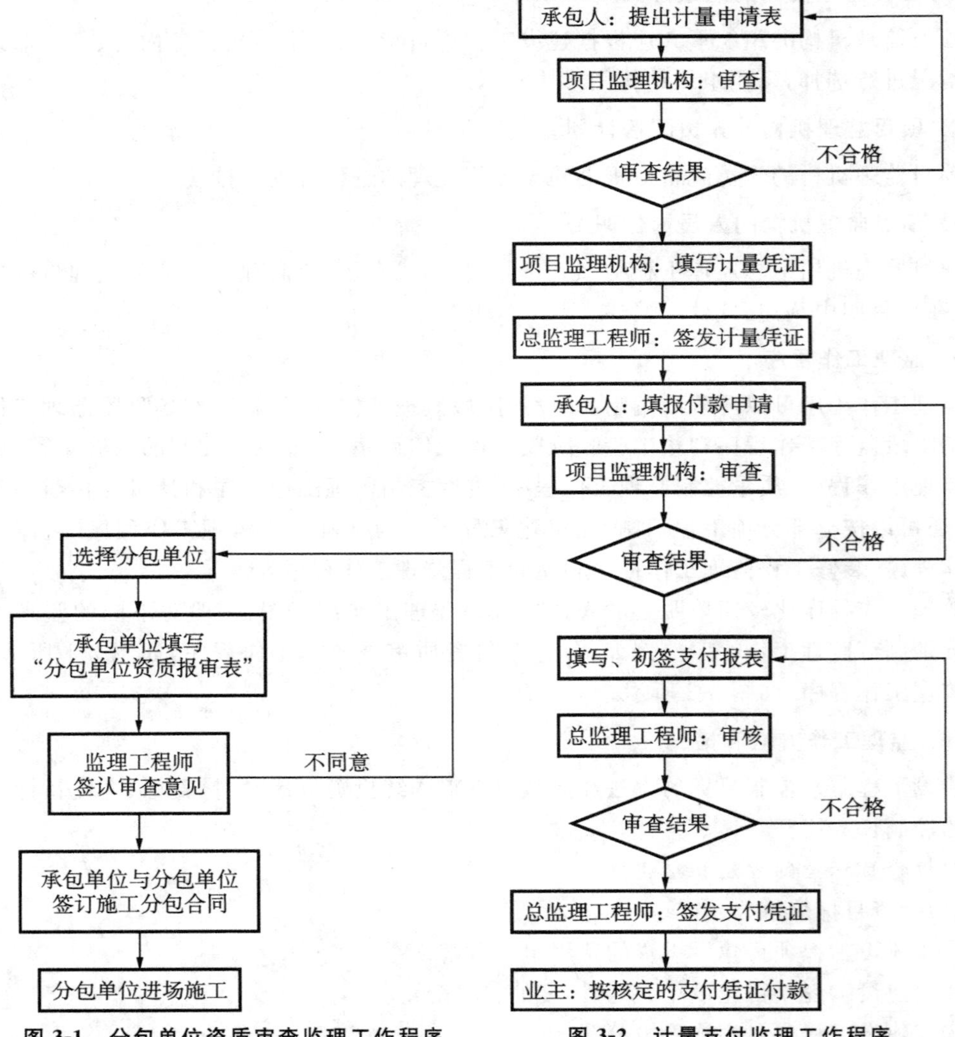

图 3-1 分包单位资质审查监理工作程序

图 3-2 计量支付监理工作程序

④投资控制的合同措施：严格履行工程款支付计量、签字程序，以按合同条款支付已经验收合格的工程款，防止过早、过量支付；全面履约，以减少对方提出索赔的条件和机会；客观、公正地处理索赔。

(6)投资控制的动态分析。

①投资目标分解值与概算值的比较。

②概算值与施工图预算值的比较。

③合同价与实际投资的比较。

(7)编制投资控制表格。

2)进度目标控制方法和措施

(1)工程项目总进度计划。

(2)总进度目标的分解。

①年度、季度进度目标。

②各阶段的进度目标。

③各子项目进度目标。

(3)进度目标实现的风险分析。

(4)绘制进度控制监理工作流程图。

(5)进度控制措施。

①进度控制的组织措施：落实进度控制的责任，建立进度控制协调制度。

②进度控制的技术措施：建立多级网络计划体系，监控承建单位的作业实施计划。

③进度控制的经济措施：对工期提前者进行奖励；对由于承包商原因造成工期延误的，对承包商进行经济处罚；对应急工程实行较高的计件单价；确保资金的及时供应等。

④进度控制的合同措施：按合同要求及时协调有关各方的进度，以确保建设工程的形象进度。

(6)进度控制的动态比较。

①进度目标分解值与进度实际值的比较。

②进度目标值的预测分析。

(7)编制进度控制表格。

3)质量控制目标控制方法和措施

(1)质量控制的目标描述。

①设计质量控制目标。

②材料质量控制目标。

③设备质量控制目标。

④土建施工质量控制目标。

⑤设备安装质量控制目标。

⑥其他说明。

(2)质量目标实现的风险分析。

(3)绘制质量控制监理工作流程图。

(4)质量控制措施。

①质量控制的组织措施：建立健全监理组织，完善职责分工和有关质量监督制度，落实质量控制责任。

②质量控制的技术措施：协助完善质量保证体系，以事前控制为主，严格事中、事后质量

的监督检查。

③质量控制的经济措施和合同措施：严格履行质量检验和验收制度，对于不符合合同规定质量要求的，监理人员应拒签工程款支付申请，建设单位不得拨付工程进度款；对于达到业主特定质量目标要求的，按合同支付质量补偿金或奖金。

（5）质量目标控制的动态分析。

（6）编制质量控制表格。

4）合同管理的方法和措施

（1）绘制合同结构图。

绘出项目的合同结构图，明确各类合同间的联系。

（2）编制合同目录，如表3-1所示。

表3-1　合同目录

序　号	合同编号	合同名称	承包商	合同价	合同工期	质量要求

（3）绘制合同管理监理工作流程图。

（4）采取合同管理措施。

（5）进行合同执行情况动态分析。

（6）执行合同争议调解与索赔程序。

（7）编制合同管理表格。

5）信息管理的方法和措施

（1）绘制信息流程图。

（2）编制信息分类表，如表3-2所示。

表3-2　信息分类表

序　号	信息类别	时　间	信息名称和内容	信息管理要求	负责人

（3）采取信息管理的具体措施。

（4）编制信息管理表格。

6）安全管理的方法和措施

（1）进行安全管理风险分析。

（2）绘制安全管理监理工作流程图。

（3）采取安全管理措施。

（4）进行安全管理动态分析。

（5）编制安全管理表格。

7）组织协调的方法和措施

（1）与工程项目有关单位的协调。

①项目内部单位的协调。

②项目外部单位的协调。

(2)协调分析。

①与内部相关单位协调分析。

②与外部相关单位协调分析。

(3)协调工作程序。

①投资控制协调程序。

②进度控制协调程序。

③质量控制协调程序。

④其他方面的协调程序。

(4)编制协调工作表格。

11. 监理工作制度

以施工阶段监理工作制度为例来介绍监理工作制度。施工阶段监理工作制度包括以下几个方面。

(1)设计文件、图纸审查制度。

监理工程师收到施工设计文件、图纸,在工程开工前,会同施工单位、设计单位复查施工设计文件、图纸,广泛听取意见。

(2)设计交底制度。

监理工程师要督促、协助组织设计单位施工配合组向施工单位进行施工设计图纸的全面技术交底(设计意图、施工要求、质量标准和技术措施),并根据讨论决定的事项做出书面纪要,交设计单位、施工单位执行。

(3)施工组织设计审核制度。

①施工前,施工单位必须编制施工组织设计和技术方案,并填报施工组织设计和技术方案审查表,交项目监理机构审查。

②项目总监理工程师组织监理人员审查并批准施工组织设计和技术方案。

③在认真审查施工组织设计和技术方案的基础上,由项目总监理工程师向监理人员进行四大交底,即设计要求交底、施工要求交底、质量标准交底和技术措施交底。

④监理人员应严格监督施工单位按照施工组织设计和技术方案组织施工,如发现未按施工组织设计和技术方案施工,及时提出监理意见。

(4)工程开工申请审批制度。

当单位工程的主要施工准备工作已完成时,施工单位可提出“工程开工报告书”,经监理工程师现场落实后,一般工程即可审批,并报项目监理机构。对重大工程及有争议的工程,报项目监理机构审批。

(5)工程材料、半成品质量检验制度。

分部工程施工前,监理人员应审阅进场材料和构件的出厂证明、材质证明、试验报告,填写材料、构件监理合格证。对有疑问的主要材料进行抽样,在监理工程师的监督下,使用施工单位设备进行复查,不准使用不合格材料。

(6)隐蔽工程分项(部)工程质量验收制度。

工程隐蔽部位隐蔽以前,施工单位应根据《建筑工程施工质量验收统一标准》进行自检,并将评定资料报监理工程师。施工单位应提前三天对需检查的隐蔽工程提出计划,报监理工程师。监理工程师应排出计划,通知施工单位进行隐蔽工程检查,重点部位或重要项目应会同施工单位、设计单位共同检查签认。

(7)设计变更处理制度。

设计图错漏或发现实际情况与设计不符时，由提议单位提出变更设计申请，经施工单位、设计单位、项目监理机构三方会签同意后进行变更设计，设计完成后由设计单位填写变更设计通知单。项目监理机构审核无误后签发设计变更指令。

(8)工程质量事故处理制度。

①凡在建设过程中，由于设计或施工原因，造成工程质量不符合规范或设计要求，或者超出《建设工程施工质量验收统一标准》规定的偏差范围，需做返工处理的统称工程质量事故。

②工程质量事故发生后，施工单位必须以打电话或书面形式逐级上报。对重大的工程质量事故和工伤事故，项目监理机构应立即上报业主。

③凡对工程质量事故隐瞒不报，或拖延处理，或处理不当，或处理结果未经项目监理机构同意的，对事故部分的工程及受事故影响的部分工程应视为不合格，不予验工计价，待合格后，再进行验工计价。

施工单位应及时上报“质量问题报告单”，并应抄报业主和项目机构部各一份。对于一般工程质量事故，应由施工单位研究处理，填写事故报告(一份)报项目监理机构；对较大工程质量事故，由施工单位填写事故报告(一式两份)，由项目监理机构组织有关单位研究处理；对重大工程质量事故，施工单位填写事故报告(一式三份)，报项目监理机构，由项目监理机构组织有关单位研究处理方案，报业主批准后，施工单位方能进行事故处理。待事故处理后，经项目监理机构复查，确认无误，方可继续施工。

(9)施工进度监督和报告制度。

①监督施工单位严格按照合同规定的计划进度组织实施，项目监理机构以月报的形式向业主报告各项工程实际进度与计划的对比情况及工程实施形象进度情况。

②审查施工单位编制的实施性施工组织设计和技术方案，要突出重点，并使各单位、各工序密切衔接。

(10)监理报告制度。

项目监理机构应逐月编写监理月报，并于年末提出本机构年度报告和总结报业主。年度报告或监理月报应以具体数字说明施工进度、施工质量、资金使用、重大安全和质量事故及有价值的经验等。

(11)工程竣工验收制度。

①竣工验收的依据是批准的设计文件(包括变更设计)，与设计、施工有关的规范，工程质量验收标准合同和协议文件等。

②施工单位按规定编写和提出验收交接文件是申请竣工验收的必要条件，竣工文件不齐全、不正确、不清晰，不能验收交接。

③施工单位应在验收前将编好的全部竣工文件和绘制的竣工图提供一份给项目监理机构，项目监理机构审查确认完整后，报业主，其余分发有关接管、使用单位保管。竣工文件主要包括以下几个方面。

a. 全部设计文件(包括变更设计)。

b. 全部竣工文件(图表及清单按照管理段的行政区划编制，以便接管单位存档使用)。

c. 各项工程施工记录。

d. 工程小结。

e. 主要机械和设备的技术证书。

(12)监理日志和会议制度。

①监理工程师应逐日将所从事的监理工作写入监理日志，特别是涉及设计单位、施工单位和需要返工、改正的事项，应详细做记录。

②项目监理机构应每周召开监理例会，检查本周监理工作，沟通情况，商讨难点问题，布置下周监理工作计划，总结经验，不断提高监理业务水平。

(13)项目监理机构内部工作制度。

①监理组织工作会议制度。

②对外行文审批制度。

③监理工作日志制度。

④监理周报、月报制度。

⑤技术、经济资料和档案管理制度。

⑥监理费用预算制度。

12. 监理工作设施

业主应提供建设工程委托监理合同约定的满足监理工作需要的办公、交通、通信、生活设施。

项目监理机构应根据建设工程类别、规模、技术复杂程度、所在地的环境条件，按建设工程委托监理合同的约定，配备满足监理工作需要的常规检测设备和工具，并编制表格记录常规检测设备和工具的信息，如表3-3所示。

表3-3 常规检测设备和工具

序号	仪器设备名称	型号	数量	使用时间	备注

任务四 监理实施细则

根据《建设工程监理规范》(GB/T 50319—2013)的规定：对中型及以上或专业性较强的建设工程项目，项目监理机构应编制监理实施细则。监理实施细则应符合监理规划的要求，并应结合建设工程项目的专业特点，做到详细具体、具有可操作性。

一、监理实施细则的作用

监理实施细则是在监理规划的基础上，根据建设工程项目实际情况，对各项监理工作的具体实施和操作要求进行细化的文件。它应根据工程项目的特点，由专业监理工程师编制，并经总监理工程师批准后执行，且报送建设单位。监理实施细则一般应重点写明关键工序、特殊工序和重点部位的质量控制点和相应的控制措施等。对于技术资料不全或新施工工艺、新材料应用等，应在充分调查研究的基础上，单独列出章节予以细化明确。

监理实施细则对建设工程项目的监理工作具有以下几个作用。

1. 是项目监理工作实施的技术依据

在项目监理工作实施过程中,由于建设工程项目的一次性和单件性及周围环境条件变化,即使同一施工工序,在不同的项目上也存在不同的影响工程质量、投资、进度的各种因素。因此,为了做到防患于未然,专业监理工程师必须依据相关的标准、规范、规程和施工检评标准,对可能出现偏差的工序写出监理实施细则,以便做到事前控制。

2. 规范建设工程项目施工行为,落实建设工程项目计划的实施

在建设工程项目施工过程中,不同专业有不同的施工方案。如果没有一个详细的监督实施方案,作为专业监理工程师,要想使各项施工工序做到规范化、标准化,达到预期的监理规划目标,是很难的。因此,对于复杂的大型工程,专业监理工程师须编制各专业的监理实施细则,以规范专业施工过程。

3. 明确专业分工和职责,协调施工过程中的矛盾

对于专业工种较多的建设工程项目,各专业间相互影响的问题往往在施工过程中逐渐暴露出来,如施工面相互交叉、施工顺序相互影响等。这些问题从客观上讲是在所难免的,但若专业监理工程师在编制监理实施细则就考虑到可能影响不同专业工种间的各种问题,那么在施工中就会尽可能减少或避免这些问题的出现,从而使各项施工活动能够连续不断地进行,减少停工、窝工等现象的发生。

二、监理实施细则的编写

1. 监理实施细则的编写依据

(1)已批准的监理规划。

(2)与专业工程相关的标准、设计文件和技术资料。

(3)施工组织设计和技术方案。

2. 监理实施细则的编写要求

(1)要结合本专业自身的特点并兼顾其他专业的施工。

监理实施细则是具体指导各专业开展监理工作的技术性文件,但各专业间相互配合、协调,才能保证建设工程项目的有序进行和实现建设工程项目的目标。如果各考虑各的专业特点,而不考虑其他专业的特点,那么整个建设工程项目的实施就会出现混乱,甚至影响到建设工程项目目标的实现。

(2)严格执行国家的规范、规程,并考虑建设工程项目自身特点。

国家的标准、规范、规程和施工技术文件,是开展监理工作的主要依据。但是,对于国家非强制性的规范、规程,可以结合建设工程项目当地专业施工的自身特点和监理目标,有选择地采纳适合建设工程项目自身特点的部分,决不能照抄、照搬,否则就会出现偏差,影响监理目标的实现。

(3)尽可能地对专业方面的技术指标细化、量化,使其更具有可操作性。

监理实施细则的目的是指导建设工程项目实施过程中的各项活动,并对各专业的实施进行监督和对结果进行评价。因此,专业监理工程师必须尽可能地使用技术指标来进行检验评定。在监理实施细则编写中,专业监理工程师要明确国家规范、规程和规定中的技术指标和要求。只有这样,才能使监理实施细则更具针对性和可操作性。

三、监理实施细则的主要内容

监理规范规定，监理实施细则应包括的主要内容有专业工程的特点、监理工作的流程、监理工作的控制要点和目标值及监理工作的方法和措施。下面以不上人平顶屋面为例，详细阐述监理实施细则的内容。

（1）屋面工程监理工作流程，如图 3-3 所示。

（2）屋面工程监理控制要点，如表 3-4 所示。

（3）屋面细部工程监理要点．如表 3-5 所示。

（4）屋面工程质量控制措施，如表 3-6 所示。

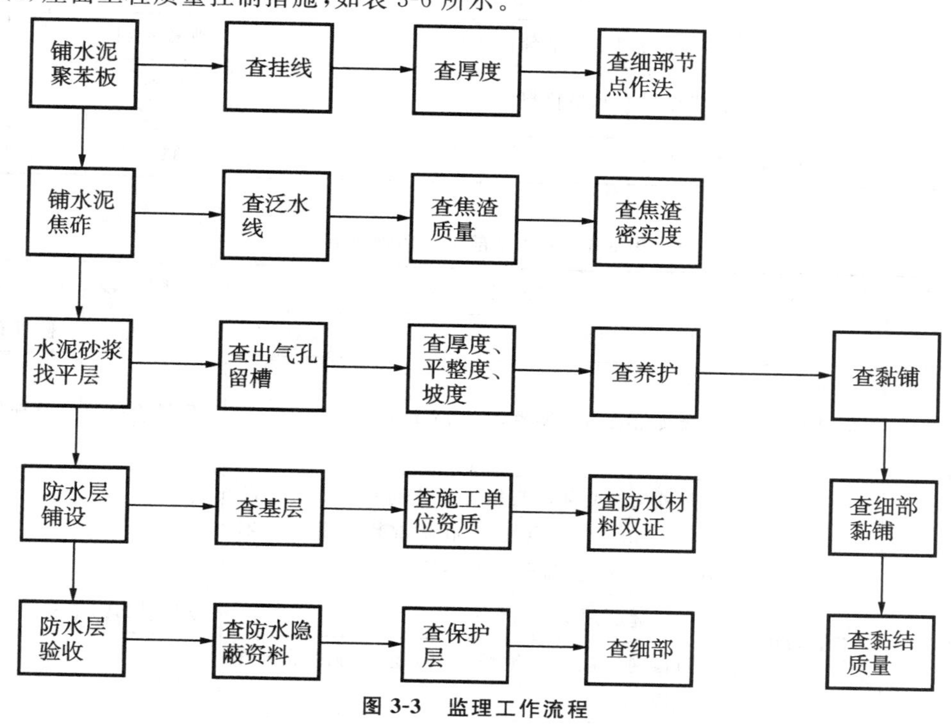

图 3-3　监理工作流程

表 3-4　屋面工程监理控制要点

序　　号	工程名称	控制要点	控制手段	监控表格
1	放线	查泛水坡度线、油毡收头高度和出水口高度	尺量	监理日志
2	铺水泥聚苯板	查材质	观察检查	质评表 监理日志
		查铺设方法	观察检查	
		查细部节点做法	观察检查	
3	铺水泥焦砟	查泛水坡向	观察检查	监理日志
		查焦砟材质	观察检查	
		查焦砟表面、平整度	观察检查	

续表

序号	工程名称	控制要点	控制手段	监控表格
4	水泥砂浆找平层	查出气孔留槽	观察检查	监理日志
		查厚度、平整度、坡度	尺量检查	
		查养护	观察检查	
5	油毡防水	查施工单位资质和管理人员上岗证	观察资料	质评表 监理日志
		查基层处理情况	检查资料	
		查防水材料合格证、复试报告	核实检查	
		查附加层铺设和细部做法	观检资料	
		查黏结质量和搭接尺寸	观察检查， 尺量检查	
6	防水层检验	查闭水试验	观察检查	监理日志

表 3-5　屋面细部工程监理要点

序　　号	工 程 名 称	控 制 要 点	控 制 手 段	监 控 表 格
1	焦砟	查材质、质量	观察检查	监理日志
2	层面突出部分及转角找平层	查转角处圆弧半径，达 150 mm	尺量检查	监理日志
3	细部做法	各种出层面部件与相对部位的女儿墙的高度在 250 mm 以下；出气管、孔根部均应做高度不小于 250 mm 的细部节点涂抹	观察检查， 尺量检查	监理日志
		伸缩缝必须交圈、严密、牢固	观察检查	
		防雷网除规定接地埋设外，还应与出屋面管件串接	观察检查	
		出水嘴设计无规定时，直径应不小于 150 mm，防水层应伸入水落口内不小于 100 mm	观察检查， 尺量检查	

表 3-6　屋面工程质量控制措施

质 量 通 病	防 控 措 施
松散保温层铺设不规范	在墙上弹线，施工时按坡挂线，不能任意铺设
	分隔铺设，分层铺设，适当压实
	焦渣应保证质量，无土块、石块、有机杂质和未燃尽的煤块
保温层、块状制品有外形缺陷，拼缝宽窄不一致	运输和装卸过程中要精心，勿随意扔掷
	铺设块状制品与找平层，应分区流水作业
	铺设前在合格的找平层上弹线、标出拼缝宽度

续表

质量通病	防控措施
防水层黏结不牢固，局部有气泡	屋面防水层基层必须平整密实，清洁干燥
	一次涂刷厚度适宜均匀
	施工气温以 10～30 ℃为宜，禁止在低温下施工
	防水层涂刷每道工序间一般有 12～24 小时间歇，整个防水层施工完毕，应有一周以上的自然干燥养护期
	不能使用已变质失效的防水材料
	找平层应断块分格，有缺陷应先处理后涂刷

案例分析

建设单位对提交监理规划的时间要求不合理。工程监理单位应该在召开第一次工地会议前将监理规划报送建设单位。监理规划是在监理大纲的基础上进行编写的，工程监理单位应依据以下资料进行监理规划的编写。

(1)建设规范及建设标准。

(2)反映建设工程项目法人对项目监理要求的资料。

(3)反映监理项目特征的相关资料。

(4)反映建设工程项目建设条件的相关资料。

(5)反映当地工程建设政策、法规等的资料。

复习思考题

1. 监理工作中一般需要制订哪些工作制度？
2. 简述建设工程监理大纲的编写依据、作用和主要内容。
3. 简述建设工程监理规划的编写依据、作用和主要内容。

项目四
建设工程监理组织

学习目标

掌握建设工程项目的承发包模式和监理模式、建设工程监理实施程序、项目监理机构的组织形式；熟悉组织与组织机构的概念、建设工程监理实施的基本原则、项目监理机构的组建步骤、项目监理机构人员的职责分工；了解组织设计和组织活动的基本原理、项目监理机构人员的配备。

案例引入

某工程监理单位承担某市政工程，此工程分为三个施工标段。一标段先行开工，项目监理机构采取最简单的组织形式，项目监理机构中任何一个下级只接受唯一上级的领导。二、三标段开工后，总监理工程师调整了项目监理机构的组织形式，按三个标段分别设置监理组，并增设质量控制部、投资控制部、进度控制部和合同管理部，加强各职能部门的横向联系。

根据上述监理机构组织形式的特点，判断调整前、后的监理机构分别属于何种组织形式。

当进行建设工程项目的施工时，应该在施工现场建立项目监理机构，由工程监理单位履行建设工程委托监理合同。根据建设工程委托监理合同规定的服务内容、服务期限、工程类别、技术复杂程度和工程环境等因素，需要确定项目监理机构的组织形式和规模。成立监理组织就是为了使项目参与各方进行必要的协调沟通，使建设工程项目的各项工作能够顺利进行。本项目主要介绍组织的基本原理、工程组织组织模式、工程监理模式与实施程序及项目监理机构等内容。

任务一　组织的基本原理

监理组织是管理工作中的一项重要职能。建设工程项目的建设需要人与人、组织与组织之间相互合作。为使建设工程项目工作顺利开展，就必须建立精干、合理、高效的组织结构，并进行有效的管理和实施。因此，实现建设工程项目监理的目标控制的前提条件是建立精干而高效的监理组织，并使其得以正常运行。

一、组织和组织结构

为了达到系统的特定目标，使全体参加者经分工与协作以及设置不同层次的权力和责任制度而构成的一种人的组合体，即为组织。正是由于人们为某种或某项活动聚集在一起，协同合作，才产生了组织。作为第四大生产力要素的组织要素，不能替代或被其他要素替代。组织可以使其他要素合理配合而增值，即可以提高其他要素的使用效益。组织的含义可分为以下三个层次：

(1)目标是组织存在的前提；

(2)组织内存在分工与协作；

(3)实现组织活动和组织目标的条件是组织内具有不同层次的权力和责任制度。

学术概念将组织区分为静态社会实体单位和动态组织活动过程。组织理论由组织结构学和组织行为学两个相互联系的分支学科组成。其中，组织结构学侧重研究建立精干、合理、高效的组织结构，如企业、学校、医院、设计院、政府机关、为某项工程建设而成立的项目监理机构和项目监理部等；组织行为学侧重研究组织在实现目标活动过程中所表现出的行为，包括其取得成功的行为能力、社会公众形象和良好的人际关系等，如在动态组织活动过程中，对人们的活动进行合理的分工和协作、合理地配备和使用资源、正确处理人际关系的管理活动等。

组织内部构成和各部分间所确立的较为稳定的相互关系和联系方式即为组织结构，组织结构的基本内涵有三个要点。

1. 组织结构与职权形态的关系

由于结构与职位和职位间关系的确立密切相关，组织结构与职权形态之间存在着一种直接的相互关系。作为组织中成员之间的关系的组织职权，不是某个人的属性，而是组织结构含义的一部分，职权关系的格局就是组织结构。职权与合法地行使某一职位的权力紧密相关，以下级服从上级的命令为基础。

2. 组织结构与职责的关系

组织中各部门、各成员的职责和责任的分派与组织结构直接相关。有了职位，就有了职权，从而产生了职责。组织结构为组织成员责任的分配和确定奠定了基础，而组织管理则是以机构和人员职责和责任的分派和确定为基础。为使各项活动得以有效地开展，常利用组织结构评价成员的功绩和过错。

3. 组织结构图

作为简化后的抽象模型，组织结构图常用来表示表明组织的正式职权和联系网络的组织结构。但组织结构图不能正确地、完整地表示组织结构，如无法表明上级对其下级所具有的职权程度，以及平级职位之间互相作用的横向关系。

二、组织设计

组织设计是对组织活动和组织结构进行设计的过程，是对一个组织的结构进行规划、构造和创新，它是一种把目标、任务、责任、权力和利益进行有效组合和协调的活动。按照职责分工明确、指挥灵活统一、信息灵敏准确和精兵简政的要求，合理设置机构、配置人员，并建立以责任制为中心的科学的、严格的规章制度，且使组织具有思想活跃、信息畅通、富有弹性和追求高效率的特点，已成为组织设计的结果。有效的组织设计在提高组织活动效能方面起着重大作用。为更好地实现组织目标，在进行组织设计时，必须考虑如何最大限度地激发人的积极性、主动性和创造性，如何最大限度地发挥组织的集体功能，如何使组织具有适应生存并日益发展的生命力。

组织一般采用上小下大的正三角形形式，由管理层次、管理跨度、管理部门、管理职能四大因素构成，且各因素之间密切相关、相互制约。在进行组织结构设计时，还应考虑各因素间的平衡和衔接。

1. 管理层次

管理层次是指从组织的最高管理者到基层的实际工作人员之间等级层次的数量。在呈三角形形状的管理层次中，从最高管理者到基层的实际工作人员，权责逐层递减，而人数逐层递增。管理层次数量的形成是组织发展的必然现象，缺乏足够的管理层次，将使组织的运作陷入无序的状态。因此，组织必须形成必要的管理层次，但为避免资源和人力的浪费，管理层次也不宜过多，过多的管理层次会使得信息传递慢、指令走样、协调困难。管理层次一般可分为决策层、协调层、执行层和操作层四个层次。

（1）决策层由总监理工程师及其助手组成，主要任务是确定管理组织的目标和大政方针，要求其必须精干、高效。

（2）协调层由专业监理工程师或子项目监理工程师组成，主要职能是参谋、咨询职能，其人员应有较高的业务工作能力。

（3）执行层由专业监理工程师或子项目监理工程师组成，主要功能是直接调动和组织人力、财力、物力等具体活动，其人员应具备实干精神，并能坚决贯彻管理指令。

（4）操作层又称作业层，由监理员、检测员等组成，是从事操作和完成具体任务的，其人员应有熟练的作业技能。

2. 管理跨度

管理跨度是指一名上级管理人员所直接管理的下级人数。由于个人的能力和精力有限，一个上级领导人能直接、有效地指挥的下级人员的数量也有一定的限度。管理跨度的大小取决于所需要协调的工作量。管理跨度越大，管理者需要协调的工作量越大，管理难度也越大。管理跨度的弹性很大，影响因素也很多。它与管理人员的性格、才能、授权程度和被管理者的素质有很大关系。此外，它还与职能的难易程度、工作地点的远近、工作的相似程度、工作制度和工作程序等客观因素有关。

3. 管理部门

提高组织工作效率的重要举措是对组织中各管理部门进行合理的划分。管理部门划分不合理，不仅会造成控制、协调困难，而且会造成人浮于事，浪费人力、物力、财力。管理部门要根据组织目标和工作内容来划分，以形成既有相互分工，又有相互配合的组织系统。

4. 管理职能

在确定各管理部门的职能时，应确保纵向的领导、检查、指挥灵活，保证指令传递快、信息反馈及时；必须使横向各管理部门间相互联系、协调一致，使各管理部门能够有职有责、尽职尽责。

三、组织设计的基本原则

项目监理机构的组织设计应遵循以下几个基本原则。

1. 集权与分权统一的原则

集权是指把权力集中在最高管理者手中，而分权是指经过上级领导授权，将部分权力交给下级掌握。一般情况下，组织中不存在绝对的集权和分权，只有相对集权和相对分权之分。在项目监理机构中，建设工程监理实行总监理工程师负责制，项目监理的权力集中在总监理工程师手中，即所谓集权就是总监理工程师决定所有监理事项，总监理工程师可以将部分权力交给总监理工程师代表、各子项目监理工程师或专业监理工程师手中。而分权是指各专业监理工程师在各自管理的范围内有足够的决策权，总监理工程师主要起协调作用。在进行监理组织设计时，对于集权和分权程度，要根据建设工程项目的特点、地理位置，决策问题的重要性，总监理工程师的能力和精力，以及各专业监理工程师的工作经验、工作能力、工作性质等因素进行综合考虑。一般情况下，如果工作地点集中，建设工程规模小，建设工程难度较大，可以采取相对集权的形式；如果工作地点分散，建设工程规模较大，下属工作经验和工作能力较强，工作难度较小，可以采取适当分权的形式。

2. 专业分工与协作统一的原则

对于项目监理机构来说，分工就是按照提高监理工作专业化程度和监理工作效率的要求，把现场监理组织(机构)的目标、任务分成各级、各部门和每个人的目标、任务，明确干什么、怎么干、谁来干。为了扬长避短、提高监理工作的质量和效率，必须对每位工作人员的工作做出严密的分工。在组织设计时，应尽量按照专业化分工的要求组建项目监理机构，同时兼顾物质条件、人力资源和经济效益。在进行组织分工时，应特别注意以下几点：第一，尽量按照专业化分工的要求来设置组织机构；第二，工作上要严密分工，每位工作人员对所承担的工作，应力求达到较熟悉的程度；第三，同时兼顾物质条件、人力资源和经济效益。

有分工就有协作，在组织机构中还必须强调协作，明确项目监理机构内各部门之间、各部门内工作人员之间的协调关系，在分工的基础上要求不同部门、专业相互配合，形成统一的整体，避免各自为政、相互推诿。在协作中应该特别注意主动协助和协助配合办法，即明确各部门之间的工作关系，找出易出矛盾之点并加以协调，对协作逐步规范化和程序化。进行组织设计时，还应尽可能考虑到自动协调，并提出具体可行的协调配合方法。

3. 管理跨度与管理层次统一的原别

管理跨度的大小和管理层次的多少一般由监理项目的规模、分布等决定。管理跨度与工作性质和内容、管理者素质、被管理者素质、授权程度等因素有关。

当人数一定时，管理跨度与管理层次成反比例关系。管理跨度加大，管理层次可以适当减少。一般来说，管理跨度并不是越大越好，管理跨度大意味着上级领导需要协调的工作量大。由于每个人的知识、能力和精力有限，所以管理跨度不能无限增大。反之，如果管理跨度缩小，那么管理层次就会增多。设计项目监理机构时，应该通盘考虑，确定管理跨度之后，再确定管理层次。

进行组织设计时，应对设计方案进行综合考虑，如果下级人员能力强、经验丰富，管理跨度可以适当加大；如果上下级之间能做到有效沟通，有关指令能及时传达疏通，管理跨度也可适当加大。在项目设计阶段，可根据情况，将项目监理机构分成以总监理工程师为首的决策层和以各专业监理工程师为主的执行层；而在项目施工阶段，可考虑将项目监理机构分成设计三个层次，即总监理工程师、专业监理工程师或子项目监理工程师、其他监理员等。

4. 权责一致的原则

权责一致的原则要求在监理组织中明确划分职责、权力范围，做到权力和责任相一致。

对组织结构的规律进行分析发现，人在岗位上担任一定的职务，产生与岗位职务相应的权力和责任，组织的权责与一定的岗位职务相对应，即不同的岗位职务应有不同的权责。由于权力和责任不一致对组织的效能损害很大，所以在项目监理机构中应明确划分职责、权力范围，努力做到权力和责任相一致。权力大于责任很容易产生瞎指挥、滥用权力的官僚主义；而责任大于权力就会影响管理人员的积极性、主动性和创造性，使组织缺乏活力。在项目监理机构中，各类人员的职责和分工，应依据建设工程委托监理合同规定的监理内容和监理组织机构内部的划分来明确。只有做到有职、有权、有责，才能使组织系统正常运行。

5. 职才相称的原则

项目监理机构中的每个工作岗位都对其工作者提出了所需要的知识和技能要求。只有充分考察个人的学历、知识、经验、才能、性格和潜力等，使每个人现有的和可能有的才能与其职务上的要求相适应，才能做到职才相称、人尽其才、才得其用、用得其所。

6. 效率优先原则

现代化管理中的一个要求就是组织高效化。一个组织办事效率的高低，是衡量这个组织中的结构是否合理的主要标准之一。效率优先原则对项目监理机构设计十分重要。项目监理机构设计，应将高效率放在重要地位，力求以较少的人员、较少的管理层次和较少的时间达到组织的预期管理成效。组织结构中的部门和个人为了统一的目标，组合成最适宜的结构形式，实行最有效的内部协调，使事情办得简捷而正确，减少重复和推诿现象，并且具有灵活的应变能力。

7. 弹性原则

弹性原则又称动态原则，是指项目监理机构结构既要有相对的稳定性，不要总是轻易变动，又必须随监理阶段内容、外部条件的变化和监理目标控制的要求，及时进行适当的调整，在组织结构、专业人员数量等方面做出变更，使组织结构具有一定的适应性，以保证监理目标的实现。

四、组织活动的基本原理

建立完善的组织结构是保证组织目标实现的基本条件，为了确保组织目标一定实现，组织的管理者还必须在组织活动中遵循一定的原理。

1. 要素有用性原理

组织系统中的基本要素可分为人力、财力、物力、信息和时间等，这些要素的作用有大小之分，有的要素起核心作用，有的要素起辅助作用；还有的要素暂时不起作用，将来才起作用。另外，有的要素在某种条件下，在某一方面、某个地方不能发挥作用，但在另一条件下，在另一方面、一个地方就能发挥作用。组织的管理者在运用要素有用性原理时，不但要充分发挥各要素的作用，还要具体分析各要素的特殊性，以便能够充分发挥每一个要素的作用，实现人力、物力和财力等要素在组织活动过程中的有用性。组织的管理者应根据各要素作用的大、小、主、次、好、坏，进行合理安排、组合使用，做到人尽其才、才尽其利、物尽其用，尽最大可能提高各要素的有用率。

要素的共性是指一切要素都有作用。但要素不仅具有共性，而且具有个性。例如监理工程师，其专业、知识、能力和经验等水平的差异，对组织活动的影响因人而异。因此，管理者在组织活动过程中不但要看到一切要素都有作用，还要具体分析、发现要素的特殊性，以便充分发挥每一个要素的作用。

2. 动态相关性原理

整体效应不等于其各局部效应的简单相加，即各局部效应之和与整体效应也不一定相等，这就是动态相关性原理。组织管理者的重要任务之一就是使组织机构活动的整体效应大于其局部效应之和。组织系统的静止状态是相对的，而运动状态则是绝对的。组织系统的内部各要素之间既相互联系，又相互排斥，这种相互作用推动了组织活动的进步和发展。这种相互作用的因子叫作相互因子。充分发挥相互因子的作用，是增强组织管理效应的有效途径。事物在组合过程中，由于相互因子的作用，可能发生质变。“三个臭皮匠顶个诸葛亮”，说的就是相互因子的积极作用。相反，“一个和尚挑水吃，两个和尚抬水吃，三个和尚没水吃”，说的就是相互因子的内耗、内讧作用。

3. 主观能动性原理

人具有生命、思想、感情和创造力，是生产力中最活跃的要素。人具有主观能动性，不但能从实践中认识客观规律，而且能把这种认识反作用于客观环境，从而实现改造客观环境的目的。组织管理者的重要任务之一就是要把人的主观能动性发挥出来，当人的主观能动性发挥出来的时候就会取得很好的效果，从而最大限度地提高组织活动效率。

4. 规律效应性原理

规律就是指客观事物内部、本质和必然的联系。成功的管理者懂得只有努力揭示规律，在管理过程中掌握好规律，并且按规律办事，紧紧抓住事物内部、本质和必然的联系，才有取得良好效应的可能，才能达到预期的目标。规律与效应的关系非常密切，而要取得良好的效应，就要主动研究规律、实事求是、坚持按规律办事。

任务二　建设工程组织管理模式

建设工程监理制度的实行，使建设工程项目建设形成了以项目业主、承包商、工程监理企业为主体的结构体系。这个结构体系采取的是以项目业主为主导、以监理为核心、以承包商为主力、以合同为依据、以经济为纽带的项目管理模式。由项目业主、承包商和工程监理企业三大主体构成的建设工程项目的组织管理模式在很大程度上受到工程项目的承发包模式的影响，而不同的承发包模式则对应不同的监理模式、不同的合同体系、不同的管理特点。工程项目的承发包模式主要有平行承发包模式、设计或施工总分包模式、工程项目总承包管理模式等。

一、平行承发包模式

平行承发包模式是指业主将工程项目的设计、施工及设备和材料采购的任务经过分解分别发给若干个承包商（或若干个设计单位、施工单位和材料设备供应商），分别与各方签订工程承包合同或供销合同，各承包商之间的关系是平行的，各设计单位之间的关系也是平行的。项目业主与各方之间的关系如图 4-1 所示。

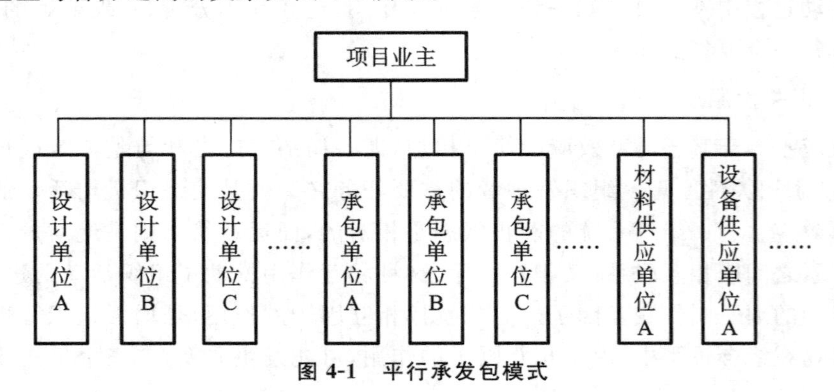

图 4-1　平行承发包模式

平行承发包模式具有以下特点。

(1)有利于缩短工期。由于设计、施工等各阶段的工程建设任务经过分解分别发包,设计、施工等阶段有可能形成搭接关系,从而可以缩短整个工程项目的工期。

(2)有利于质量控制。整个工程经过分解发包给不同的承包商,合同约束与相互制约共同作用使每一环节均能实现工程质量的要求。例如,将主体工程和装修工程分别发包于不同的施工单位,若主体工程不合格,则装修单位不可能同意在不合格的主体上进行装修,这就在无形中增加了对主体工程施工单位的监督和约束。

(3)有利于业主择优选择承包商。在建筑市场中,承包商规模小、专业性强的占多数。采用平行承发包模式,施工内容比较单一、合同价值小、风险小,使各承包商都有参与竞争的机会,而业主则可以在较大的范围内择优选择承包商。

(4)有利于繁荣市场。平行承发包模式可以给规模小、专业性强的承包商提供承包项目的机会,有利于促进建筑市场的繁荣和发展。

(5)合同数量多,管理困难。采用平行承发包模式,合同关系复杂,使得建设工程系统内结合部位数量增加,组织协调工作量增大,需加强合同管理的力度,加强各承包商之间的横向协调工作,促进各承包商之间的相互沟通,使工程有条不紊地进行。

(6)投资控制难度大。采用平行承发包模式,有多个合同价格需要确定,一方面造成合同总价在短期内确定较为困难,影响投资控制的实施;另一方面使得工程招标任务量大,需要控制多个合同价格,增加了投资控制的难度。

采用平行承发包模式时,首先应根据工程项目的实际情况分解项目任务,然后确定合同的数量和每个合同的发包内容,以便择优选择承包商。在进行任务分解及合同内容和数量确定时,应着重从以下几个方面考虑。

1. 工程项目的情况

需综合考虑工程项目的情况,如项目性质、规模、涉及专业领域、结构等。这些是决定合同内容和数量的主要因素。一般情况下,工程项目规模大、涉及范围广、专业多时,合同数量多;而工程项目规模小、范围窄、专业单一时,合同数量少。同时,工程项目的计划周期、整体安排也对合同的数量有所影响。例如,需分期建设的两个独立工程项目,可以考虑分成两个独立的合同分别发包。

2. 市场的情况

在进行合同发包前,首先要对建设市场进行调研,做到充分把握建设市场情况。根据承包商的专业性质、规模大小、市场分布状况,力求使建设工程项目分解发包情况与建筑市场结构相适应,使合同的任务和内容对建筑市场具有吸引力。同时,还要顾及市场惯例做法、市场范围和有关规定等,最终来决定合同的内容和数量。

3. 贷款协议的要求

针对合同中涉及两个以上贷款人的情况,不同贷款人可能对贷款使用范围、承包人资格等有不同要求,所以需要在拟订合同结构时予以考虑。

二、设计或施工总分包模式

工程项目建设的设计或施工总分包模式,是指业主将全部设计或施工的任务发包给一个设计单位或一个施工单位，该设计单位或施工单位作为总承包商，可以将部分任务再分包给其他承包商，最终形成由一个设计总包合同或施工总包合同及其下若干个分包合同组成的结构模式，如图 4-2 所示。设计或施工总分包模式有如下特点。

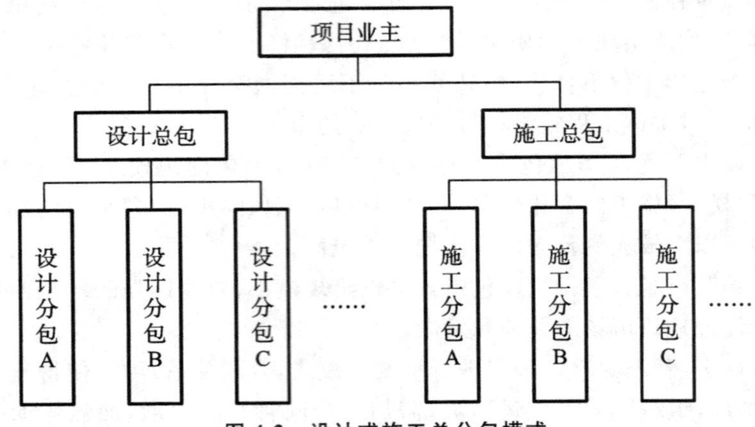

图 4-2　设计或施工总分包模式

1. 有利于项目的组织管理

由于业主只与一个设计总包单位或一个施工总包单位签订合同，承包合同数量比采用平行承发包模式时少，便于业主进行合同管理。同时，使业主的协调工作量减少，便于监理工程师与总包单位进行多层次的协调和沟通。

2. 有利于投资控制

采用设计或施工总分包模式可以较早地确定总包合同价格，便于监理工程师对项目进行整体的控制和把握。

3. 有利于质量控制

在设计或施工总分包模式中，总包方与分包方之间建立了内部的责、权、利关系，在项目建设中，既有分包方的自控、总包方的监督，也有监理方的检查、确认，对工程质量的控制是多重的、有利的。同时，监理工程师应特别监控总包单位“以包代管”的行为，否则会对质量控制造成不利影响。

4. 有利于工期控制

总包单位具有控制的积极性，分包单位之间也有相互制约的作用，这有利于建设工程总体进度的协调和控制，便于监理工程师总体控制和把握项目的进度。

5. 建设周期较长

由于设计图纸全部完成后才能进行施工总包的招标，施工招标需要的时间也较长，这会在一段时间内造成设计环节与施工环节的脱节。

6. 总包报价略高

对于规模较大的工程项目，只有部分承包商具有总包的资格和能力，这在无形中提高了市场准入条件，降低了市场的竞争程度。对于分包出去的工程项目，总包单位会在分包报价的基础上加收管理费后向业主报价。基于此,设计或施工总分包模式下的总包报价会略高。

三、项目总承包管理模式

项目总承包管理模式是指业主将工程设计、施工、材料和设备采购等一系列工作发包给专门从事项目组织管理的单位(称为项目管理承包商),再由它分包给若干设计单位、施工单位、材料供应单位和设备供应单位。项目管理承包商与设计或施工总分包模式中总承包商的职责不同,项目管理承包商在项目的策划、定义、设计到竣工使用全过程中只进行项目管理,不直接参与项目的设计与施工等具体工作。而设计或施工总分包模式中总承包商有具体的设计和施工工作,是设计、施工、材料和设备采购等工作的主要力量。项目总承包管理模式如图 4-3 所示。

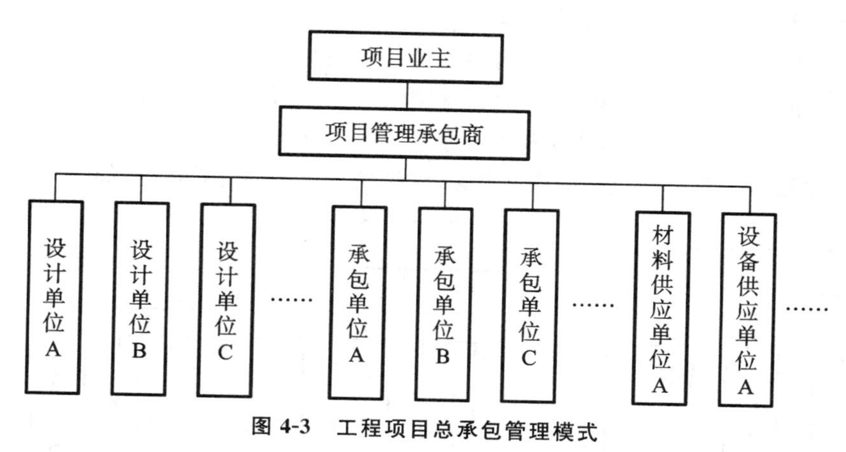

图 4-3 工程项目总承包管理模式

项目总承包管理模式有如下特点。

(1)有利于合同管理。业主与项目管理承包商之间只有一个主合同,使合同管理工作量减少。

(2)有利于组织协调。监理工程师主要与项目管理承包商进行沟通、协调,这使监理的组织协调工作量减少,但并不意味着工作难度一定降低。

(3)有利于进度控制。设计环节和施工环节由项目管理承包商统筹安排,使两个环节能够紧凑对接,有利于对项目的进度进行有效控制。

(4)业主的选择范围小。由于项目管理承包商的承包量大、工作介入早,造成对工程信息的掌握度低,因此,项目管理承包商要承担较大的风险,致使有承包能力的项目管理承包商相对较少。

(5)由于在项目的实施过程中,设计单位、施工单位是项目实施的基本力量,而监理工程师主要与项目管理承包商进行沟通、协调,增大了监理工程师对分包确认的难度。

(6)项目管理承包商自身的经济实力一般较弱,致使其承担风险的能力相对较弱、承担的项目风险相对较大。

任务三　工程监理模式与实施程序

一、工程监理模式

(一)平行承发包模式下的监理模式

与建设工程平行承发包模式相适应的监理模式有两种,即业主委托一家工程监理企业监理和业主委托多家工程监理企业监理。

1. 业主委托一家工程监理企业监理

这种监理委托模式是指项目业主只委托一家工程监理企业为其提供监理服务。这种模式要求工程监理企业具有较强的合同管理能力和组织协调能力,能够胜任全面的规划工作。工程监理企业可以组建多个监理分支机构对各承包商分别实施监理。项目总监理工程师负责总体协调工作,加强各监理分支机构的横向联系,保证监理工作的有效运行,如图 4-4 所示。

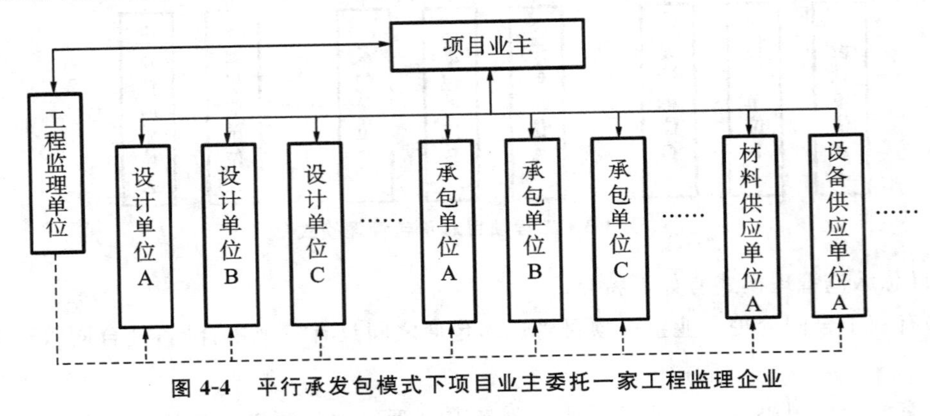

图 4-4　平行承发包模式下项目业主委托一家工程监理企业

2. 业主委托多家工程监理企业监理

这种监理模式是指项目业主针对不同的承包商委托多家工程监理企业为其提供监理服务。由于项目业主分别与多家工程监理企业签订建设工程委托监理合同,所以项目业主需要做好各工程监理企业之间的协调工作。对于某一家工程监理企业来说,其监理对象相对单一、便于管理,但工程项目的监理工作分散,不利于对监理工作的总体规划与协调控制,如图 4-5 所示。

(二)设计或施工总分包模式下的监理模式

对于设计或施工总分包模式,项目业主可以委托一家工程监理企业提供项目各阶段的全过程监理服务,如图 4-6 所示;也可以按照设计阶段和施工阶段分别委托不同的工程监理企业为其提供监理服务,如图 4-7 所示。前者的优点是工程监理企业可以对设计阶段和施工阶段的目标控制统筹考虑,可使监理工程师掌握工程的总体设计思路,有利于施工阶段监

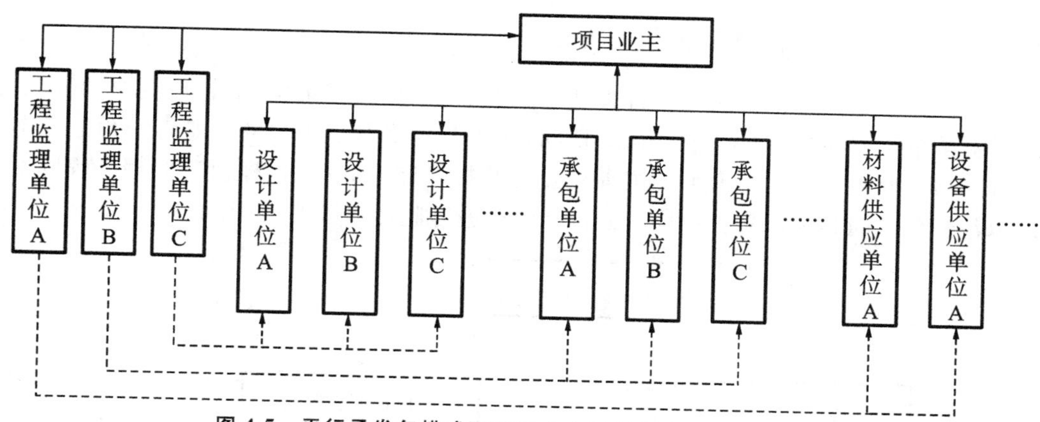

图 4-5 平行承发包模式下项目业主委托多家工程监理企业

理工作的开展。

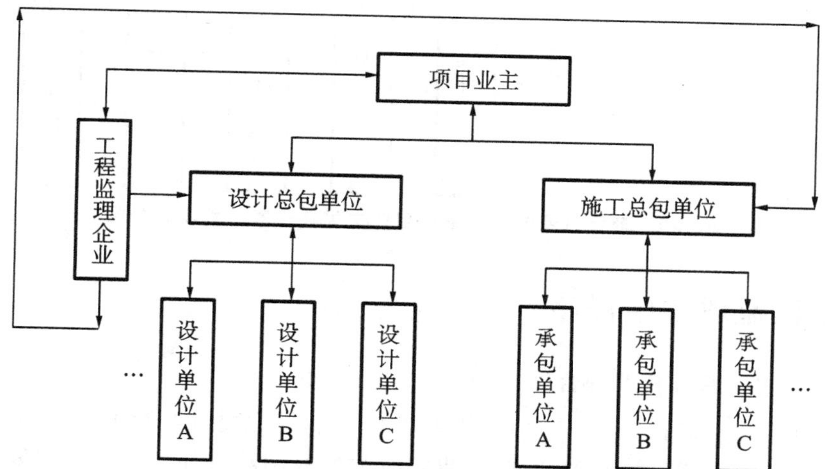

图 4-6 设计或施工总分包模式下项目业主按阶段委托一家工程监理企业

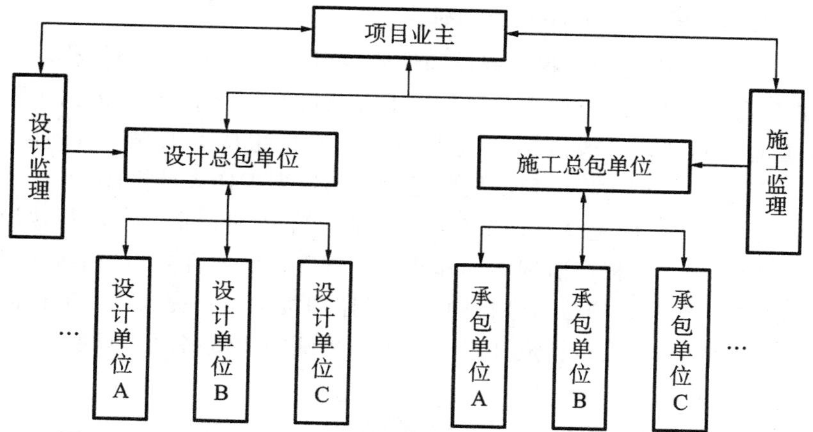

图 4-7 设计或施工总分包模式下项目业主委托多家工程监理企业

（三）项目总承包管理下的监理模式

采用项目总承包管理模式的项目管理承包商属于“智力密集型”的管理企业，其主要的工作是对整个工程项目进行管理。在此期间，业主与项目管理承包商只签订一份总承包合同，因此，项目业主宜委托一家工程监理企业为其提供监理服务，这样便于监理工程师对项目总承包管理合同和项目总包单位的分包等活动进行监督和管理，如图 4-8 所示。

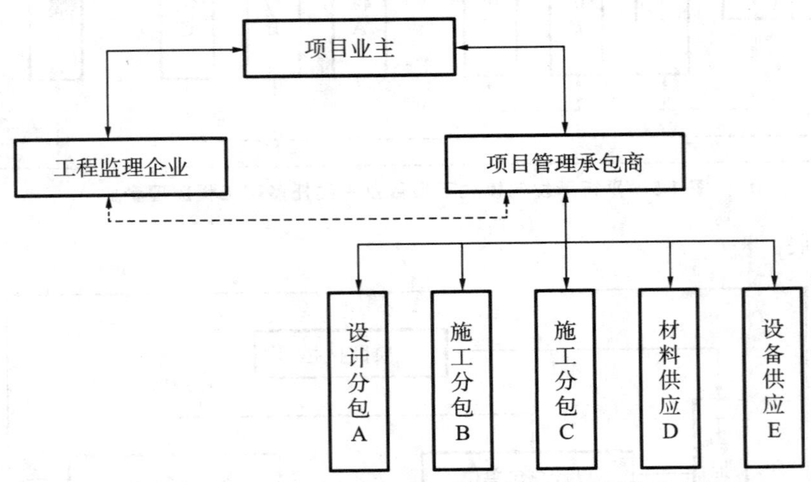

图 4-8　项目总承包管理下项目业主委托一家工程监理企业

二、工程监理实施程序

1. 签订建设工程委托监理合同

工程监理企业承揽到建设工程项目的监理工作后，首先要按照我国相关的法律、法规与项目业主签订建设工程委托监理合同，以界定双方的权利和责任。建设工程委托监理合同签订完成后就意味着监理工作正式开始了。

2. 确定总监理工程师，组建项目监理机构

工程监理企业需根据建设工程的规模和性质、项目业主的要求，委派称职的监理人员担任项目总监理工程师，总监理工程师全面负责工程项目的监理工作，对内向工程监理企业负责，对外向项目业主负责。一般情况下，总监理工程师由主持本工程项目的监理投标、拟订监理大纲、与项目业主签订建设工程委托监理合同的监理工作人员担任。

工程项目的监理实行的是总监理工程师负责制。工程监理企业在履行建设工程委托监理合同时，总监理工程师需根据监理大纲和建设工程委托监理合同的内容，在建设现场组建一个临时性的组织机构——项目监理机构。项目监理机构组建完成后，工程监理企业需将项目监理机构的组织形式、人员构成及对总收理工程师的任命书面通知项目业主，一般需得到项目业主的认可和授权。

3. 收集和熟悉相关资料

收集并熟悉与监理相关的资料，如与工程项目有关的资料，工程所在地的相关政策、法规，工程所在地技术经济状况、气象和交通等建设条件资料，类似工程项目的相关资料。

4. 编写监理规划

工程项目监理规划是工程监理活动的纲领性文件。

5. 编写各专业监理实施细则

监理实施细则是根据监理规划，为具体指导投资控制、质量控制、进度控制的进行而编写的监理工作的操作性文件。监理实施细则应结合工程项目的实际情况，做到具体详细、可操作性强。

6. 规范化地开展监理工作

规范化是指在实施监理时，应按一定的逻辑顺序开展工作。从科学的工程项目管理制度角度出发，监理工作的规范化体现在以下几个方面。

(1)监理工作的时序性。监理的各项工作都应按一定的逻辑顺序开展，从而使监理工作能有效地达到目标，避免出现监理工作的无序和混乱。

(2)职责分工的严密性。工程项目的监理工作是由不同专业、不同层次的专家共同完成的，他们之间严密的职责分工是协调监理工作的前提和实现监理目标的重要保证。

(3)工作目标的确定性。在职责分工的基础上，每一项监理工作的具体目标都应是确定的，完成的时间也应有时限规定，这样才能通过报表资料对监理工作及其效果进行检查和考核。

7. 参与验收，签署监理意见

工程项目建设完成后，承包单位提出验收申请后，总监理工程师应组织监理工程师对承包单位报送的竣工资料进行审核，并在项目业主进行正式验收前，组织相关人员进行竣工预验收。对竣工预验收中发现的问题，应及时要求承包单位整改，整改完毕由总监理工程师签署工程竣工报验单，并提出竣工程质量评估报告。

工程监理企业应参加项目业主组织的工程竣工验收工作，签署工程监理企业意见。经验收，工程质量符合要求的，由总监理工程师会同参加验收工作的各方签署竣工验收报告。

8. 向项目业主移交建设工程监理档案资料

工程项目监理工作完成后，工程监理企业应按建设工程委托监理合同的规定向项目业主提交建设工程监理档案资料。建设工程监理档案资料主要包括设计变更和工程变更资料、监理指令性文件、各种签证资料、隐蔽工程验收资料和质量评定资料、监理工作总结、设备采购和设备建造监理资料及其他约定提交的档案资料。

9. 监理工作总结

根据《建设工程监理规范》(GB/T 50319—2013)的规定，监理工作完成后，一方面项目监理企业要向项目业主提交监理工作总结，另一方面总监理工程师要组织监理人员编写监理工作总结并向所在工程监理企业递交。两份报告在内容侧重上有所不同。

(1)向项目业主提交的监理工作总结的内容主要包括工程概况、项目监理机构情况、建设工程委托监理合同履行情况、监理工作成效、监理工作中发现的问题及处理情况、说明和建议；

(2)向工程监理企业提交的监理工作总结的内容主要包括监理实施过程中各类工作经验的总结、监理工作中存在的问题和改进的建议。

三、工程监理实施的基本原则

工程监理企业受项目业主的委托对建设工程实施监理时，应遵守以下基本原则。

1. 公正、独立、自主的原则

监理工程师在建设工程监理中必须尊重科学、尊重事实，组织各方协同配合，维护有关各方的合法权益。项目业主与承包商虽然都是独立运行的经济主体，但追求的经济目标有差异，各自的行为也有差别。监理工程师应在按合同约定的权、责、利关系的基础上，协调双方的一致性。承包商只有按合同的约定进行工程建设，使项目业主实现投资的目的，才能获得自己生产的建设产品的价值，实现盈利。

2. 权责一致的原则

监理工程师从事监理活动的根据是工程监理的相关规定及项目业主的委托和授权。在进行监理工作时，监理工程师承担的职责应与项目业主授予的权限相一致。项目业主向监理工程师授权，应以能保证其正常履行监理职责为原则。因此，监理工程师在明确项目业主提出的监理目标和监理工作内容后，应与项目业主协商明确相应的授权，并在建设工程委托监理合同和工程项目承包合同中反映。这样才能保证监理工程师正常开展监理活动。

3. 总监理工程师负责制的原则

总监理工程师是工程监理全部工作的负责人。要建立总监理工程师负责制，就要明确权、责、利的关系，健全项目监理机构，采用科学的运行机制和现代化的管理手段，形成以总监理工程师为首的高效能的决策指挥体系。

总监理工程师负责制的内涵包括以下几个。

(1)总监理工程师是工程监理的责任主体。总监理工程师是实现项目监理目标的最高责任者，同时要向项目业主和工程监理企业负责。责任是总监理工程师负责制的核心，它构成了总监理工程师的工作压力和动力，也是确定总监理工程师权力和利益的依据。

(2)总监理工程师是工程监理的权力主体。根据总监理工程师承担责任的要求，总监理工程师全面领导建设工程的监理工作，包括组建项目监理机构(组织)、组织实施监理活动、主持编写建设工程监理规划和监理工作总结、监督和评价等。

(3)总监理工程师是工程监理的利益主体。总监理工程师是工程监理的利益主体，主要体现在监理过程中总监理工程师对国家的利益负责，对项目业主投资项目的效益负责，同时也对所监理工程项目的监理效益负责上。另外，总监理工程师还要负责项目监理机构内部所有监理人员的责任和利益分配。

4. 严格监理、热情服务的原则

监理工程师处理与承包商的关系，以及处理项目业主与承包商之间的关系时，一方面应坚持严格按合同办事，严格监理的要求；另一方面又应当立场公正，为项目业主和承包商提供热情的服务。

严格监理，就是各级监理人员要严格按国家政策、法规、规范、标准和合同，控制建设工程的目标，依照既定的程序和制度，认真履行职责，对承包商的建设过程实施严格的监督和管理。监理工程师应按照合同的要求多方位、多层次地为项目业主提供良好的服务。同时，监理工程师也要维护承包商的正当权益，不能一味地向承包商转嫁风险而损害其正当的经济利益。

5. 综合效益的原则

建设工程监理活动，既要考虑项目业主的经济效益，也必须考虑与社会效益和环境效益的有机统一，即需要符合公众利益的原则。监理工程师首先应遵守国家的法律、法规，既要对项目业主负责，为其谋求最大的经济效益，又要对国家和社会负责，以取得最佳的综合效益。只有在符合宏观经济效益、社会效益和环境效益的前提下，项目业主的微观经济效益才能得以实现。

6. 预防为主的原则

工程项目在建设过程中存在很多风险，监理工程师必须具有预见能力，并把重点放在预控上，努力做到“防患于未然”。在编写监理规划、编制监理实施细则时，对工程项目投资控制、进度控制和质量控制中可能发生的失控现象要有预见性和超前的考虑，并制订相应的预防措施加以防范，力争做到事前有预测，事后有对策，以达到事半功倍的效果。

7. 实事求是的原则

监理工程师在处理问题时，应当尊重事实，以理服人。监理工程师的任何指令和决策都应有事实依据，有试验、检验等资料。由于经济利益或认识上的关系，监理工程师和承包商对某些问题的认识、看法可能存在分歧，监理工程师不能以权压人，应做到以理服人。

任务四 项目监理机构

根据《建设工程监理规范》，工程监理单位履行建设工程委托监理合同时，应在施工现场派驻项目监理机构。项目监理机构的组织形式和规模，应根据建设工程委托监理合同约定的服务内容、服务期限，以及建设工程的特点、规模、技术复杂程度、所在环境等因素确定。施工现场监理工作全部完成或建设工程监理合同终止时，项目监理机构可撤离施工现场。

一、项目监理机构的组建步骤

无论工程项目规模大小，工程监理单位在组建项目监理机构时，一般都按如图 4-9 所示的步骤进行。

（一）确定项目监理机构的监理目标

确定工程项目的监理目标是建立项目监理机构的前提。建立时，项目监理机构应根据建设工程委托监理合同中确定的监理目标制订总目标，并明确划分项目监理机构的分解目标。

（二）确定监理工作的内容

根据监理目标和建设工程委托监理合同中规定的监理任务，明确监理工作的具体内容，并进行分类、归并和组合。监理工作的分类、归并和组合应便于监理目标控制，并应综合考虑监理项目的规模、性质、管理模式、合同工期、工程复杂程度、技术特点及工程监理企业组

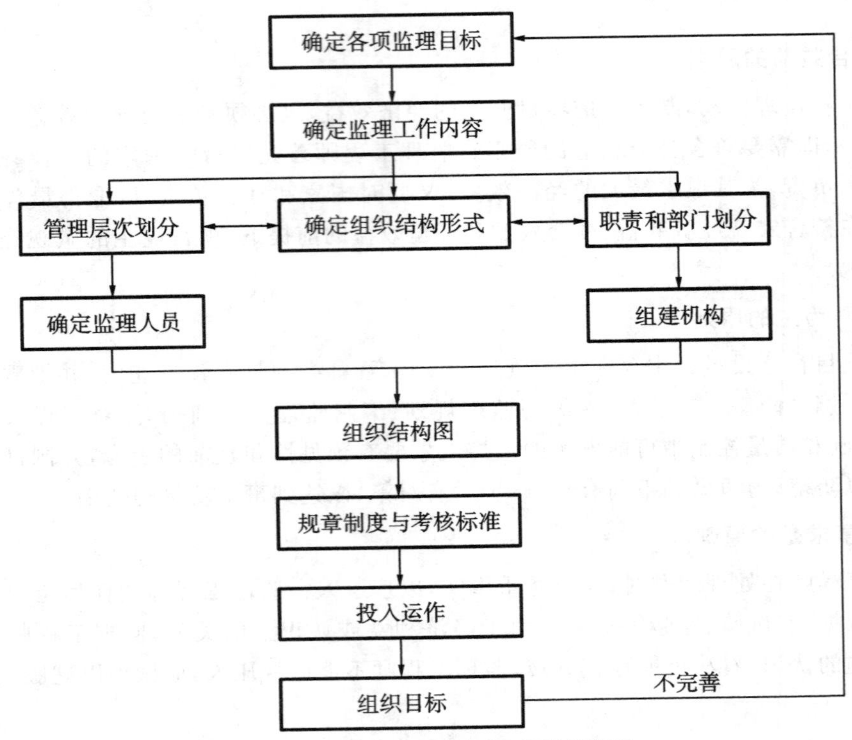

图 4-9 项目监理机构组建步骤示意图

织管理水平、监理人员数量、技术业务特点等。

如果对工程项目的全过程实施监理，监理工作的内容可按设计阶段和施工阶段分别进行分类、归并和组合，如图 4-10 所示。如果仅对工程项目的施工阶段实施监理，可按投资控制、进度控制、质量控制等进行分类、归并和组合。

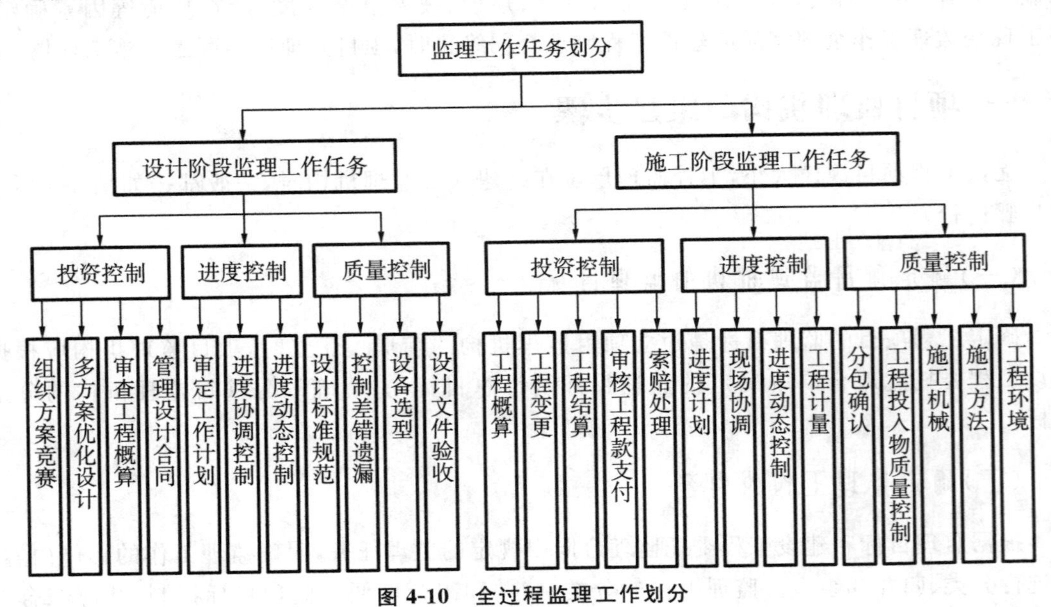

图 4-10 全过程监理工作划分

（三）项目监理机构组织结构的设计

1. 选择组织结构形式

由于工程规模、性质、阶段及监理工作要求的不同，在选择项目监理机构组织结构形式时，可以按照组织设计的原则选择适应监理工作需要的结构形式。组织结构形式选择的基本原则是有利于工程合同管理，有利于监理目标控制，有利于决策指挥，有利于信息沟通。

2. 合理确定管理层次和管理跨度

项目监理机构中一般应有以下三个层次。

(1)决策层。决策层由总监理工程师和其助手组成。它的主要任务是根据建设工程委托监理合同的要求及监理工作的特点和内容做出科学化、程序化的决策和管理。

(2)中间控制层(即协调和执行层)。中间控制层由各专业监理程师组成，具体负责监理规划的落实、监理目标控制和合同实施的管理，在工程监理工作中起承上启下的作用。

(3)作业层(也即操作层)。作业层由监理员、检查员等组成，具体负责监理工作的操作和实施。

项目监理机构管理跨度应充分考虑监理人员的素质、监理活动的复杂性和相似性、监理业务的标准化程度、各项规章制度的建立健全情况等，根据实际工作情况来确定。

3. 项目监理机构部门划分

项目监理机构中应根据监理机构目标、可利用的人力和资源及合同结构情况，将投资控制、进度控制、质量控制、合同管理和组织协调等监理工作内容按不同的职能活动形成相应的管理部门。

4. 选派监理人员

根据监理工作的任务，选择适当的监理人员。监理人员的选择除应考虑个人素质外，还应考虑人员总体构成的合理性和协调性。项目监理机构的监理人员应与专业配套，其数量应满足建设工程监理工作的需要。

为使监理工作科学、有序、规范地进行，应按监理工作的客观规律制订工作流程，规范化地开展监理工作。施工准备阶段、工程施工阶段和竣工验收阶段监理工作流程图如图 4-11 所示。

岗位职务和职责的确定，要有明确的目的性，不可因人设事。根据责权一致的原则，应进行适当的授权，以使监理人员承担相应的职责，使其岗位的职务与其职责相对应。同时，要根据不同的岗位职责确定相应的考核内容、考核标准，对监理人员的工作进行定期考核。表 4-1 和表 4-2 所示分别为项目总监理工程师和专业监理工程师岗位职责考核标准。

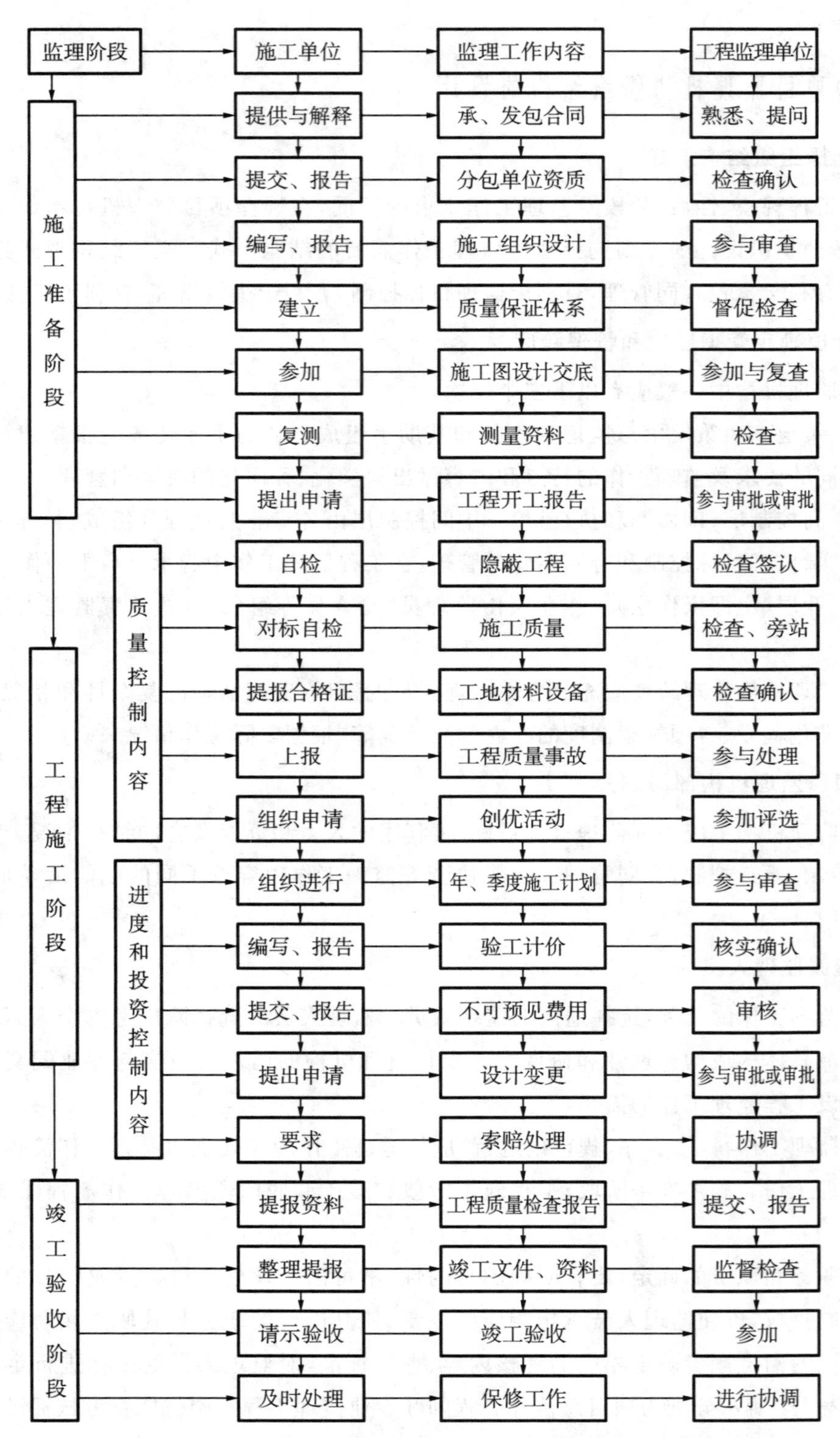

图 4-11 施工准备阶段、工程施工阶段和竣工验收阶段监理工作流程图

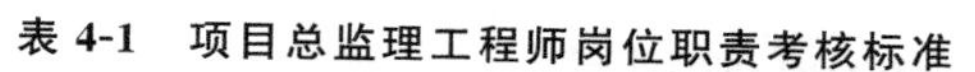
表 4-1　项目总监理工程师岗位职责考核标准

项　　目	职 责 内 容	考 核 要 求	
		标　　准	时　　间
工作目标	投资控制	符合投资控制计划目标	每月(或季)末
	进度控制	符合合同工期及总进度控制计划目标	每月(或季)末
	质量控制	符合质量控制计划目标	工程各阶段末
基本职责	根据建设工程委托监理合同，建立和有效管理项目监理机构	科学管理监理机构，监理机构有效运行	每月(或季)末
	主持编写和组织实施监理规划，审批监理实施细则	对监理工作进行系统的规划，监理实施细则符合监理规划要求，具有可操作性	编写审核完成后
	审查分包单位资质	符合合同要求	一周内
	监督指导专业监理工程师对投资、进度、质量进行监控，审核、签发有关资料文件，处理相关事项	监理工作进入正常工作状态，工程处于受控状态	每月(或季)末
	做好建设过程中有关各方面的协调工作	工程处于受控状态	每月(或季)末
	主持整理建设工程的监理资料	监理资料及时、准确、完整	按合同约定

表 4-2　专业监理工程师岗位职责考核标准

项　　目	职 责 内 容	考 核 要 求	
		标　　准	时　　间
工作目标	投资控制	符合投资控制分解目标	每月(或周)末
	进度控制	符合合同工期及进度控制分解目标	每月(或周)末
	质量控制	符合质量控制分解目标	工程各阶段末
基本职责	熟悉项目情况，制订本专业监理工作计划和监理实施细则	反映专业特点，具有可操作性	实施前一个月
	具体负责本专业的监理工作	工程监理工作有序进行，工程处于受控状态	每月(或周)末
	做好项目监理机构内各部门之间的监理任务的衔接、协调工作	监理人员各负其责，相互配合	每月(或周)末
	处理与本专业有关的重大问题，并将重大问题及时报告总监理工程师	工程处于受控状态，及时、真实地反映问题	每月(或周)末
	负责与本专业有关的签证、通知、备忘录等工作，并及时向总监理工程师提交报告、报表等资料	资料及时、真实、准确	每月(或周)末
	管理本专业有关的监理资料	监理资料及时、完整、准确	每月(或周)末

二、项目监理机构的组织形式

项目监理机构的组织形式是指项目监理机构所采用的管理组织结构，应根据工程项目的特点、工程项目承发包模式、工程项目组织管理模式、项目业主委托的监理任务，并结合工程监理企业的自身情况确定。项目监理机构常用的组织形式主要有直线制监理组织形式、职能制监理组织形式、直线职能制监理组织形式和矩阵制监理组织形式。

1. 直线制监理组织形式

直线制监理组织形式是最简单的组织形式，其特点为项目监理机构中各种职位是按垂直系统直线排列的。项目监理机构中任何一个下级只接受唯一上级的领导，各级部门的主管人员对所属部门的问题直接负责，不再另设其他职能部门。这种组织形式适用于监理项目能划分为若干相对独立子项的大中型建设工程项目。按子项目分解的直线制监理组织形式如图 4-12 所示。

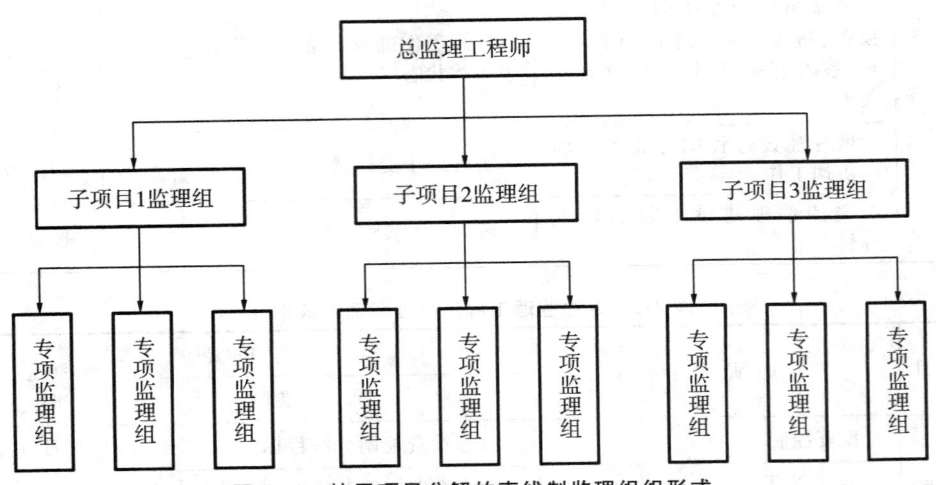

图 4-12　按子项目分解的直线制监理组织形式

总监理工程师负责整个工程项目的规划、组织和指导，并负责整个项目范围内各方面的协调工作。子项目监理组分别负责子项目的目标值控制，具体领导现场专业或专项监理组的工作。这种组织形式的优点在于机构设置简单、权力集中、权责分明；缺点是对总监理工程师的要求非常高，总监理工程师不仅需要具有较高的管理水平，而且需要通晓多种专业知识和技能。

这种组织形式还适用于承担对包括设计和施工的全过程实施监理的大中型以上的工程项目，这时项目监理机构可采用建设阶段分解的直线制监理组织形式，如图 4-13 所示。对于小型工程项目，项目监理机构可以采用按专业内容分解的直线制监理组织形式，如图 4-14 所示。

2. 职能制监理组织形式

职能制监理组织形式是在项目监理机构内设立一些职能部门，把总监理工程师的相应监理职责和权力交给职能部门，各职能部门在其职能范围内有权直接指挥下级，如图 4-15 所示。这种组织形式适用于大中型建设工程项目和在地理位置上相对集中的建设工程。

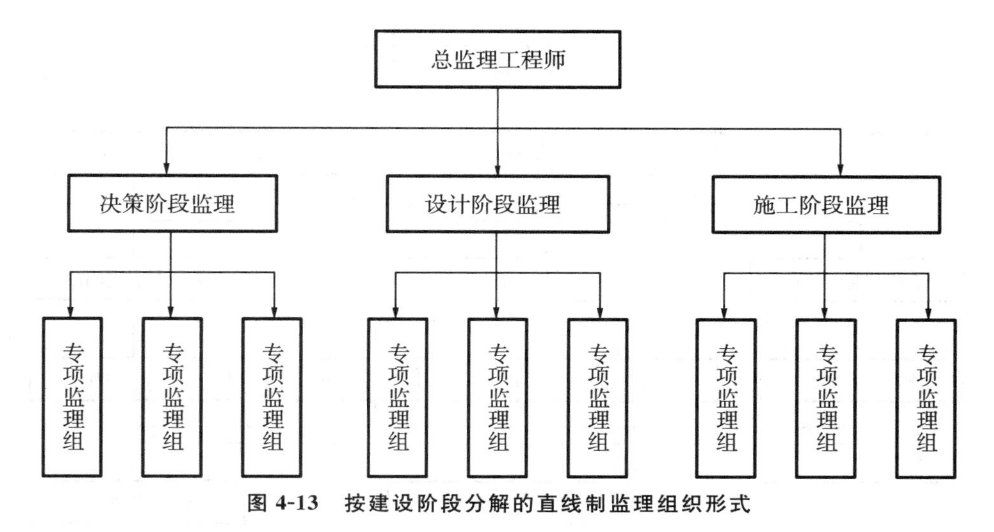

图 4-13　按建设阶段分解的直线制监理组织形式

总监理工程师

结构工程监理

水、暖、电监理

装饰工程监理

专项监理组　专项监理组　专项监理组　专项监理组　专项监理组　专项监理组　专项监理组　专项监理组　专项监理组

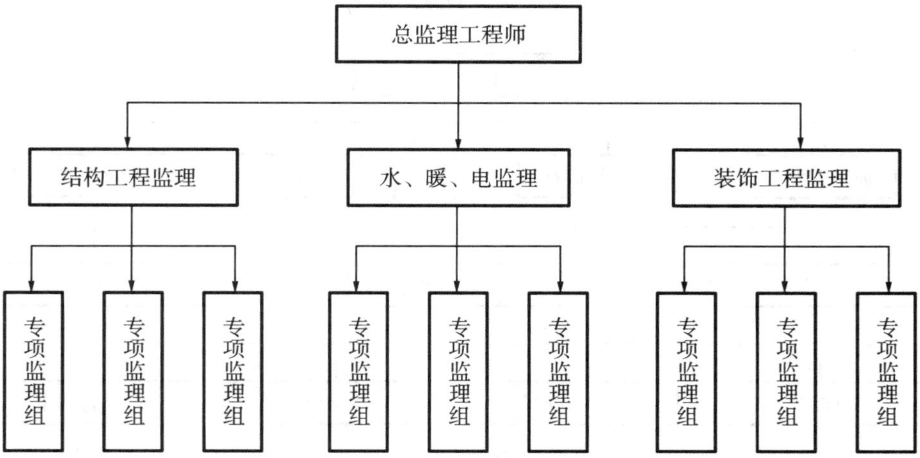

图 4-14　按专业内容分解的直线制监理组织形式

这种组织形式的优点在于分工明确，目标控制更加职能化，能够发挥各职能部门的管理能力和工作积极性，减轻总监理工程师的负担，提高管理效率；缺点是多头领导，易造成职责不清。

3. 直线职能制监理组织形式

直线职能制监理组织形式是综合了直线制和职能制两种组织形式的优点而形成的一种组织形式。此形式以监理目标控制为基本职能来划分部门和设置机构，实行职能分工监理，并将管理部门和监理人员分成两类：一类是直接指挥部门和人员，直接指挥人员只接受一个上级主管的命令，在自己的职责范围内拥有对下级实行指挥和发布命令的权力，并对该部门的工作全面负责；另一类是职能部门和人员，职能人员向直接指挥部门的人员提出建议和提供咨询，他们不接受同层次主管的直接命令和指挥，但也不能对下级部门直接进行指挥和发布命令。直线职能制监理组织形式如图 4-16 所示。

直线职能制监理组织形式既保持了直线制监理组织形式统一指挥、权责清晰的优点，又保持了职能制监理组织形式使目标管理专业化的优点，发挥专业分工的作用，隶属关系分

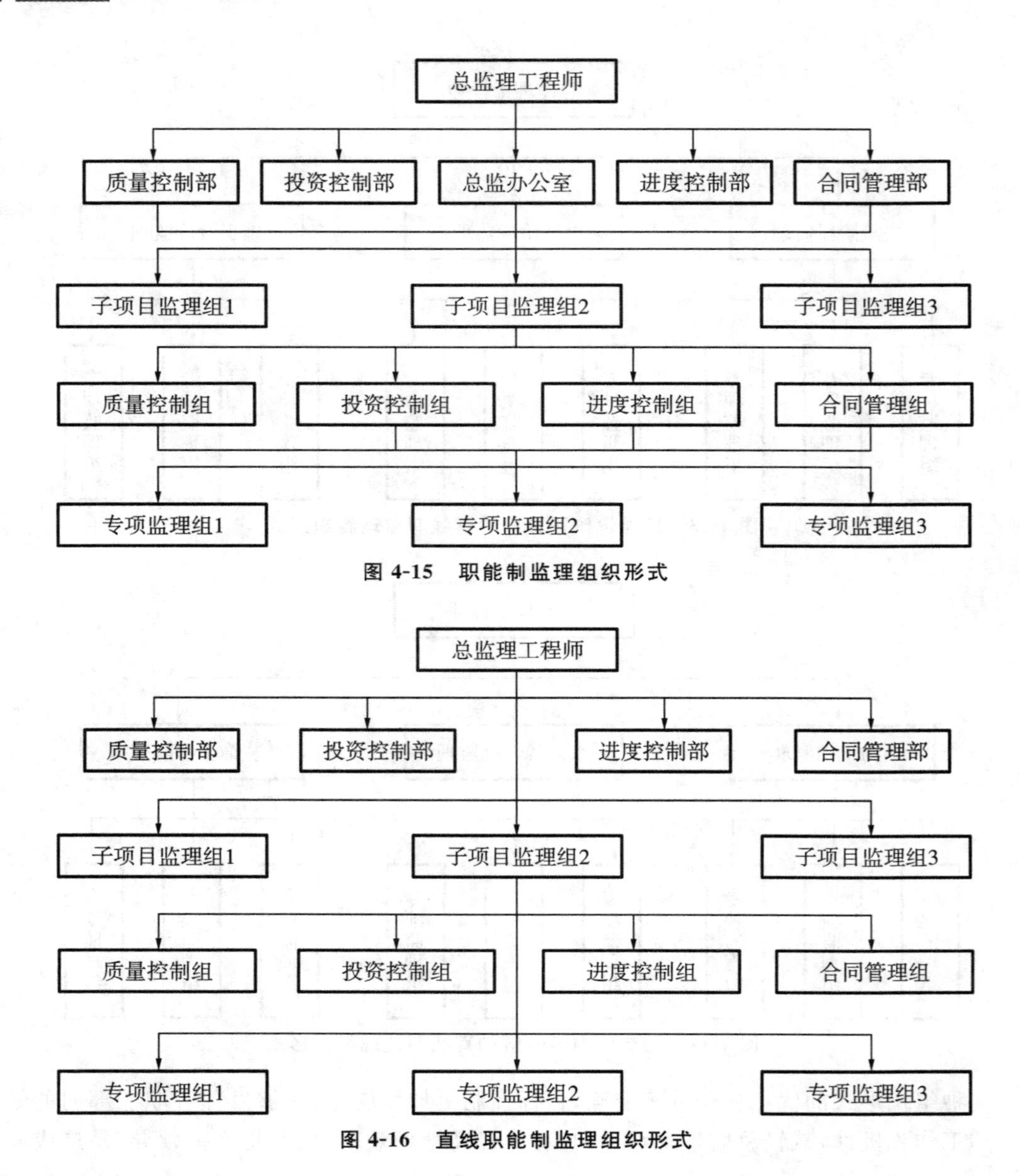

图 4-15　职能制监理组织形式

图 4-16　直线职能制监理组织形式

明。这种组织形式的缺点是职能部门和直接指挥部门之间容易产生矛盾，信息传递路线过长，不利于信息情报的传递，效率不高。

4. 矩阵制监理组织形式

短阵制监理组织形式又称为目标规划制监理组织形式，是由纵、横两套管理系统（一套是纵向的职能系统，另一套是横向的子项目系统）组成的矩阵形组织结构，各专项监理组同时受职能机构和子项目组领导，如图 4-17 所示。

这种组织形式的优点是加强了各职能部门的横向联系，具有较强的机动性和适应性，有利于对上下左右集权与分权实行最优的结合，有利于复杂和疑难问题的解决，有利于发挥子项目组的积极性，也有利于培养监理人员的业务能力；缺点是纵、横向协调工作量大，要求工作指令严格统一，否则容易产生指令上的矛盾，处理不当会造成推诿现象，缺乏相对稳定性。

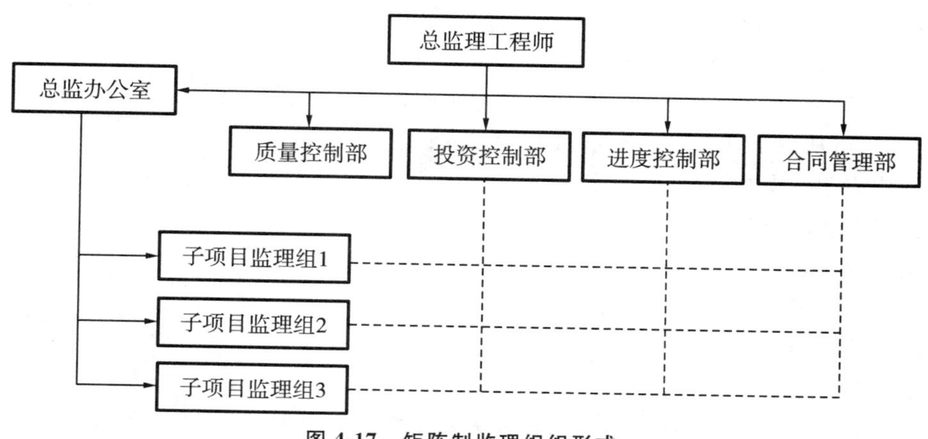

图 4-17 矩阵制监理组织形式

因此，矩阵制监理组织形式适用于同时有若干个子项目且每个子项目又需要不同专业人员共同监理的大中型工程项目的监理工作。

三、项目监理机构人员配备和职责分工

项目监理机构的组织形式确定之后，需根据工程项目的特点、监理任务及合理的监理深度和密度对监理人员进行科学、合理的配置，以形成组合优化、结构合理、整体素质高的监理组织。各类监理人员的基本职责应按照建设阶段和建设工程的具体情况确定。

（一）项目监理机构的人员结构

工程监理机构要有合理的人员结构才能适应监理工作的要求。合理的人员结构包括合理的专业结构和合理的技术职务、职称结构。

1. 合理的专业结构

项目监理机构应由与监理项目的性质及项目业主对项目监理的要求相适应的各专业人员配套组成。

2. 合理的技术职务、职称结构

虽然监理工作是一种高智能的技术性服务工作，但并非项目监理机构中人员的技术职称越高越好。合理的技术职务、职称结构，表现在高级职称、中级职称和初级职称有与监理工作要求相称的比例。通常在决策阶段、设计阶段开展监理工作，监理人员具有高级职称和中级职称的占大多数；而施工阶段从事实际操作（如旁站、填记日志、现场检查、计量等）的监理人员，多数具有初级职称。

（二）监理人员数量的确定

项目监理机构的人员数量配备要综合考虑工程建设强度和复杂程度、监理企业的业务水平等。

（1）工程建设强度。工程建设强度是指单位时间内投入的工程建设资金的数量。

工程建设强度＝投资/工期

其中，投资和工期均指由项目监理机构所承担的那部分工程的建设投资和工期。投资

可按工程估算、概算或合同价计算，工期根据进度总目标及其分目标确定。通常，工程建设强度越大，则需投入的监理人员越多。

(2)工程复杂程度。每项工程项目都具有不同的情况，其投入的人力也不同。根据一般工程的情况，可从以下几个方面衡量其复杂程度：

①设计活动的多少；

②施工工艺的先进性；

③工程分散程度、交通条件；

④自然环境复杂程度；

⑤工程质量目标；

⑥工程进度目标。

根据工程复杂程度的不同，可将工程分为若干级别，不同级别的工程需要配备的人员数量有所不同。例如，工程复杂程度按五级划分：简单、一般、一般复杂、复杂、很复杂。简单级别的工程需要的监理人员少，而复杂的项目就要多配置人员。

(3)工程监理企业的业务水平。工程监理企业的人员素质、专业能力、管理水平、工程经验、设备手段等方面的差异都直接影响监理效率的高低。因此，各工程监理企业应当根据自己的实际情况确定监理人员的数量。

(4)项目监理机构的组织结构和职能分工。项目监理机构的组织结构情况也会影响到监理人员的数量。

(5)项目承包单位的建设水平。承包单位专业业务水平越高，技术管理体系、质量保证体系越完善，则需要的监理人员越少。

(三)工程监理机构人员的职员分工

项目监理机构的监理人员由总监理工程师、专业监理工程师和监理员组成，且专业配套、数量应满足监理工作需要，必要时可设总监理工程师代表。

根据《建设工程监理规范》，项目总监理工程师、总监理工程师代表、专业监理工程师和监理员应履行以下基本职责。

1. 总监理工程师职责

(1)确定项目监理机构人员及其岗位职责。

(2)组织编制监理规划，审批监理实施细则。

(3)根据工程进展情况安排监理人员进场，检查监理人员工作，调换不称职监理人员。

(4)组织召开监理例会。

(5)组织审核分包单位资格。

(6)组织审查施工组织设计、(专项)施工方案、应急救援预案。

(7)审查开复工报审表，签发开工令、工程暂停令和复工令。

(8)组织检查施工单位现场质量、安全生产管理体系的建立及运行情况。

(9)组织审核施工单位的付款申请，签发工程款支付证书，组织审核竣工结算。

(10)组织审查和处理工程变更。

(11)调解建设单位与施工单位的合同争议，处理费用与工期索赔。

(12)组织验收分部工程，组织审查单位工程质量检验资料。

(13)审查施工单位的竣工申请,组织工程竣工预验收,组织编写工程质量评估报告,参与工程竣工验收。

(14)参与或配合工程质量安全事故的调查和处理。

(15)组织编写监理月报、监理工作总结,组织整理监理文件资料。

2. 总监理工程师代表职责

(1)负责总监理工程师指定或交办的监理工作。

(2)按总监理工程师的授权,行使总监理工程师的部分职责和权力。

总监理工程师不得将下列工作委托给总监理工程师代表:

①组织编制监理规划,审批监理实施细则;

②根据工程进展情况安排监理人员近场,调换不称职监理人员;

③组织审查施工组织设计、(专项)施工方案、应急救援预案;

④签发开工令、工程暂停令和复工令;

⑤签发工程款支付证书,组织审核竣工结算;

⑥调解建设单位与施工单位的合同争议,处理费用与工期索赔;

⑦审查施工单位的竣工申请,组织工程竣工预验收,组织编写工程质量评估报告,参与工程竣工验收;

⑧参与或配合工程质量安全事故的调查和处理。

3. 专业监理工程师职责

(1)参与编制监理规划,负责编制监理实施细则。

(2)审查施工单位提交的涉及本专业的报审文件,并向总监理工程师报告。

(3)参与审核分包单位资格。

(4)指导、检查监理员工作,定期向总监理工程师报告本专业监理工作实施情况。

(5)检查进场的工程材料、设备、构配件的质量。

(6)验收检验批、隐蔽工程、分项工程。

(7)处置发现的质量问题和安全事故隐患。

(8)进行工程计量。

(9)参与工程变更的审查和处理。

(10)填写监理日志,参与编写监理月报。

(11)收集、汇总、参与整理监理文件资料。

(12)参与工程竣工预验收和竣工验收。

4. 监理员职责

(1)检查施工单位投入工程的人力、主要设备的使用及运行情况。

(2)进行见证取样。

(3)复核工程计量有关数据。

(4)检查和记录工艺过程或施工工序。

(5)处置发现的施工作业问题。

(6)记录施工现场监理工作情况。

案例分析

根据所描述项目监理机构组织形式的特点判断，调整前的项目监理机构采用的是直线制监理组织形式，其特点为项目监理机构中各种职位是按垂直系统直线排列的，项目监理机构中任何一个下级只接受唯一上级的领导，各级部门的主管人员对所属部门的问题直接负责。调整后的项目监理机构采用的是矩阵制监理组织形式，这种组织形式的优点是加强了各职能部门的横向联系，有利于对上下左右集权与分权实行最优的结合，有利于复杂和疑难问题的解决，其缺点是纵、横向协调工作量大，容易产生指令上的矛盾，处理不当会造成推诿现象，缺乏相对稳定性。

复习思考题

1. 什么是组织和组织结构？
2. 简述组织设计应遵循的原则。
3. 组织活动的基本原理是什么？
4. 工程项目的承发包模式有哪几种？
5. 建设工程监理实施的程序是什么？
6. 建设工程监理实施的基本原则是什么？
7. 简述组建项目监理机构的步骤。
8. 项目监理机构的组织形式有哪几种？它们有哪些特点？
9. 工程监理机构人员配备应考虑哪些因素？
10. 总监理工程师不能把哪些工作委托给总监理工程师代表？

项目五
建设工程投资控制

5

学习目标

掌握建筑工程投资构成以及建筑安装工程费用构成；熟悉建设工程投资控制的基本原理；熟悉建设工程投资决策阶段、设计阶段投资控制的理论和方法；掌握建设工程招投标阶段、施工阶段和竣工阶段投资控制的理论和方法。

案例引入

1992年7月，史玉柱决定在珠海修建巨人大厦作为公司办公楼。巨人大厦原设计18层。后来在政绩工程的诉求下，有政府领导希望将巨人大厦建为中国第一高楼，而史玉柱也对暂时的设计楼层不断加码，从18层到38层到54层再到64层。1994年初，巨人大厦开工典礼时，史玉柱宣布，巨人大厦将建78层，为中国最高的楼宇。

据初步测算，巨人大厦需要投入12亿元才能完成该“最高楼宇”。然而，1996年，巨人大厦资金告急，史玉柱将保健品资金调往巨人大厦。1997年初，巨人大厦因资金链断裂未能按时完工，只建至地面3层的巨人大厦停工。随后，巨人集团的财务危机爆发，史玉柱随之从公众视野“消失”。

任务一　建设工程投资控制概述

一、建设工程投资的概念和构成

1）建设工程投资的概念

建设工程投资是指某项建设工程花费的全部费用。生产性建设工程总投资包括固定资产投资和流动资产投资两个部分，非生产性建设工程只包括固定资产投资（又可称为建设工程投资或建设工程总造价）。

2）我国现行建设工程总投资的构成

我国现行建设工程总投资主要是由设备和工器具购置费用、建筑安装工程费用、工程建设其他费用、预备费、建设期贷款利息、固定资产投资方向调节税和流动资产投资构成，如图5-1所示。

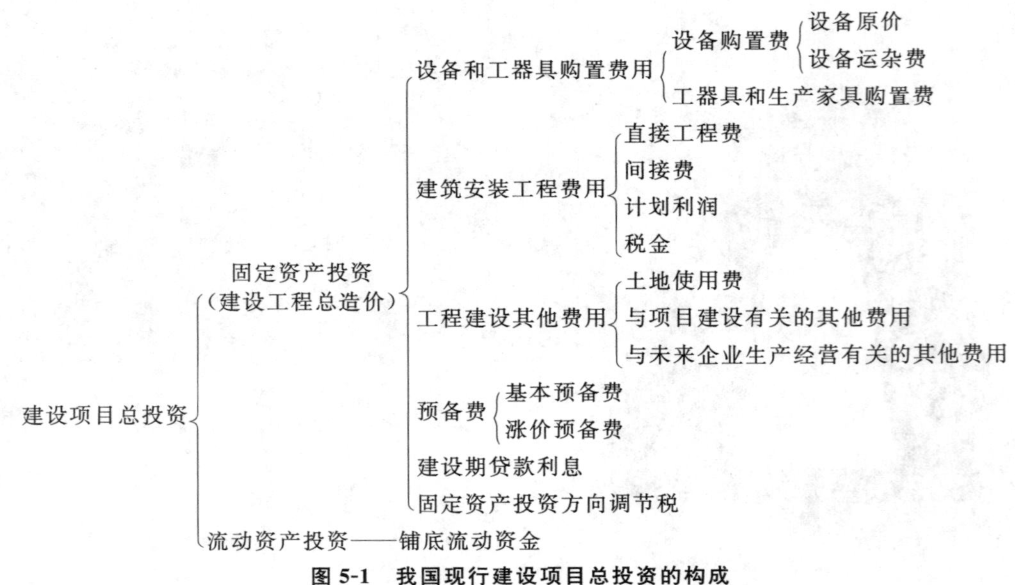

图5-1　我国现行建设项目总投资的构成

二、建设工程投资控制的要求

建设工程投资控制是在工程建设全过程的各个阶段，采用一定的方法和措施把工程项目投资的数额控制在批准的投资限额或合同规定的限额以内，以保证项目投资控制目标的实现，以求在工程项目建设中能合理使用人力、物力、财力，取得较好的投资效益和社会效益。

1)合理确定投资控制目标

建设工程投资控制是项目控制的主要内容之一，这种控制是动态的，并贯穿于工程建设的始终。

建设工程投资控制必须有明确的控制目标，并且不同控制阶段的控制目标是不同的。例如，投资估算应是设计方案选择和初步设计阶段的控制目标；设计概算应是技术设计和施工图设计阶段的控制目标；投资包干额应是包干单位在建设实施过程中的控制目标；施工图预算或工程承包合同价是施工阶段控制建筑安装工程投资的目标。这些阶段目标相互联系、相互制约、相互补充，逐步清晰、准确，共同组成投资控制的目标系统。

2)以设计阶段为重点进行全过程控制

建设工程项目建设周期长、问题复杂，这就要求设置控制目标时应严肃、科学、实事求是。

项目是否需要建设，预计花费多少建设费用，是在前期充分论证的基础上做出的决策。而设计阶段是形成建设工程价值，承发包与设备安装阶段是实现建设工程的价值。因此，项目投资控制的关键是项目建设决策阶段和设计阶段，而在做出项目投资决策后，控制投资的关键就在于设计。据有关资料显示，设计费在于建设工程全寿命费用的1%以下，而这不到1%的费用对投资的影响却达75%以上。因此，监理工程师在投资控制过程中，应以设计阶段的投资为控制重点。

3)主动控制

工程建设一旦发生偏差，费用一经发生，再采取措施只能纠正已发生的偏差而不能预防偏差的发生，因而只能说是被动控制。要实现有效的控制必须以主动控制为主，在偏差出现之前，协调好工程建设项目投资目标、进度目标、质量目标三大目标之间的关系，预先采取措施，避免偏差或使偏差减小。因此，监理工程师要协调好各方面的关系，主动控制，以实现合同所确定的投资控制目标。

4)技术与经济相结合

工程建设是一个多目标系统，实现其目标的途径是多方面的，应从组织、技术、经济、合同与信息管理等方面采取措施。而其实现功能、质量、规模等要求的技术方案是多样化的，这就要求监理工程师在满足规模要求和功能质量标准的前提下，进行技术与经济分析，确定最优技术方案，使工程建设项目更加经济、合理。工程建设的理论与实践证明，技术与经济相结合是最有效的投资控制手段。

三、建设工程投资控制的任务

1)建设的前期阶段

在建设前期阶段，监理工作的投资控制任务是进行工程项目的机会研究、初步可行性研究，编制项目建议书，进行可行性研究，对拟建项目进行市场调查和预测，编制投资估算，进行环境影响评价、财务评价、国民经济评价和社会评价。

2)设计阶段

在设计阶段，监理工作的投资控制任务是协助建设单位提出设计要求，组织设计方案竞赛或设计招标，用技术与经济相结合的方法评选设计方案；协助设计单位开展限额设计工作，编制本阶段资金使用计划，并进行付款控制；审查设计概预算。

3)施工招标阶段

在施工招标阶段，监理工作的投资控制任务是准备与发送招标文件，编制工程量清单和招标工程标底；协助评审投标书，提出评标建议；协助建设单位与承包单位签订承包合同。

4)施工阶段

在施工阶段，监理工作的投资控制任务是建立项目监理的组织保证体系，明确投资控制的重点；对工程进度、工程质量、材料检验等进行监督和控制，主动搞好设计、材料和设备、土建、安装及其他外部协调和配合工作；及时对已完工的工程进行计量；严格按合同执行工程计量和工程款支付程序，签署工程付款凭证；公正地处理承包单位提出的索赔问题；严格控制工程变更，确定工程变更价款，及时分析工程变更对控制投资的影响；进行投资跟踪，定期提供投资报表，定期向总监理工程师、建设单位报告工程投资动态情况；审核施工单位提交的工程结算书，并按程序进行竣工结算。

由于我国现阶段建设工程监理的范围主要限于项目施工阶段，所以本书将重点阐述这一阶段的投资控制。

5)竣工验收阶段

在竣工验收阶段，监理工作的投资控制任务是通过项目决算，控制工程实际投资，使其不突破设计概算，并进行投资效果分析，确保建设工程项目获得最佳的投资效果。

任务二　施工阶段的投资控制

工程项目施工阶段是建设资金大量使用而项目经济效益尚未实现的阶段，在该阶段进行投资控制具有周期长、内容多、工作量大等特点，监理工程师在施工阶段做好投资控制对防止“决算超预算”具有十分重要的意义。

一、施工阶段投资控制的基本方法和措施

1. 施工阶段投资控制的基本方法

施工阶段投资控制一般是指在建设项目已完成施工图设计，完成招标工作和签订工程承包合同后，监理工程师对工程建设的施工过程进行的投资控制，主要是监督承包单位在符合工程承包合同规定的工期、质量的前提下，实现项目的实际投资不超过计划投资，圆满地完成全部工程任务。监理工程师在施工阶段进行投资控制的基本方法是把计划投资额作为投资控制目标值，在工程施工过程中定期地进行投资实际值与投资控制目标值的比较，通过比较发现并找出投资实际值与投资控制目标值之间的偏差，然后分析产生偏差的原因，并采取有效措施加以控制，以保证投资控制目标的实现。具体的控制过程如图 5-2 所示。

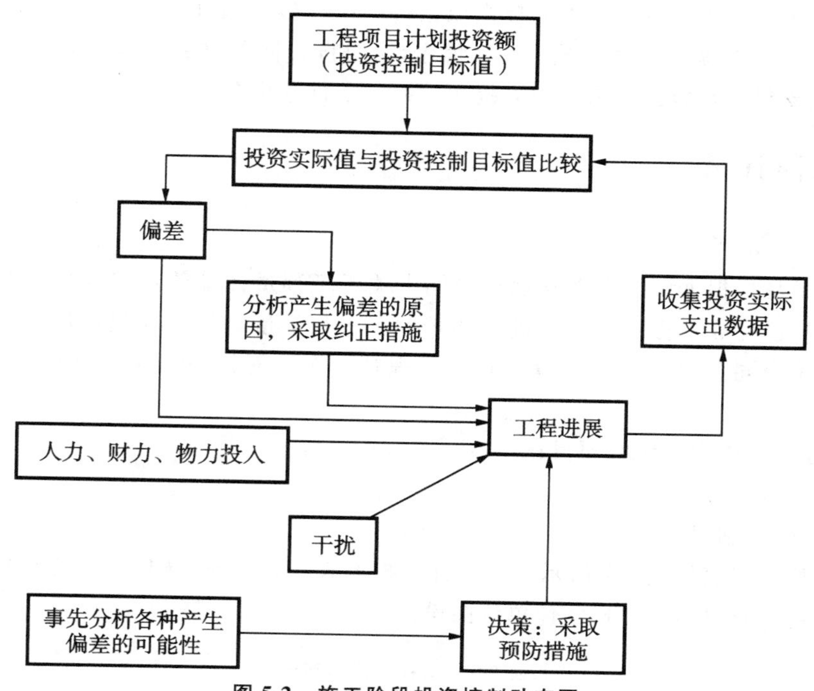

图 5-2 施工阶段投资控制动态图

2. 施工阶段投资控制的措施

建设项目的投资主要发生在施工阶段。在这个阶段，尽管节约投资的可能性已经很小，但浪费投资的可能性很大。因此，仍要对投资控制给予足够的重视，从经济、技术、组织、合同等多方面采取措施，控制投资。

1）组织措施

（1）在项目管理班子中落实投资控制人员、任务分工和职能分工。

（2）编制本阶段投资控制工作计划和绘制详细的工作流程图。

2）经济措施

（1）编制资金使用计划，确定、分解投资控制目标。

（2）进行工程计量。

（3）复核工程付款账单，签发付款证书。

（4）在施工过程中进行投资跟踪控制，定期地进行投资实际支出值与计划目标值的比较，发现偏差，分析产生偏差的原因，及时采取纠偏措施。

（5）对工程施工过程中的投资支出做好分析与预测，经常或定期向业主提交项目投资控制及存在问题的报告。

3）技术措施

（1）进行技术经济比较，严格控制设计变更。

（2）继续寻找通过改进设计挖潜节约投资的可能性。

（3）审核承包单位编制的施工组织计划，对主要施工方案进行技术经济分析。

4）合同措施

（1）做好工程施工记录，保存各种文件图纸，特别是有实际施工变更情况的图纸，注意积累素材，为正确处理可能发生的索赔提供依据；参与处理索赔事宜。

(2)严格履行工程款支付、计量、签字程序，及时按合同条款支付验收合格的工程款，防止过早、过量支付；全面履约，减少对方提出索赔的条件和机会。

二、工程计量

1. 工程计量的概念

工程计量是指根据设计文件及承包合同中关于工程量计算的规定，项目监理机构对承包单位申报的已完成工程的工程量进行的核验。工程计量是约束承包单位履行合同义务、强化承包单位合同意识的重要手段。监理工程师一般只对以下三个方面的工程项目进行计量：

(1)工程量清单中的所有项目；

(2)合同文件中规定的项目；

(3)工程变更项目。

工程计量报审表如表5-1所示。工程计量报审表一式四份，送项目监理机构审核后，建设单位、项目监理机构各一份，承包单位两份。

表 5-1　工程计量报审表

工程名称：　　　　　　　　　　　　　　　　　　　　　　编号：

致：________________(监理单位) 兹申报____年____月完成的工程量统计报表，请予核验审定，核定的结果将作为我方申请该工程的依据。 附件：1. 完成工程量统计报表； 2. 工程质量合格证明资料。 承包单位(章)________ 项目经理________ 日期________
专业监理工程师审查意见： 项目监理机构(章)________ 总监理工程师________ 日期________

2. 工程计量的依据

计量依据一般有质量合格证书、工程量清单前言、技术规范中的计量支付条款和设计图纸。

1)质量合格证书

对于承包单位已完的工程，并不是全部进行计量，只有质量达到合同标准的已完工程才予以计量。工程计量需与质量监理紧密配合，经过监理工程师检验，工程质量达到合同规定的标准后，由监理工程师签发中间交工证书（质量合格证书）。取得质量合格证书的工程才予以计量。

2）工程量清单前言和技术规范中的计量支付条款

工程量清单前言和技术规范中的计量支付条款规定了清单中每一项工程的计量方法，同时还规定了按规定的计量方法确定单价所包括的工作内容和范围。

3）设计图纸

计量的几何尺寸要以设计图纸为依据。单价合同以实际完成的工程量进行结算，但被监理工程师计量的工程数量，并不一定是承包单位实际施工的数量。监理工程师对承包单位超出设计图纸要求增加的工程量和自身原因造成返工的工程量不予计量。

3. 工程计量的程序

1）施工合同文本规定的程序

按照《建设工程施工合同（示范文本）》规定，工程计量的一般程序是：承包单位应按专用条款约定的时间（承包单位取得完成的工程分项活动质量合格证书后），向监理工程师提交已完工程量的报告，监理工程师接到报告后 7 天内按设计图纸核实已完工程量，并在计量前 24 h 通知承包单位，承包单位必须为监理工程师进行计量提供便利条件，并派人参加予以确认。承包单位收到通知后无正当理由不参加计量，由监理工程师自行计量的结果有效，作为工程价款支付的依据。监理工程师收到承包单位报告 7 天内未进行计量，从第 8 天起，承包单位报告开列的工程量即视为已被确认，作为工程价款支付的依据。监理工程师不按约定时间通知承包单位使承包单位不能参加计量，由监理工程师自行计量的结果无效；对承包单位超出设计图纸范围和因承包单位原因造成返工的工程量，监理工程师不予计量。

2）FIDIC 规定的工程计量程序

按 FIDIC 施工合同约定，当监理工程师要求测量工程的任何部分时，应向承包单位代表发出通知，承包单位应及时亲自或另派代表，协助监理工程师进行测量；并提供监理工程师要求的任何具体材料。如果承包单位未能到场或派代表到场，监理工程师（或其代表）所做测量应作为准确结果予以认可。除合同另有规定外，凡需根据测量进行记录的任何永久工程，记录应由监理工程师准备。承包单位应根据监理工程师提出的要求，到场与监理工程师一起对记录进行检查和协商，达成一致意见后在记录上签字。如承包单位未到场，应认为该记录准确，予以认可。如果承包单位检查后不同意该记录和（或）不签字表示同意，承包单位应向监理工程师发出通知，说明认为该记录不准确的部分，监理工程师接到通知后，应审查该记录，进行确认或更改，如果 14 天内没有发出此类通知，该记录应视为准确，予以认可。

4. 工程计量方法

根据 FIDIC 合同条件的规定，一般可按下列方法进行计量。

1）均摊法

均摊法就是对清单中某些项目的合同条款，按合同工期平均计量，如为监理工程师提供宿舍和一日三餐、保养测量设备、保养气象记录设备、维护工地清洁和整洁等。这些项目都有一个共同的特点，即每月均有发生，就可以采用均摊法进行计量支付。例如：保养测量设备，如果合同约定本项款额为 1 000 元，该工程的合同工期为 10 个月，则计量、支付的工作量为 1 000 元/10 月＝100 元/月。

2)凭据法

凭据法就是按照承包商提供的凭据进行计量支付。如提供建筑工程保险费、提供第三方责任险保险费、提供履约保证金等项目,一般按凭据进行计量支付。

3)估价法

估价法就是按照合同文件的规定,根据监理工程师估算的已完成的工程价值支付。例如,为监理工程师提供用车、测量设备、天气记录设备、通信设备等项目,这类清单项目往往要购买几种仪器设备,当承包单位对于某一项清单中规定购买的仪器设备不能一次购进时,需采用估价法进行计量支付。

4)断面法

断面法主要用于取土或填筑路堤土方的计量。对于填筑土方工程,一般规定计量的体积为原地面线与设计断面所构成的体积。采用这种方法计量,在开工前承包单位需测绘出原地形的断面,并经监理工程师检查,作为计量的依据。

5)图纸法

在工程量清单中,许多项目都采取按照设计图纸所示的尺寸进行计量,如混凝土构筑物的体积等。这种按图纸进行计量的方法,称为图纸法。

6)分解计量法

分解计量法,就是将一个项目,根据工序或部位分解为若干子项,对完成的各子项进行计量支付的计量方法。这种计量方法可以避免一些包干项目或较大工程项目支付时间过长。

5. 工程变更

在工程项目的施工过程中,由于施工工期长,干扰因素多,经常会出现工程量变化、施工进度变化、技术规范和技术要求变化以及合同执行中的索赔等问题,这些问题都可能造成合同内容的变化,我们把这些变化称为工程变更。

由工程变更所引起的工程量变化、承包单位索赔等,都有可能使项目投资超出原来的预算投资,监理工程师必须严格予以控制,密切注意其对未完工程投资支出的影响及工期的影响。

1)工程变更的内容

工程变更包括设计变更、进度计划变更、施工条件变更、工程量清单中不包括的“新增工程”等。由于大部分的变更都需要有设计单位发出相应的图纸和说明才能进行,因此我们把工程变更分为设计变更和其他变更两大类。

(1)设计变更。

对于施工图完成后施工阶段的设计变更,按照我国《建设工程施工合同(示范文本)》,包括更改工程有关部分的标高、轴线、位置、尺寸,增减合同中约定的工程置,改变有关工程的施工时间和顺序,其他有关工程变更需要的附加工作等内容。

(2)其他变更。

合同履行中除设计变更外,其他能导致合同内容发生变化的都属于其他变更。例如,业主要求变更工程质量标准、对工期要求的变化、施工条件和环境的变化导致施工机械和材料的变化。

2)工程变更的程序

工程变更可以由承包单位提出,也可以由建设单位、设计单位、监理工程师主动提出。但任何一方提出的工程变更,均应有监理工程师的确认,并签发工程变更指令。工程变更的程序包括提出工程变更、审查工程变更、批准工程变更、编制工程变更文件、下达变更指令。

(1)提出工程变更。

《建设工程施工合同(示范文本)》规定,施工中承包商可以根据自身需要,从施工的角度提出工程变更,提出变更要求的同时应提供变更后的设计图纸和费用计算;建设单位大多数是由于工程性质的改变而提出设计变更;设计单位一般对原设计存在的缺陷提出工程变更,应编制设计变更文件;监理工程师提出工程变更大多是由于发现了设计错误或不足。监理工程师提出变更的设计图纸可以由监理工程师进行设计和绘制,也可以指令承包单位完成。

(2)监理工程师审查工程变更。

无论是哪一方提出的工程变更,均需监理工程师审查核准,并上报建设单位备案。审查的基本原则是:

①考虑工程变更对工程进展是否有利;

②考虑工程变更可否节约投资;

③考虑工程变更是否兼顾业主、承包单位或工程项目之外其他第三方的利益,不能因为工程变更而损害任何一方的正当权益;

④保证工程变更符合本工程的技术标准;

⑤考虑是否是必须批准的工程变更,如工程受阻、遇到特殊风险、人为阻碍、合同一方当事人违约等。

(3)工程变更的批准。

监理工程师在审批工程变更时应与建设单位和承包单位进行适当的协商,尤其是一些费用增加较多的工程变更项目,更要与建设单位进行充分的协商,征得建设单位同意后才能批准。

(4)编制工程变更文件。

工程变更文件应包括工程变更要求、工程变更说明、工程变更费用和工期、必要的附件等内容。有设计变更文件的工程变更,应附设计变更文件(包括技术规范)及其他有关文件等。

(5)发出变更指令。

监理工程师的变更指令应以书面形式发出。在特殊情况下以口头形式发出的指令,事后应尽快加以书面确认。

3)工程变更价款的确定方法

我国《建设工程施工合同(示范文本)》约定的工程变更价款的确定方法如下:承包单位在工程变更确定后 14 天内,提出变更工程价款的报告,监理工程师在收到变更工程价款的报告后,14 天内进行审查、确认,并调整合同价款。变更合同价款按下列方法进行:

(1)合同中已有适用于变更工程的价格,按合同已有的价格变更合同价款;

(2)合同中只有类似于变更工程的价格,可以参照类似价格变更合同价款;

(3)合同中没有适用或类似于变更工程的价格,由承包单位提出适当的变更价格,经监理工程师确认后执行;

(4)当监理工程师与承包单位的意见不一致时,监理工程师可以确定一个他认为合适的价格,同时通知建设单位、承包单位,任何一方不同意都可以申请仲裁。

工程变更费用报审表如表 5-2 所示。本表一式 4 份,送项目监理机构审核后,建设单位、项目监理机构各 1 份,施工单位 2 份。

表 5-2　工程变更费用报审表

工程名称：　　　　　　　　　　　　　　　　　　　　　　　　　　　　　　编号：

<table>
<tr><td>致：______________________________（监理单位）
　　兹申报______年______月______日第______号的工程变更，申请费用见附件，请审核。
　　附件：工程变更概（预）算书

承包单位（章）______________
项目经理______________
日期______________</td></tr>
<tr><td>审查意见：

项目监理机构______________
总监理工程师______________
日期______________</td></tr>
</table>

三、工程价款支付的控制

1. 我国现行建筑安装工程价款的主要结算方式

工程价款的结算是指承包单位在工程实施过程中，依据承包合同中有关条款的规定和已完成的工程量，按规定的程序向建设单位收取工程款的一项经济活动。按现行规定，建筑安装工程价款结算可以根据不同情况采取多种方式。

1)按月结算

按月结算即实行旬末或月中预支、月终结算、竣工后清算的办法。跨年度竣工的工程，在年终进行工程盘点，办理年度结算。

2)竣工后一次结算

建设项目或单项工程全部建筑安装工程工期在 12 个月以内，或者工程承包合同价值在 100 万元以下的项目，可以实行工程价款每月月中预支，竣工后一次结算，即合同完成后承包单位与建设单位进行合同价款结算，确认的合同价款为双方结算的合同价款总额。

3)分段结算

分段结算即当年开工、当年不能竣工的单项工程或单位工程，按照工程形象进度，划分不同阶段进行结算。分段结算可以按月预支工程款。分段的标准由各部门或省、自治区、直辖市、计划单列市有关部门规定。

4)目标结算

目标结算即在工程合同中，将承包工程的内容分解成不同的控制界面(验收单元)，当承包单位完成单元工程并经建设单位或其委托人验收合格后，建设单位支付单元工程内容的工程价款。控制界面的设定在合同中应有明确的规定。

在目标结算方式下，承包单位要想获得工程价款，必须按合同规定的指令标准完成控制单工程内容，要想尽快获得工程价款，承包单位必须充分发挥自己的施工组织能力，在保证质量的前提下，加快施工进度。

2. 工程价款支付方式和时间

按《建设工程施工合同(示范文本)》的规定,工程价款的支付方式和时间大体可分为工程预付款的支付、工程进度款的支付、竣工结算和质量保修金的返还。

1)工程预付款的支付

施工企业承包工程,一般都实行包工包料,需要有一定数量的备料周转金。根据工程承包合同条款规定,由建设单位在开工前拨给承包单位一定限额的预付备料款,此预付备料款构成施工企业为该承包工程项目储备主要材料、结构构件所需的流动资金。

(1)预付备料款的限额,应在合同中约定。

预付备料款限额由下列主要因素决定:

①主要材料(包括外购构件)占工程造价的比重;

②材料储备期;

③施工工期。

施工企业常年应备的预付备料款限额,可按下式计算:

$$预付备料款限额=\frac{年度承包工程总值\times主要材料所占比重\times材料储备天数}{年度施工日历天数}$$

一般建筑工程的预付备料款限额不应超过当年建筑工作量(包括水、电、暖)的30%;安装工程的预付备料款限额按年安装工程量的10%拨付,材料所占比重较多的安装工程按年计划产值的15%左右拨付。在实际工作中,预付备料款的限额,要根据各工程类型、合同工期、承包方式等而定。

(2)备料款的扣回。

建设单位拨付给承包单位的预付备料款属于预支性质,到了工程后期,随着工程所需主要材料储备的减少,应以抵充工程价款的方式陆续扣回。扣款的方法有以下两种。

①由承发包双方在合同中确定,可采用等比率或等额扣款的方式。

②从未施工工程尚需的主要材料及构件的价值相当于备料款数额时起扣,从每次结算工程价款中,按材料比重扣抵工程价款,竣工前全部扣清。这种方式要确定起扣点。

预付备料款起扣点,可按下式计算:

$$未施工工程价值=\frac{预付备料款}{主要材料费比重}$$

此时,工程所需的主要材料、结构件储备资金,可全部由预付备料款供应,以后就可以陆续扣回预付备料款。

$$开始扣回预付备料款时的工程价值=\frac{年度承包工程总值-预付备料款}{主要材料费比重}$$

当累积已完工程价值超过开始扣回预付备料款的工程价值时,就要从每次结算工程价款中陆续扣回预付备料款。每次应扣回的数额,按下式计算:

$$第一次应扣回预付备料款=(累计已完工程价值-开始扣回预付备料款时的工程价值)\times主要材料费比重$$

$$以后各次应扣回预付备料款=每次结算的已完工程价值\times主要材料费比重$$

在工程建设中,有些工程工期较短,就无须分期扣回;有些工程工期较长,如跨年度施工,预付备料款可以不扣或少扣,并于次年按应预付备料款调整,多退少补。

2)工程进度款的支付

在施工过程中承包单位根据合同约定的结算方式,按月或形象进度或验收单元完成的工程量计算各项费用,向建设单位办理工程进度款结算。

以按月结算为例,建设单位在月中向承包单位预支半月工程款,在月末承包单位根据实际完成工程量,向建设单位提供已完工程月报表和工程价款结算账单,经建设单位和监理工程师确认,收取当月工程价款,并进行结算。按月进行结算,要对现场已施工完毕的工程逐一进行清点,资料提出后要交建设单位审查签证。为简化手续,多年来采用的办法是以施工企业提出的统计进度月报表为支取工程款,即通常所称的工程进度款的凭证。当工程款拨付累计额达到该建筑安装工程造价的95%时停止支付,预留造价的5%作为尾留款,在竣工结算时最后拨款。

3)竣工结算

竣工结算是施工企业按照合同规定全部完成所承包的工程,交工之后,与建设单位进行的最终工程价款结算。在竣工结算时,若因某些条件变化,使合同工程价款发生变化,则按规定对合同价款进行调整。

在实际工作中,当年开工、当年竣工的工程只许办理一次性结算。跨年度工程,在年终办理一次年终结算,将未完工程结转到下一年度。此时,竣工结算等于各年结算的总和。办理工程价款竣工结算的一般公式为:

竣工结算工程价款=预算或合同价款+施工过程中预算或合同价款调整数额-预付及估算工程价值-保修金

4)工程保修金的返还

工程项目总造价中应预留出一定比例的尾款作为质量保修金(保修金的限额一般为合同总价的3%),待工程项目保修期结束后拨付。保修金扣除有以下两种方法。

(1)当工程进度款拨付累计额达到该建筑安装工程造价的一定比例时,停止支付。预留造价部分作为保修金。

(2)可以从建设单位向承包单位第一次支付的工程进度款开始,在承包单位每次应得到的工程款中扣留投标书中规定金额作为保修金,直至保修金总额达到投标书中规定的限额。如某项目合同约定,保修金每月按进度款的5%扣留。若第一个月完成产值10万元,实际支付10万元-10万元×5%=9.5万元。

3. FIDIC合同条件下工程价款的支付

1)工程价款支付的范围和条件

(1)工程价款支付的范围。

合同条件所规定的工程支付范围主要包括两部分内容。

①工程量清单中的费用。这部分费用是承包单位在投标时,根据合同条件的有关规定提出报价,并经业主认可的费用。

②工程量清单以外的费用。这部分费用虽然在工程量清单中没有规定,但是在合同条件中有明确的规定,因此它也是工程支付的一部分。

(2)工程价款支付的条件。

①质量合格是工程支付的必要条件。支付以工程计量为基础,计量必须以质量合格为前提,对于质量不合格的部分一律不予支付。

②符合合同条件。一切支付均需符合合同规定的要求。

③变更项目必须有监理工程师的变更通知。

④支付金额必须大于临时支付证书规定的最小限额。合同条件规定，当在扣除保留金和其他金额之后的净额少于投标书附件中规定的临时支付证书的最小限额时，监理工程师没有义务开具任何支付证书。不予支付的金额将按月结转，直至达到或超过最低限额时才予以支付。

⑤承包单位的工作使监理工程师满意。对于承包单位申请支付的项目，即使达到以上所述的支付条件，但承包单位其他方面工作未能使监理工程师满意，监理工程师也可通过任何临时证书对他所签发过的任何原有证书进行修正或更改，且有权在任何临时证书中删去或减少该工作的价值。

2）工程支付的项目

(1)工程量清单项目。工程量清单项目分为一般项目、暂定金额和计日工三种。

一般项目是指工程量清单中除暂定金额和计日工以外的全部项目。这类项目的支付款额是按照监理工程师计量的工程数量乘以工程量清单中的单价计算确定的，其单价一般是不变的。一般项目支付占工程费用的绝大部分，一般通过签发期中支付证书支付进度款。

暂定金额是指包括在合同中供工程任何部分施工，或提供货物、材料、设备、服务，或提供不可预料事件之费用的一项金额。这项金额按照监理工程师的指示可能全部或部分使用，或根本不予动用。没有监理工程师的指示，承包单位不能进行暂定金额项目的任何工作。

计日工是指承包单位在工程量清单的附件中，按工种或设备填报单价的日工劳务费和机械台班费，一般用于清单中没有定价的零星附加工作。只有当监理工程师指示承包单位实施以日工计价的工作时，承包单位才能获得计日工付款。由于承包单位在投标时，计日工的报价不影响评标总价，所以一般计日工的报价较高。在工程施工过程中，监理工程师应尽量少用或不用计日工这种形式，因为大部分采用计日工形式实施的工程，也可采用工程变更的形式。

(2)工程量清单以外的项目。

动员预付款是建设单位借给承包单位的进驻场地和施工准备用款。动员预付款相当于建设单位给承包单位的无息贷款。承包单位在投标时，提出预付款的额度，并在标书附录中予以明确。按照合同规定，当承包单位的工程进度款累计金额超过合同价格的10%～20%时，采用按月等额均摊的办法开始扣回，至合同规定的竣工日期前3个月全部扣清。

材料设备预付款是指运至工地尚未用于工程的材料设备预付款。预付款按材料设备的某一比例(通常为材料发票价的70%～80%，设备发票价的50%～60%)支付。材料设备预付款按合同中规定的条款从承包单位应得的工程款中分批扣除。一般要求在合同规定的完工日期前至少3个月扣清，最好是材料设备一用完，该材料设备的预付款就扣除完毕。

保留金是为了确保在施工阶段或在缺陷责任期间，由于承包单位未能履行合同义务，由建设单位(或监理工程师)指定他人完成应由承包单位承担的工作所发生的费用。FIDIC合同条件规定，保留金的款额为合同总价的3%，从第一次付款证书开始，按期中支付工程款的10%扣留，直到累计扣留达到合同总额的3%为止。保留金的退还一般分两次进行。当颁发整个工程的移交证书时，将一半保留金退还给承包单位；当工程缺陷责任期满时，另一半保留金将由监理工程师开具证书付给承包单位。

工程变更费用支付的依据是工程变更指令和监理工程师对变更项目所确定的变更费用,支付时间和支付方式也列入期中支付证书。

索赔费用的支付依据是监理工程师批准的索赔审批书及其计算而得的款额,支付时间是随工程进度款一并支付。

价格调整费用是按照合同条件规定的适用方法计算调整的款额,包括施工过程中出现的劳务和材料费用的变更、后继的法规及其政策的变化引起的费用变更等。

迟付款利息是指按照合同规定,建设单位未能在合同规定的时间内向承包单位付款,则承包单位有权收取迟付款利息。迟付款利息应在迟付款终止后的第一个月的付款证书中予以支付。

建设单位索赔主要包括拖延工期的误期赔偿和缺陷工程损失等。这类费用可以从承包单位的保留金中扣除,也可从支付给承包单位的款项中扣除。

3)工程费用支付程序

(1)承包单位提出付款申请。首先由承包单位根据经专业监理工程师质量验收合格的工程,提出付款申请,按施工合同的约定填报工程量清单和一系列监理工程师指定格式的月报表,说明承包单位认为应得的有关款项,包括:①已实施的永久工程的价值;②工程量表中任何其他项目,包括承包单位的设备、临时工程、计日工及类似项目;③主要材料及承包单位在工地交付的准备为永久工程配套而尚未安装的设备发票价值的一定百分比;④价格调整;⑤按合同规定承包单位有权得到的任何其他金额。承包单位的付款申请将作为借款证书的附件,但它不是付款的依据,监理工程师有权对承包单位的付款申请做出任何方面的修改。

(2)监理工程师审核,编制期中付款证书。监理工程师在 28 天内,对承包单位提交的付款申请进行全面审核,修改或删除不合理的部分,计算付款净金额,扣除该月应扣除的保留金、动员预付款、材料设备预付款、违约罚金等。若净金额小于合同规定的临时支付的最小限额,则监理工程师不需要开具任何付款证书。

(3)建设单位支付。建设单位收到监理工程师签发的付款证书后,按合同规定的时间支付给承包单位。

任务三　竣工决算

建设项目竣工决算是指在竣工验收、交付使用阶段,由建设单位编制的从建设项目筹建到竣工投产或使用全过程实际成本的经济文件。竣工决算是建设工程经济效益的全面反映,是项目法人核定各类新增资产价值、办理其交付使用的依据。一方面,通过竣工决算能够正确反映建设工程的实际造价和投资结果;另一方面,可以通过竣工决策与概算、预算的对比分析,考核投资控制的工作成效,总结经验教训,积累技术、经济方面的基础资料,提高未来建设工程的投资效益。

一、竣工结算的编制

1. 竣工决算的内容

竣工决算是建设工程从筹建到竣工投产全过程中发生的所有实际支出，包括设备工器具购置费、建筑安装工程费和其他费用等。竣工决算由竣工财务决算报表、竣工财务决算说明书、竣工工程平面示意图、工程造价比较分析四个部分组成。其中，竣工财务决算报表和竣工财务决算说明书属于竣工财务决算的内容。竣工财务决算是竣工决算的组成部分，是正确核定新增资产价值、反映竣工项目建设成果的文件，是办理固定资产交付使用手续的依据。

2. 竣工决算的编制依据

建设项目竣工决算编制的依据主要有：

①经批准的建设项目可行性研究报告及其投资估算书；

②经批准的建设项目初步设计或扩大初步设计及总概算书；

③经批准的建设项目设计图纸及其施工图预算书；

④设计交底或图纸会审纪要；

⑤建筑工程的合同文件和工程结算文件；

⑥设备安装工程结算文件；

⑦设备购置费用结算文件；

⑧工器具和生产用具购置费用结算文件；

⑨其他工程和费用的结算文件；

⑩施工记录或技术经济签证，以及其他施工中发生的费用记录。

⑪竣工图及各种竣工验收资料；

⑫国家和地方主管部门发布的有关建设项目竣工决算文件。

3. 竣工决算的编制步骤

根据国家有关文件规定，竣工决算的编制步骤如下：

①搜集、整理、分析原始资料，从建设工程开始就按编制依据的要求，收集、清点、整理有关资料；

②对照、核实工程变动情况，重新核实各单位工程、单项工程造价；

③将审定后的待摊投资、设备工器具投资、建筑安装工程投资、工程建设、其他投资严格划分和核定后，分别计入相应的建设成本栏目内；

④编制竣工财务决算说明书，力求内容全面、简明扼要、文字流畅、说明问题；

⑤填报竣工财务决算报表；

⑥做好工程造价对比分析；

⑦清理、装订好竣工图；

⑧按国家规定上报、审批。

二、竣工决算的审核

对建设项目竣工决算的审核，要以国家的有关方针政策、基本建设计划、设计文件和设计概算等为依据，着重审核以下内容。

1. 基本建设计划和设计概算的执行情况

根据批准的基本建设计划和设计概算，审核竣工项目是否是计划内项目，有无计划外工程；设计变更是否经过有关设计部门办理变更设计手续；工程量的增减、工期的提前或延迟是否经过双方签证和批准；设计概算投资执行的结果是超支还是节约等。

正常情况下，建设项目实际投资不允许超过设计概算投资，但是，我国规定如遇到以下情况，可调整指标：

①因资源、水文地质、工程地质情况发生重大变化，引起建设方案变动；

②人力不可抗拒的自然灾害造成重大损失；

③国家统一调整价格，引起概算发生重大变化；

④国家计划发生重大修改；

⑤设计发生重大修改。

2. 审核各项费用开支

根据财务制度审核各项费用开支是否符合规定。例如，有无乱挤乱摊成本，有无任意扩大成本开支范围；有无扩大生活福利和资金的自定标准；有无假公济私、铺张浪费等违反财经制度和财经纪律的情况。

3. 审核结余物资和资金情况

审核结余物资和资金情况时，主要是审核结余物资和资金是否真实准确，各项应收、应付款是否结清，工程上应摊销和核销的费用是否已经摊销和核销，应收应退的结算材料、设备是否已收回或退清等。

4. 审核竣工决算情况说明书的内容

审核竣工决算情况说明书的内容时，主要审核所列举工程项目的建设事实及投资控制和使用情况是否全面、系统、符合实际。

三、新增资产价值的确定

竣工决算是办理交付使用阶段的依据。正确核定新增资产的价值，不但有利于建设项目交付使用以后的财务管理，而且可以为建设项目进行经济后评估提供依据。

根据财务制度，新增资产是由各个具体的资产项目构成的。按经济内容不同，可以将企业的资产划分为流动资产、固定资产、无形资产、递延资产和其他资产。资产的性质不同，计价方法也不同。

1. 新增固定资产的含义

新增固定资产又称交付使用的固定资产，是投资项目竣工投产后所增加的固定资产价值，是以价值形态表示的固定资产投资最终成果的综合性指标。新增固定资产价值的内容包括：

(1)已经投入生产或交付使用的建筑安装工程价值；

(2)达到固定资产标准的设备工器具的购置价值；

(3)增加固定资产价值的其他费用，如建设单位管理费、报废工程损失费、项目可行性研究费、勘察设计费、土地征用及拆迁补偿费、联合试运转费等。

2. 新增固定资产价值的计算

新增固定资产价值的计算是以独立发挥生产能力的单项工程为对象的，在计算中应注意：

(1)对于为提高产品质量、改善劳动条件、节约材料消耗、保护环境而建设的附属辅助工程，只要全部建成，正式验收或交付使用就要计入新增固定资产价值；

(2)对于单项工程中不构成生产系统，但能独立发挥效益的非生产性工程，如住宅、食堂、医务所、托儿所等，在建成并交付使用后，也要计算新增固定资产价值；

(3)凡购置达到固定资产标准不需安装的设备、工器具，应在交付使用后，计入新增固定资产价值；

(4)属于新增固定资产价值的其他投资，应随同受益工程交付使用的同时一并计入。

案例分析

巨人公司本来想以巨人大厦进一步发展壮大，却因它陷入泥潭，不能不让人感到可惜。关于巨人大厦烂尾的原因，暂且不去讨论巨人公司资金链断裂的深层次原因，单从投资控制的角度来看，对建筑设计近乎疯狂的改变，无疑是这个“中国最高楼宇”只建了地上3层便宣布停工的引线。此案例在很大程度上说明了，只有最初的投资决策是远远不够的，工程具体投资阶段的投资控制才是投资成功的真正保证。一个好的工程投资在这两个方面都是不可或缺的。

实例列举

某水利水电工程的原施工进度网络计划如图5-4所示。

该工程总工期为18个月。在上述网络计划中，C、F、J三项工作均为土方工程，土方工程量分别为70 000 m^3、10 000 m^3、6 000 m^3，土方价为17元/m^3。合同中规定，土方工程量增加超出原估算工程量15%时，新的土方价可以从原来的17元/m^3下降到15元/m^3。合同约定，机械每台闲置1天为800元，每月以30天计。C、F、J的实际工作量与计划工作量相同。

施工中发生如下事件。

事件一：施工中，由于施工单位施工设备调度原因，C、F、J工作需使用同一台挖土机先后施工。

事件二：在工程按计划进行4个月后(已完成A、B两项工作的施工)，项目法人提出增加一项新的土方工程N，该项工作要求在F工作结束以后开始，并在G工作开始前完成，以保证G工作在E和N工作完成后开始施工。根据施工单位提出并经项目监理机构审核批复，该项N工作的土方工程量约为9 000 m^3，施工时间为3个月。

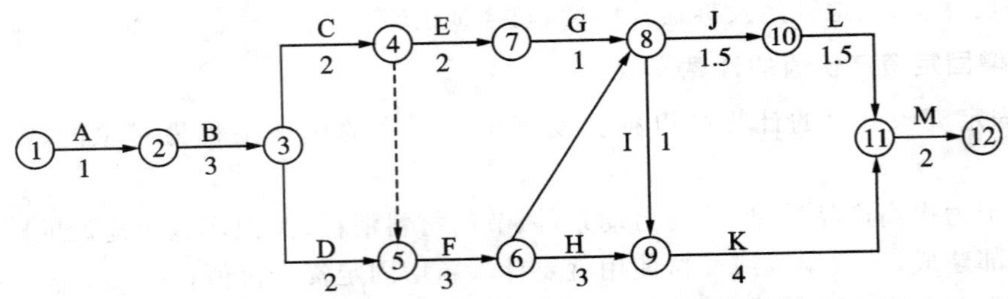

图 5-4　某水利水电工程的原施工进度网络计划

问题

1. 增加一项新的土方工程 N 后，土方工程的总费用应为多少？

2. 监理工程师同意给予承包单位施工机械闲置补偿，应补偿多少费用？

答题要点

1. 由于在计划中增加了土方工程 N，土方工程总费用计算如下。

(1)增加 N 工作后，土方工程总量为：

$$23\ 000\ \text{m}^3+9\ 000\ \text{m}^3=32\ 000\ \text{m}^3$$

(2)超出原估算上方工程量：

$$(32\ 000\ \text{m}^3-23\ 000\ \text{m}^3)/23\ 000\ \text{m}^3\times100\%=39.13\%>15\%$$

(3)超出 15%的土方量为：

$$32\ 000\ \text{m}^3-23\ 000\ \text{m}^3\times115\%=5\ 550\ \text{m}^3$$

(4)土方工程的总费用为：

$$23\ 000\ \text{m}^3\times115\%\times17\ \text{元/m}^3+5\ 550\ \text{m}^3\times15\ \text{元/m}^3=53.29\ \text{万元}$$

2. 施工机械闲置补偿计算。

(1)不增加 N 工作的原计划机械闲置时间。

在图 5-4 中，因 E、G 工作的时间为 3 个月，与 F 工作时间相等，所以安排挖土机按 D→F→J 顺序施工可使机械不闲置。

(2)增加了上方工作 N 后机械的闲置时间。

在图 5-4 中，安排挖土机按 C→F→N→J 顺序施工，由于 N 工作完成后到 J 工作的开始中间还需施工 G 工作，所以造成机械闲置 1 个月。

(3)监理工程师应批准给予承包单位施工机械闲置补偿费。

30×800 元＝24 000 元(不考虑机械调往其他处使用或退回租赁处)

复习思考题

1. 什么是建设工程投资？其构成内容包括哪些？
2. 建设工程投资控制的概念与原理是什么？
3. 施工阶段投资控制的措施有哪些？
4. 工程计量的依据和方法有哪些？
5. 工程变更的内容与程序是什么？
6. 我国现行建筑安装工程价款的主要结算方式和支付方式有哪些？

项目六
建设工程进度控制

6

学习目标

了解进度控制的概念和主要任务；掌握进度控制的表示方法和编制程序；熟悉进度计划实施中的监测和调整方法；掌握设计阶段进度控制的目标与措施，施工阶段进度控制的任务与内容，施工进度计划的实施、检查与调整等有关工程监理中进度控制方面的知识。

案例引入

二滩工程两条泄洪洞并行布置于右岸，洞身及出口由二标施工，进口由一标施工，由于洞身进口段（渥奇段）的开挖需要从进口工作面进入进行，因此，在两个标的合同里程碑中规定了进口工作面进度的衔接目标：一标在1993年12月31日以前完成进口明挖及边坡永久支护（工程师于1991年9月14日发布开工令），将进口场地交给二标；二标在1996年4月30日以前完成洞身进口渥奇段75 m的开挖，再将工作场地交回一标；一标在1998年4月30日以前完成进口混凝土工程及闸门和启闭机的安装。

实际上，一标于1994年12月9日才将工作场地交给二标，二标要求工期顺延。工程师考虑到1996年4月30日以后只有两年时间，一标要进行两个46 m高的进水闸室混凝土施工和4扇闸门、启闭机的安装，工期不宜缩短，因此决定不同意二标延期，指令二标按期将工作面交回一标，未完工程由洞内进入进行施工。为此，二标增加了难度，打乱了原洞身施工安排，为避免洞身不能按期完工的风险，二标采取加速措施，如增设了联系洞等。当然，二标承包商获得了一定的补偿。

任务一　进度控制概述

一、进度控制的概念和方法

1）进度控制的概念

工程进度控制是指在实现工程项目总目标的过程中，为使工程建设的实际进度符合工程项目进度计划要求，监理人员依据合同赋予的权力对工程项目建设的工作程序和持续时间进行计划、实施、检查、调整等一系列监督管理活动。进度控制的最终目的是确保工程项目进度目标的实现。进度控制目标由建筑工程委托监理合同决定，可以是工程项目从立项到工程项目竣工验收并投入使用的整个实施过程的计划时间（建设工期），也可以是工程项目实施过程中某个阶段的计划时间（如设计阶段或施工阶段的合同工期）。由于施工阶段是工程实体的形成阶段，施工期限长，因此对施工阶段进行进度控制是整个建设工程项目进度控制的重点。本项目重点论述施工进度控制。

2）进度控制的方法

监理工程师在进行进度控制时，要遵循系统控制的原理。由于进度目标、质量目标与投资目标被列为工程项目建设三大控制目标，三者之间既相互依赖又相互制约，所以在采取进度控制措施时，要兼顾质量目标和投资目标，以免对质量目标和投资目标带来不利影响。

要有效地进行控制必须事先对影响进度的各种因素进行调查，预测其对进度可能产生的影响，编制可行的进度计划，以指导工程项目按计划实施。在计划执行过程中，由于受到各种因素的影响，往往导致难以按原定进度计划执行，这就要求监理工程师采用动态控制原理，不断进行检查，将实际情况与计划安排进行对比，找出偏离计划的原因，特别是找出主要原因，然后采取相应的措施。措施的确定有两个前提：一是通过采取措施，维持原计划，使之正常实施；二是采取措施后不能维持原计划，要对原进度计划进行调整或修正，再按新的计划实施。循环往复，直到建设工程竣工验收为止。这种不断地计划、执行、检查、分析、调整计划的动态循环过程，就是进度控制。建设工程项目进度控制的方法如图 6-1 所示。

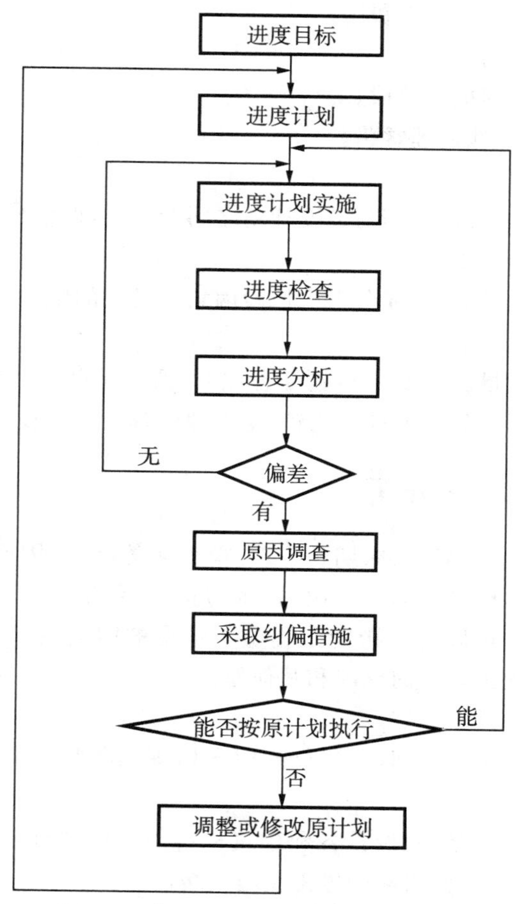

图 6-1　建设工程项目进度控制的方法

二、进度控制的措施

1）组织措施

①建立进度控制目标体系，明确建设工程现场监理组织机构中进度控制人员及其职责分工。

②建立工程进度报告指导及进度信息沟通网络。

③建立进度计划审核指导和进度计划实施中的检查分析制度。

④建立进度协调会议制度，包括协调会议举行的时间、地点、协调会议的参加人员等。

⑤建立图纸审查、工程变更管理制度。

2）技术措施

①审查承包单位提交的进度计划，使承包单位能在合理的状态下施工。

②编制进度控制工作细则，以指导监理人员实施进度控制。

③采用网络计划技术及其他科学适用的计划方法，对工程进度实施动态控制。

3)经济措施

①及时办理工程预付款及工程进度款支付手续。

②对应急赶工给予优厚的赶工费用。

③对工期提前给予奖励。

④对工程延误收取误期损失赔偿金。

⑤加强索赔管理，公正地处理索赔。

4)合同措施

①加强合同管理，协调合同工期与进度计划之间的关系，保证合同中进度目标的实现。

②严格控制审查合同变更。

③加强风险管理，在合同中应充分考虑风险因素对进度的影响，以及相应的处理方法。

5)信息管理措施

进度控制的信息管理措施主要是实施动态控制，通过不断地收集施工实际进度的有关资料，经过整理、统计并与计划进度进行比较，定期地向建设单位提供比较报告。

三、影响进度的因素分析

由于工程项目具有庞大、复杂、周期长、参与单位多等特点，因而影响进度的因素很多，如人员素质、材料供应、机械设备运转情况、技术力量、工程施工计划、管理水平、资金流通、地形地质、气候条件、特殊风险等。影响工程施工进度的因素主要可划分为承包单位的原因、建设单位的原因、监理工程师的原因和其他原因。

1)承包单位的原因

①承包单位在合同规定的时间内，未能按时向监理工程师提交符合监理工程师要求的工程施工进度计划。

②承包单位由于技术力量、机械设备和建筑材料的变化或对工程承包合同及施工工艺等不熟悉，造成承包单位违约而引起的停工或施工缓慢。

③工程施工过程中，由于各种原因，工程进度不符合工程施工进度计划时，承包单位未能按监理工程师的要求，在规定的时间内提交修订的工程施工进度计划，使后续工作无章可循。

④承包单位质量意识不强，质检系统不完善，工程出现质量事故，对工程施工进度造成严重影响。

2)建设单位的原因

在工程施工的过程中，建设单位如未能技工程承包合同的规定履行义务，也将严重影响工程进度计划，甚至会造成承包单位终止合同。建设单位的原因主要表现在以下方面。

①建设单位未能按监理工程师同意的施工进度计划随工程进展向承包单位提供施工所得的现场和通道。这种情况不仅使工程的施工进度计划难以实现，而且会导致工程延期和索赔事件的发生。

②由于建设单位的原因，监理工程师未能在合理的时间内向承包单位提供施工图样和下达指令，给工程施工带来困难或承包单位已进入施工现场开始施工，由于设计发生变更，但变更设计图没有及时提交承包单位，从而严重影响工程施工进度。

③工程施工过程中,建设单位未能按合同规定期限支付承包单位应得的款项,造成承包单位无法正常施工或暂停施工。

3)监理工程师的原因

监理工程师的主要职责是对建设项目的投资、质量、进度目标进行有效的控制,对合同、信息进行科学的管理。但是,监理工程师业务素质不高,工作中出现失职、判断或指令错误,或未按程序办事等原因,也将严重影响工程施工进度。

4)其他原因

①设计中采用不成熟的工艺。

②未预见到的额外或附加工程造成的工程量追加,影响原定的工程施工进度计划。例如,未预见的地下构筑物的处理、开挖基坑土石方量增加、土石的比例发生较大的变化、将简单的结构形式改为复杂的结构形式等,均会影响工程施工进度。

③在工程施工过程中,遇到异常恶劣的气候条件,如台风、暴雨、高温、严寒等,必将影响工程进度计划的执行。

④无法预测和防范的不可抗力作用,以及特殊风险的出现,如战争、政变、地震、暴乱等。

另外,组织协调与进度控制密切相关,二者都是为最终实现建设工程项目目标服务的。在建设工程三大目标控制中,组织协调对进度控制的作用最为突出,而且最为直接,有时甚至能取得常规控制措施难以达到的效果。因此,为了更加有效地进行进度控制,还应做好有关建设各方面的协调工作。

任务二 施工阶段的进度控制

一、施工阶段进度控制的主要任务和工作流程

监理工程师受建设单位的委托在施工阶段实施监理时,其进度控制的主要任务就是在满足工程项目建设总进度计划要求的基础上,编制或审核施工总进度计划及施工年、季、月实施计划等,帮助承包单位实施施工进度计划,并在施工进度计划的实施过程中做好检查、监督、调整的动态控制工作和现场协调工作,力求工程项目按期竣工交付使用。建设工程项目施工进度控制工作流程如图 6-2 所示。

二、施工进度控制目标

对施工进度进行控制是为了保证施工进度目标的实现,因而监理工程师首先要确定施工进度总目标,并从不同角度对施工进度总目标进行层层分解,形成施工进度控制目标体系,以此作为实施进度控制的依据。

1)施工进度控制目标及其分解

保证工程项目按合同工期竣工交付使用,是工程建设施工阶段进度控制的总目标。工程项目不仅要有这个总目标,还要有各单位工程交付使用的分目标以及按承包单位、施工阶段和不同计划期划分的分目标。各目标之间相互联系,共同构成工程建设施工进度控制目标体系。其中,下级目标受上级目标的制约,下级目标保证上级目标的实现,最终保证施工

进度总目标的实现。

建设工程施工进度控制目标体系如图 6-3 所示。

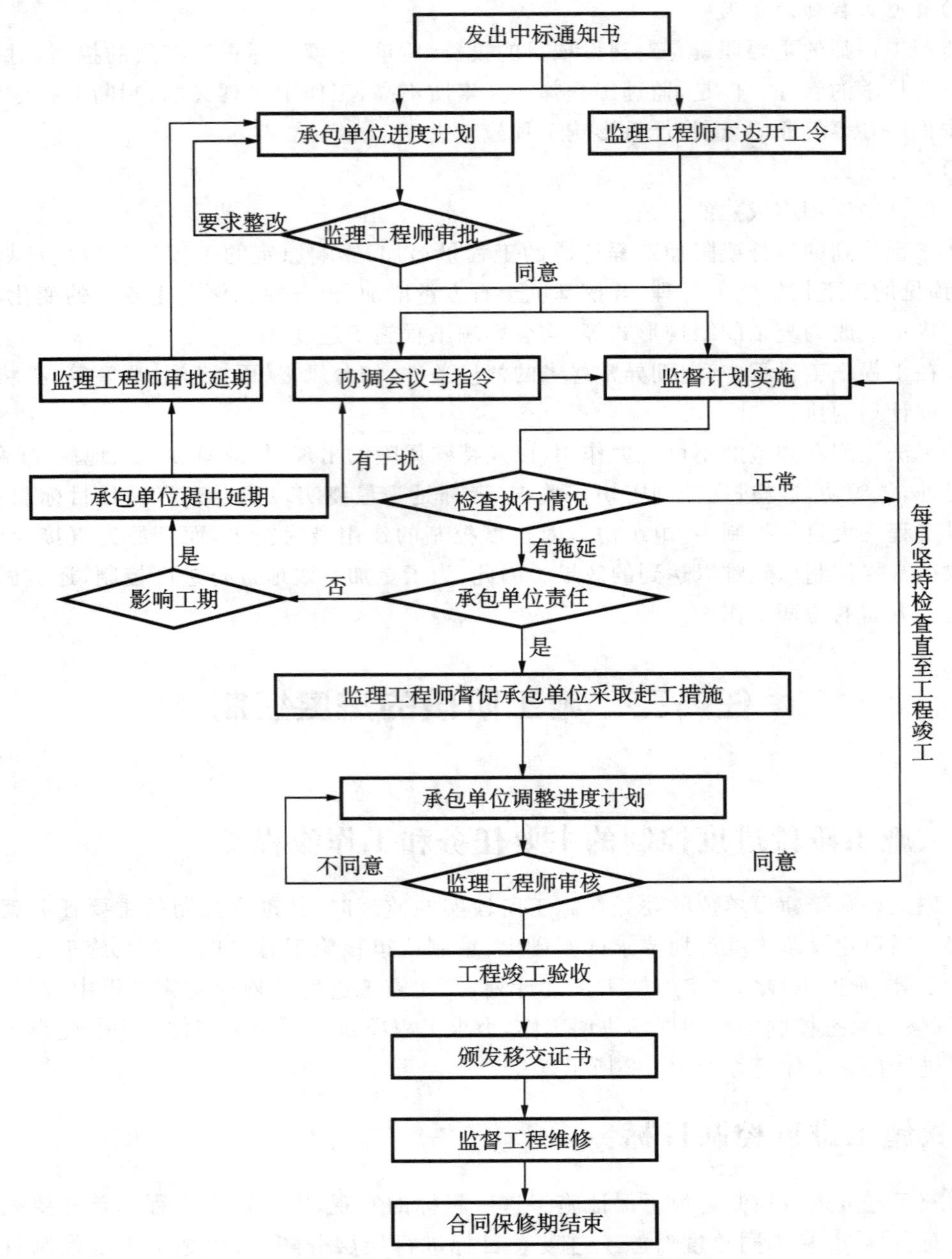

图 6-2　建设工程项目施工进度控制工作流程

2)施工进度控制目标的确定

在确定施工总进度及分清目标时,还应认真考虑以下因素。

①工程建设项目总进度计划对施工工期的要求及工期定额的规定。

②项目建设的需要。对于大型工程建设项目,应根据尽早分期分批交付使用的原则,集中力量分期分批建设,以便尽早投入使用,尽快发挥投资效益。对不同专业的配合(如土建

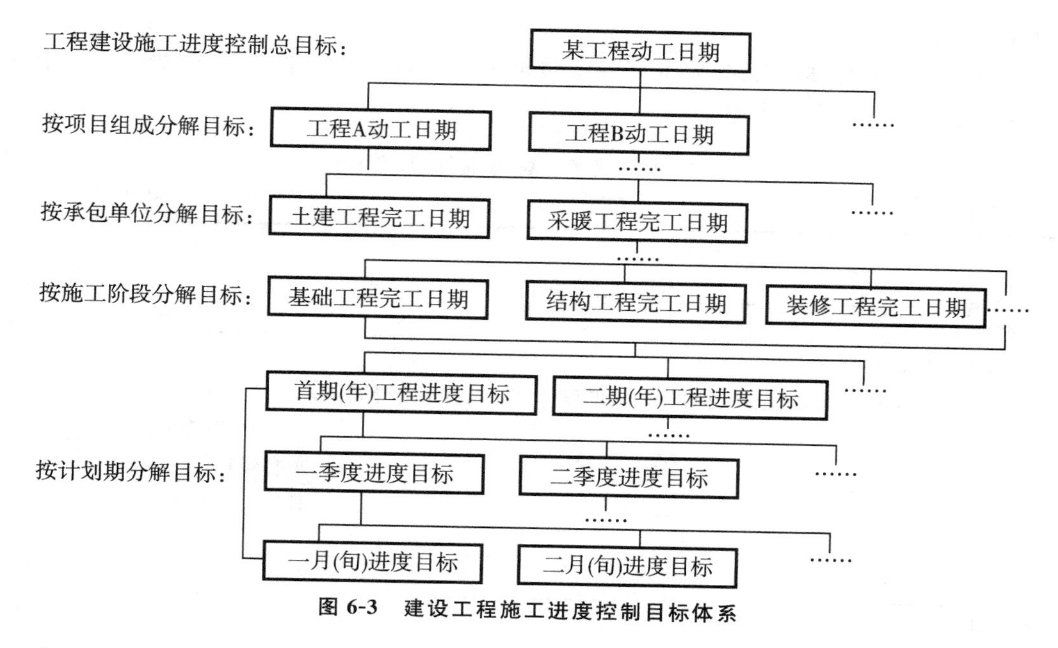

图 6-3 建设工程施工进度控制目标体系

施工与设备安装），要按照各专业的特点，合理安排土建施工与设备基础、设备安装的先后顺序及搭接、交叉或平行作业，明确设备工程对土建工程的要求和土建工程为设备工程提供施工条件的内容及时间。

③结合本工程的特点，参考同类工程建设的经验来确定施工进度目标，减少确定目标的盲目性，避免在实施过程中造成进度失控。

④资金、人力、物力条件。施工进度的确定应与资金供应情况、施工现场可能投入的施工力量、物资（材料、构配件、设备）供应情况相协调。

⑤考虑外部协作条件的配合情况，包括施工过程中及项目竣工交付使用所需的水、电、气、通信、道路及其他社会服务项目的满足程序和满足时间，必须与有关项目的进度目标相协调。

⑥考虑工程项目所在地区地形、地质、水文、气象等方面的限制条件。

进度目标一经确定，就应在施工进度计划的执行过程中实行有效控制，以确保目标的实现。

三、施工进度控制监理工程师的职责与权限

1）施工进度控制监理工程师的职责

监理工程师的职责可概括为监督、协调和服务，在监督过程中做好协调、服务，确保施工进度按合同工期实现。因此，监理工程师应做好以下工作。

①控制工程项目施工总进度计划的实现，并做好各阶段进度目标的控制，审批承包商呈报的单位工程进度计划。施工进度计划（调整计划）报审表如表 6-1 所示。本表一式 3 份，送项目监理机构审核后，建设单位、项目监理机构及承包单位各 1 份。

②根据承包单位完成施工进度的状况，签署月进度支付凭证。

③向承包单位及时提供施工图纸及有关技术资料，并及时提供由建设单位负责供应的

材料和机械设备等。

④组织召开进度协调会议，协调好各承包单位之间的施工安排，尽可能减少相互干扰，以保证施工进度计划顺利实施。

表 6-1　施工进度计划(调整计划)报审表

工程名称：　　　　　　　　　　　　　　　　　　　　　　　　编号：

致：________________(监理单位) 　　兹申报________________________工程施工进度计划(调整计划)，请审查批准。 　　附件：施工进度计划表(包括说明、图表、工程量、机械、劳动力计划等) 承包单位(章)________ 项目经理________ 日期________
审查意见： 　　1. 同意　　2. 不同意　　3. 建议按以下内容修改补充 项目监理机构(章)________ 总监理工程师________ 日期________

⑤定期向建设单位提交工程进度报告，做好各种施工进度记录，并保管与整理好各种报告、批示、指令及其他有关资料。

⑥组织阶段验收与竣工验收，公正合理地处理好承包单位的工期索赔要求。

2)施工进度控制监理工程师的权限

根据国际惯例和我国有关规定，监理工程师进行施工进度控制的权限有以下几个方面。

(1)适时下达开工令，按合同规定的日期开工与竣工。

工程开工报审表如表 6-2 所示。该表由承包单位编写，一式 4 份，送项目监理机构审核后，建设单位、项目监理机构 1 份，承包单位 2 份，

(2)施工组织设计的审定权。

监理工程师应对施工组织设计进行审查，提出修改意见及择优批准最终方案以指导施工实践。

(3)修改设计的建议及设计变更签字权。

由于施工过程中情况多变或原设计方案、施工图存在不合理现象，经技术论证后认为有必要优化设计时，监理工程师有权建议设计单位修改设计。所有的设计变更必须征得监理工程师的批准，经签字认可后方可施工。

(4)工程付款签证权。

未经监理工程师签署付款凭证，建设单位将拒付承包单位的施工进度、备料、购置、设备、工程结算等款项。

表 6-2 工程开工报审表

工程名称： 编号：

<table>
<tr><td>致：________________（监理单位）
我方承担的________________准备工作已完成。
一、施工许可证已获政府主管部门批准；
二、征地拆迁工作能满足工程进度的需要；
三、施工组织设计已获总监理工程师批准；
四、现场管理人员已到位，机具、施工人员已进场，主要规划厂材料已落实；
五、进场道路及水、电、通信等已满足开工要求；
六、质量管理、技术管理和质量保证的组织机构已建立；
七、质量管理、技术管理的制度已制定；
八、专职管理人员和特种作业人员已取得资格证、上岗证。
特此申请，请核查并签发开工指令。

承包单位(章)________
项目经理________
日期________</td></tr>
<tr><td>审查意见：

项目监理机构(章)________
总监理工程师________
日期________</td></tr>
</table>

(5)下达停工令和复工令。

由于建设单位原因或施工条件发生较大变化而导致必须停工时，监理工程师有权发布停工令，在符合合同要求时也有权发布复工令。对于承包单位出现的不符合质量标准、规范、图纸等要求的施工，监理工程师有权签发整改通知单，限期整改，整改不力的在报请总监理工程师同意后可签发停工通知单，直至整改验收合格后才准许复工。复工报审表如表 6-3 所示，该表由承包单位编写，一式 3 份，送项目监理机构审核后，建设单位、项目监理机构及承包单位各 1 份。

(6)索赔的核定权。

由于非承包单位原因而造成的工期拖延及费用增加，承包单位有权向业主提出工期索赔，监理工程师有权核定索赔的依据和索赔费用的金额。

(7)工程验收签字权。

当分部工程、分项工程或隐蔽工程完工后，应由监理工程师组织验收，经签发验收证后方可继续施工，注意避免出现承包单位因抢施工进度而不经验收就继续施工的情况发生。

表 6-3 复工报审表

工程名称： 编号：

<table>
<tr><td>致：________________（监理单位）
鉴于________工程，按第______号工程暂停令已进行整改，并经检查后已具备复工条件，请核查并签发开工指令。
附件：具备复工条件的情况说明

承包单位（章）________
项目经理________
日期________</td></tr>
<tr><td>审查意见：
□ 具备复工条件，同意复工；
□ 不具备复工条件，暂不同意复工。

项目监理机构（章）________
总监理工程师________
日期________</td></tr>
</table>

四、施工阶段进度控制的工作内容

工程项目的施工进度控制从审核承包单位提交的施工进度计划开始，直至工程项目保修期满，其工作内容主要有以下几个方面。

（1）编制施工阶段进度控制工作方案。

监理工程师根据监理大纲、监理规划，按每个工程项目编制进度控制工作方案。

（2）编制或审核进度计划。

监理工程师编制或审核施工总进度计划，审核承包单位编制的单位工程进度计划和作业计划。

对于大型建设项目，由于单项工程较多、施工工期长，且采取分期分批发包，当没有负责全部工程的总承包单位时，监理工程师要负责编制施工总进度计划。施工总进度计划应确定分期分批的项目组成；各批工程项目的开工、竣工顺序及时间安排；全场性准备工程，特别是首批准备工程的内容与进度安排等。当建设项目有总承包单位时，监理工程师只需对总承包单位提交的施工总进度计划进行审核即可。

若在审核施工进度计划的过程中发现问题，监理工程师应及时向承包单位提出书面修改意见（整改通知书），并协助承包单位修改。其中重大问题应及时向建设单位汇报。经监理工程师审查、承包单位修订后的施工进度计划，可作为工程建设项目进度控制的标准。

（3）监理工程师按年、季、月编制工程综合计划。

在按计划期编制的进度计划中，应解决各承包单位施工进度计划之间、施工进度计划与资源（包括资金、设备、机具、材料及劳动力）保障计划之间及外部协作条件的延伸性计划之间的综合平衡与相互衔接问题，并根据上期计划的完成情况对本计划做必要的调整，从而作为承包单位近期执行的指令性计划。

(4)适时下达开工令。

监理工程师应根据承包单位和建设单位双方关于工程开工的准备情况，选择合适的时机发布工程开工令。工程开工令的发布要尽可能及时，从发布工程开工令之日起加上合同工期后即为工程竣工日期。开工令拖延就等于拖延了竣工时间，甚至可能引起承包单位的索赔。

(5)协助承包单位实施进度计划。

监理工程师要随时了解施工进度计划执行过程中所存在的问题，并帮助承包单位予以解决，特别是承包单位无力解决的内外关系协调问题。

(6)施工进度计划实施过程的检查监督。

监理工程师要及时检查承包单位报送的施工进度报表和分析资料，同时要进行必要的现场实地检查，核实所报送的已完成项目时间及工程量，将其与计划进度相比较，以判定实际进度是否出现偏差。如果出现进度偏差，监理工程师应进一步分析此偏差对进度控制目标的影响程度及其产生的原因，以便研究对策，提出纠偏措施，必要时还应对后期工程进度计划做适当的调整。

(7)组织现场协调会。

监理工程师应每月、每周定期召开现场协调会议，以解决工程施工过程中的相互协调配合问题。在每月召开的高层协调会上通报工程项目建设中的变更事项，协调其后果处理，解决各个承包单位之间以及建设单位与承包单位之间的重大协调配合问题；在每周召开的管理层协调会上，通报各自进度情况、存在的问题及下周的安排，解决施工中的相互协调配合问题。

在平行、交叉施工多，工序交接频繁且工期紧迫的情况下，现场协调甚至需要每日召开现场协调会。在会上通报和检查当天的工程进度，确定薄弱环节，部署当天的赶工任务，以便为次日正常施工创造条件。

对于某些未曾预料的突发变故或问题，监理工程师还可以通过发布紧急协调指令、督促有关单位采取应急措施来维护工程施工的正常秩序。

(8)签发工程进度款支付凭证。

监理工程师应对承包单位申报的已完分项工程量进行核实，通过检查验收后签发工程进度款支付凭证。

(9)审批工程延期。

在工程施工中，当发生非承包人原因造成的工程延期后，监理工程师可以根据合同规定处理工程延期。

(10)向建设单位提供进度报告。

监理工程师应随时整理进度资料，并做好工程记录，定期向建设单位提交工程进度报告。

(11)督促承包单位整理技术资料。

监理工程师要根据工程进展情况，督促承包单位及时整理有关技术资料。

(12)审批竣工申请报告，协助组织竣工验收。

当工程竣工后，监理工程师应审批承包单位在自行预验基础上提交的初验申请报告，组织建设单位和设计单位进行初验。监理工程师在初验通过后填写初验报告及竣工申请书，并协助建设单位组织工程项目的竣工验收，编写竣工验收报告书。

(13)处理争议和索赔。

在工程结算过程中，监理工程师要处理有关争议和索赔问题。

(14)整理工程进度资料。

在工程完工以后，监理工程师应将工程进度资料收集起来，进行归类、编目和建档，以便为今后其他类似工程项目的进度控制提供参考。

(15)工程移交。

监理工程师应督促承包单位办理工程移交手续，颁发工程移交证书。在工程移交后的保修期内，监理工程师还要处理验收后质量问题的原因即责任等争议问题，并督促责任单位及时修理。当保佳期结束且无争议时，工程项目进度控制的任务即告完成。

任务三　施工进度计划实施的检查与监督

一、施工进度计划的检查与监督

在工程项目施工过程中，由于受到各种因素的影响，进度计划在执行过程中往往会出现偏差，如果偏差不能得到及时纠正，工程项目的总工期就会受到影响，因此，监理工程师应定期、经常地对进度计划的执行情况进行检查、监督，及时发现问题，及时采取纠偏措施。施工进度的检查与监督主要包括以下几项工作。

1)在施工进度计划的执行过程中，定期收集反映实际进度的有关数据

在施工过程中，监理工程师可以通过以下三种方式全面而准确地掌握进度计划的执行情况。

①定期、经常地收集由承包单位提交的有关进度的报表资料。

②长驻施工工地，现场跟踪检查工程项目的实际进展情况。

③定期召开现场会议。

2)对收集的数据进行整理、统计、分析

收集到有关的进度资料后，监理工程师应进行必要的整理、统计，形成与计划进度具有可比性的数据资料。例如，根据本期实际完成的工程量确定累计完成的工程量等，依据本期完成的工程量百分率确定累计完成的工程量百分率。

3)对比实际进度与计划进度

对比实际进度与计划进度，当出现进度偏差时，分析该偏差对后续工作及总工期产生的影响，并做出是否要进行进度调整的判断。

实际进度与计划进度对比是将整理统计的实际进度数据与计划进度数据进行比较。例如，将实际完成的工程量与计划完成的工程量进行比较，从而得出实际进度比计划进度拖后、超前还是一致的结论，当实际进度比计划进度拖后或超前时，监理工程师需要分析该偏差对后续工作及总工期产生的影响。监理工程师可采用网络图、线性图进行对比。

二、网络计划图的检查与监督

网络计划图是用网络图表示的进度计划，是由箭线和节点组成的用来表示工作流程的

有向、有序的网络图，并在其上加注工作的时间参数而编成的。

在网络计划的执行过程中，应定期进行检查。检查周期的长短视管理的需要和进度计划工期的长短决定，一般可以周、旬、半月、月等为周期。对于特殊情况，可以不按检查周期，进行应急检查。

网络计划图的检查与监督主要包括以下工作。

(1)按照一定的周期收集网络计划执行情况的资料，即收集关键施工过程和非关键施工过程的实际进度。

(2)用实际进度前锋线法或列表分析法记录网络计划的执行情况，比较实际进度与计划进度，分析网络计划执行的情况及实际进度对各项施工过程之间相互逻辑关系的影响，对今后的进度情况进行预测，对偏离计划目标的情况进行分析，并找出可以利用的时差。

1. 实际进度前锋线法

对于时标网络计划图而言，可采用实际进度前锋线法进行检查与监督，即把计划执行的实际情况用实际进度前锋线标注在时标网络计划图上。其主要方法是从检查时刻的时间坐标轴开始，自上而下依次连接与其相邻工作线路上正在进行的各工序的实际进度点，形成一条一般为折线的前锋线。不同检查周期的实际进度前锋线可以使用不同的颜色标注。

在标注各工序的实际进度点位置时，工作箭线不仅表示工作时间的长短，而且表示该工序工程量的多少，即整个箭线的长度表示该工作实物量的 100%，在检查时刻，若工作完成××%，则它的实际进度点就自左至右标示在该箭线长度的××%处，当工作实际进度点位置与检查日时间坐标相同时，表明该工作实际进度与计划进度一致；当工作实际进度点位置在检查日时间坐标右侧时，表明该工作实际进度超前，超前天数为二者之差；当工作实际进度点位置在检查日时间坐标左侧时，表明该工作实际进展拖后，拖后天数为二者之差。

2. 列表分析法

对于非时标网络计划图而言，可采用直接在图上用文字或适当符号记录、列表记录等分析方法，分析计划执行的实际情况，做出预测与判断。其主要方法是根据收集的资料，记录检查时应该进行的工作名称和已进行的天数，然后列表计算有关时间参数，根据原有总时差和尚有总时差与自由时差分析实际进度与计划进度的偏差，并进行判断。工程进度检查比较表，如表 6-4 所示。

表 6-4 工程进度检查比较表

施工过程编号	施工过程名称	检查时尚需作业天数	按计划最迟完成时尚需天数	总时差/天		自由时差/天		情况分析
				原有	尚有	原有	尚有	

三、实际进度与计划进度的比较方法

施工进度比较与调整是施工阶段进度控制的主要工作，进度比较是进度计划调整的基础。常用的比较方法有网络图比较法与线性图比较法。常用的线性图比较法有横道图比较法、S形曲线比较法、香蕉形曲线比较法。

1. 横道图比较法

横道图比较法在施工中比较常用，是一种可以形象和直观地描述工程实际进度的方法。监理工程师将工程施工的实际进度，按比例直接用横道线绘在用横道图编制的施工进度计划上，可以直观地比较计划进度与实际进度。在用横道图比较法进行进度比较时，横道线不仅表示工序作业时间的长短，而且表示工序工作量的多少，整个线条的长度表示工序工作量的100%。工作量可用实物工程量、劳动消耗量或费用等表示。

横道图比较法的步骤如下。

(1)编制横道图施工进度计划。

(2)在施工进度计划上标出检查日期。

(3)将检查收集的实际进度数据按比例用横道线标于计划进度线的下方。

(4)比较分析实际进度与计划进度：

①当表示实际进度的横道线的右端与检查日期相重合时，表明实际进度与计划进度相一致；

②当表示实际进度的横道线的右端在检查日期左侧时，表明实际进度拖后；

③当表示实际进度的横道线的右端在检查日期右侧时，表明实际进度超前。

图6-4所示为某管道安装工程施工进度横道图，其中，粗实线表示计划进度，虚线表示工程施工实际进度。从图中可知，工程已进行到第6周，此时，工序1已经完成，即完成工作量的100%；工序2实际完成工作量的2/5，即40%，而按计划应完成工作量的3/5，即60%，这表示工序2已拖后20%；工序3实际完成工作量的60%，按计划应完成60%，表示在检查日期工序3按时完成。通过这种简单而直观的对比，监理工程师可以掌握进度计划实施状况，从而进行有效的进度控制。

2. S形曲线比较法

S形曲线是按计划时间累计完成工作量的曲线。它的横坐标表示进度时间，纵坐标表示累计完成的工作量。在工程项目施工过程中，对于大多数工程项目而言，一般是施工开始时，单位时间投入的资源量较少，完成的工作量也较少，随着时间的增加而逐渐增多，在某一时间达到高峰后又逐渐减少，直至项目完成。因此，随时间进展累计完成的工作量形成一条形如“S”的曲线。

1)S形曲线绘制方法

S形曲线可按累计完成工作量或累计完成工作量的百分率两种方法绘制，这里介绍后一种绘制方法。

(1)确定工程进展速度，即单位时间完成的工作量，如图6-5(a)所示。

(2)计算不同时间累计完成的工作量。

$$Q_j = \sum_{j=1}^{j} q_j$$

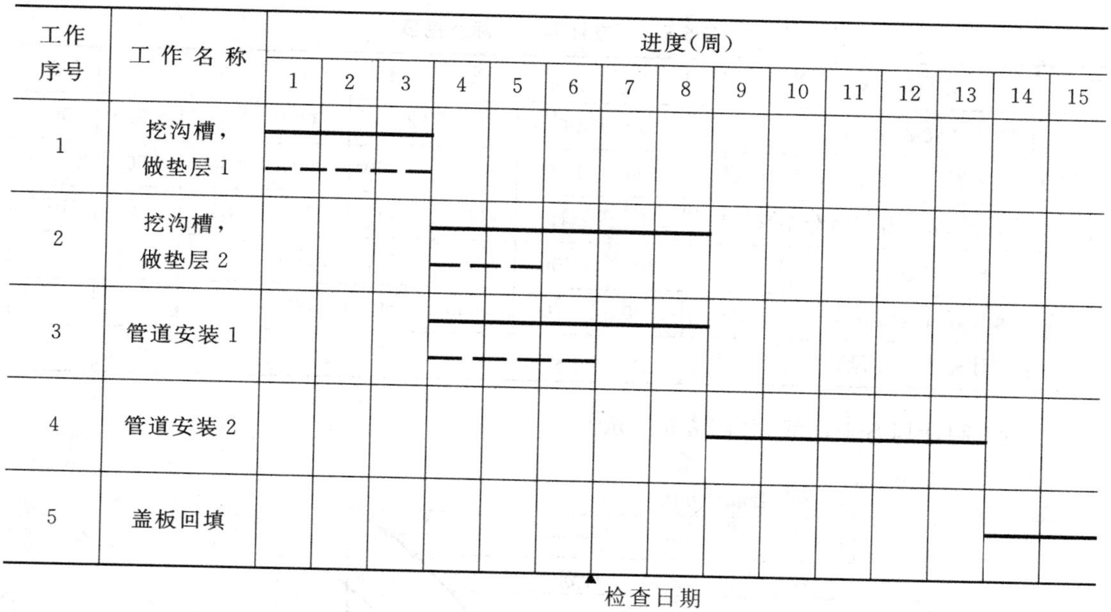

工作序号
工作名称
进度(周)
1
2
3
4
5
6
7
8
9
10
11
12
13
14
15
1
挖沟槽，做垫层 1
2
挖沟槽，做垫层 2
3
管道安装 1
4
管道安装 2
5
盖板回填
检查日期

图 6-4 某管道安装工程施工进度横道图

式中：Q_j——j 时刻累计完成的工作量；

Q——总工作量；

q_j——单位时间完成的工作量；

T——工程期限。

(3)计算不同时间累计完成的工作量百分率。

$$U_j = Q_j / Q$$

(4)根据 U_j 绘制 S 形曲线。按不同的时间 j 及其对应的累计完成工作量百分率绘制 S 形曲线，如图 6-5(b)所示。

q_T
q_j
O
T
(a)
Q_j
S形曲线
O
T
(b)

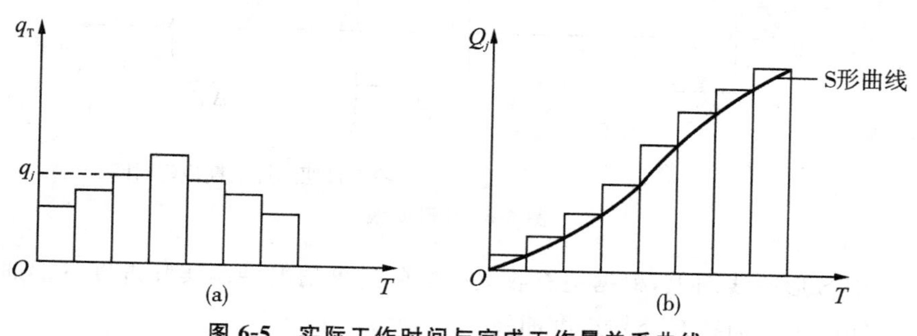

图 6-5 实际工作时间与完成工作量关系曲线

2)S 形曲线比较方法

下面以一个简单的例子来说明 S 形曲线比较方法。

某土方工程土方总开挖量为 10 000 m^3，要求在 8 天完成，不同时间土方计划开挖量如表 6-5 所示。监理工程师在第 5 天进行检查，此时土方实际开挖量如表 6-5 所示，试绘制该土方工程的 S 形曲线。

表 6-5　土方计划和实际开挖量

时间/天		1	2	3	4	5	6	7	8
计划	每日完成量/m^3	500	1 000	1 500	2 000	2 000	1 500	1 000	500
	每日累计完成量/m^3	500	1 500	3 000	5 000	7 000	8 500	9 500	1 0000
	累计完成工作量百分率/(%)	5	15	30	50	70	85	95	100
实际	每日完成量/m^3	800	900	1 300	1 500	1 500			
	每日累计完成量/m^3	800	1 700	3 000	4 500	6 000			
	累计完成工作量百分率/(%)	8	17	30	45	60			

(1)绘制计划 S 形曲线，如图 6-6 所示。

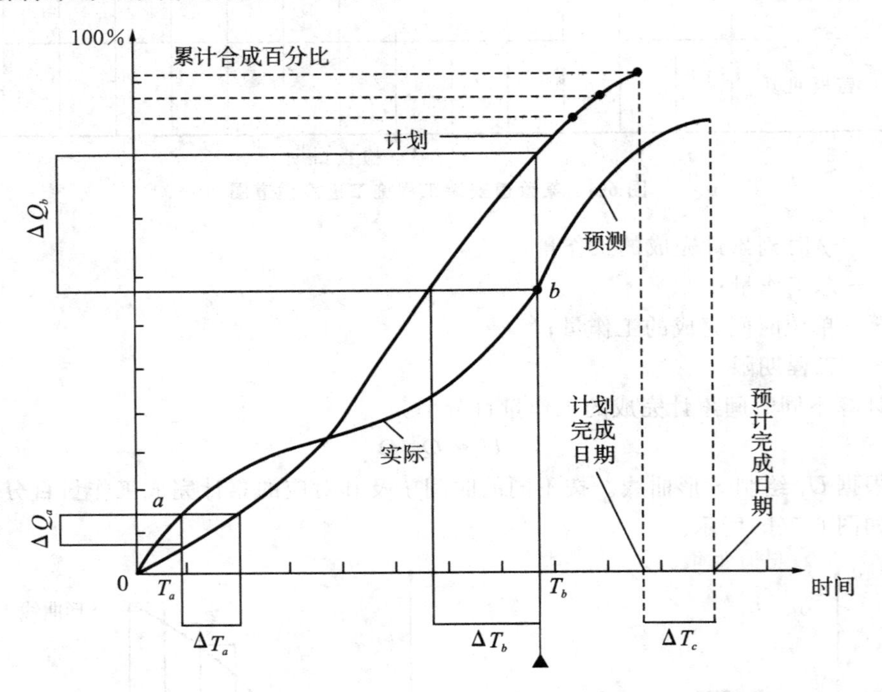

图 6-6　S 形曲线

(2)在计划 S 形曲线图上，根据检查收集的实际进度情况绘制实际进度 S 形曲线图。

(3)比较实际进度曲线与计划进度曲线。

①实际工程进展情况。实际进展点落在计划 S 形曲线左侧，表示此时实际进度比计划进度超前，如图中 a 点；落在其右侧，则表示拖后，如图中 b 点；刚好落在其上，则表示二者一致。

②工程项目实际进度比计划进度超前或拖后的时间。例如，图中 ΔT_a 表示 T_a 时刻进度超前的时间，ΔT_b 表示 T_b 时刻进度拖后的时间。

③工程量完成情况。例如，图中 ΔQ_a 表示 T_a 时刻超额完成的工作量，ΔQ_b 表示 T_b 时刻拖欠的工作量。

④后期工程进度预测。例如，图中虚线表示后期工程按原计划速度实施，则总工期拖延预测值为 ΔT_c。

3. 香蕉形曲线比较法

香蕉形曲线是由两条具有统一开始时间和结束时间的 S 形曲线组成的形如香蕉的闭合曲线。其中一条是按各项工作的最早开始时间累计完成工作量的 S 形曲线，简称 ES 曲线；另一条是按各项工作的最迟开始时间累计完成工作量的 S 形曲线，简称 LS 曲线。

香蕉形曲线的绘制方法与 S 形曲线的绘制方法基本相同，不同之处在于香蕉形曲线是以各项工作的最早开始时间和最迟开始时间为横坐标分别绘制的两条 S 形曲线的组合。

在项目的施工过程中，进度控制的理想状况是任一时刻按实际进度描出的点，均落在该香蕉形曲线的区域内，如图 6-7 中的实际进度曲线。

1）香蕉形曲线的绘制步骤

（1）计算网络计划的时间参数 ES_i 和 LS_i。

（2）确定各项工作在不同时间的工作量。

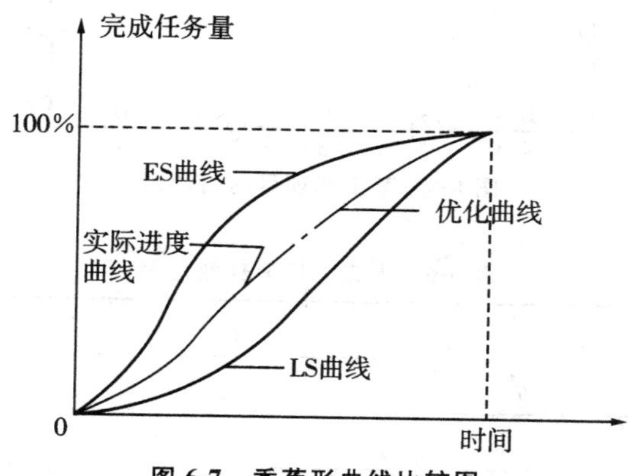

图 6-7　香蕉形曲线比较图

①确定按最早开始时间开工，各项工作的工作量用 q_{ij}^{ES} 表示，即第 i 项工作按最早开始时间开工，第 j 时间完成的工作量。

②确定按最迟开始时间开工，各项工作的工作量用 q_{ij}^{LS} 表示，即第 i 项工作按最早开始时间开工，第 j 时间完成的工作量。

（3）计算到 j 时刻末累计完成的工作量及工程项目的总工作量。

①计算按最早开始时间开工，到 j 时刻末完成的总工作量 Q_j：

$$Q_j^{ES} = \sum_{i=1}^{n}\sum_{j=1}^{j} q_{ij}^{ES}$$

②计算按最迟开始时间开工，到 j 时刻末完成的总工作量 Q_j^{LS}：

$$Q_j^{LS} = \sum_{i=1}^{n}\sum_{j=1}^{j} q_{ij}^{LS}$$

③工程项目的总工作量：

$$Q = \sum_{i=1}^{n}\sum_{j=1}^{m} q_{ij}^{ES} \quad 或 \quad Q = \sum_{i=1}^{n}\sum_{i=1}^{m} q_{ij}^{LS}$$

（4）计算到 j 时刻完成项目总任务的百分率。

①按最早开始时间开工，j 时刻完成项目总任务的百分率：

$$\mu_j^{ES}=Q_j^{ES}/Q\times100\%$$

②按最迟开始时间开工，j 时刻完成项目总任务的百分率：

$$\mu_j^{LS}=Q_j^{LS}/Q\times100\%$$

(5)绘制香蕉形曲线。按 $\mu_j^{ES}(j=0,1,\cdots,m)$ 描出各点，并连接各点得到 ES 曲线；按 $\mu_j^{LS}(j=0,1,\cdots,m)$ 描出各点，并连接各点得到 LS 曲线，ES 曲线和 LS 曲线组成闭合的香蕉形曲线。

举例说明香蕉形曲线的具体绘制方法。

［**例 6.1**］ 已知某工程项目网络计划如图 6-8 所示，各工作完成工作量以人工工日消耗数量表示，如表 6-6 所示，对该计划进行跟踪检查，在第 6 天末检查得到劳动工日消耗，如表 6-7所示，试绘制该工程的香蕉形曲线及实际进度曲线。

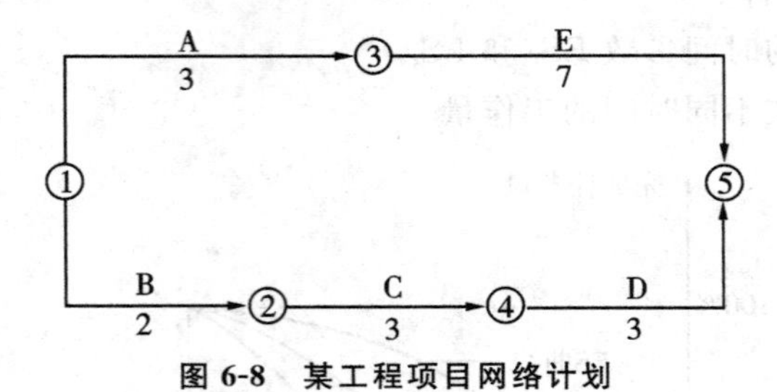

图 6-8 某工程项目网络计划

表 6-6 人工工日消耗数量表

i	q_{ij}																			
	q_{ij}^{ES}										q_{ij}^{LS}									
	j																			
	1	2	3	4	5	6	7	8	9	10	1	2	3	4	5	6	7	8	9	10
1(A)	3	3	3								3	3	3							
2(B)	2	3											2	3						
3(C)			3	3	3										3	3	3			
4(D)						2	2	2										2	2	2
5(E)				3	3	3	3	3	3	3				3	3	3	3	3	3	3

表 6-7 在检查日期实际人工工日消耗

时间/天	1	2	3	4	5	6
人工工日消耗	8	4	4	2	4	5
累计人工工日消耗	8	12	16	18	22	27
累计人工工日消耗百分率/(%)	16	24	32	36	44	54

【解】$n=5$，$m=10$。

(1)计算网络计划参数，如表 6-8 所示。

表 6-8　网络计划参数

i	工作编号	工作名称	D_i/天	ES_i	LS_i
1	1—2	A	3	0	0
2	1—3	B	2	0	2
3	3—4	C	3	2	4
4	4—5	D	3	5	7
5	2—5	E	7	3	3

(2)确定按计划进度各工作在不同时间的人工工日消耗，如表 6-6 所示。

(3)根据各工作在不同时间的人工工日消耗，计算 j 时刻末的总人工消耗，例如第 4 天的人工工日消耗为：

$$Q_4^{ES}=q_{11}^{ES}+q_{12}^{ES}+q_{13}^{ES}+q_{21}^{ES}+q_{22}^{ES}+q_{33}^{ES}+q_{34}^{ES}+q_{54}^{ES}$$
$$=3+3+3+2+3+3+3+3=23$$
$$Q_4^{LS}=q_{11}^{LS}+q_{12}^{LS}+q_{13}^{LS}+q_{23}^{LS}+q_{24}^{LS}+q_{54}^{LS}$$
$$=3+3+3+2+3+3=17$$

其余计算结果如表 6-9 所示。

(4)计算工程项目总人工工日消耗 Q^{LS}：

$$Q^{LS}=Q^{ES}=\sum\sum q_{ij}=50$$

(5)计算 j 时刻末人工消耗百分率：

$$\mu_4^{ES}=\frac{Q_4^{ES}}{Q^{ES}}\times100\%=\frac{23}{50}\times100=46\%$$

$$\mu_4^{LS}=\frac{Q_4^{LS}}{Q^{LS}}\times100\%=\frac{17}{50}\times100=34\%$$

其余计算结果如表 6-9 所示。

(6)绘制香蕉形曲线，如图 6-9 所示。

(7)按上述方法绘制实际进度曲线，如图 6-9 中的 a—b—c—d。

表 6-9　j 时刻完成的总工作量及其百分率

i	q_{ij}																			
	q_{ij}^{ES}										q_{ij}^{LS}									
	j																			
	1	2	3	4	5	6	7	8	9	10	1	2	3	4	5	6	7	8	9	10
1(A)	3	3	3								3	3	3							
2(B)	2	3											2	3						
3(C)			3	3	3										3	3	3			
4(D)						2	2	2										2	2	2
5(E)				3	3	3	3	3	3	3				3	3	3	3	3	3	3
Q_j^{ES}	5	11	17	23	29	34	39	44	47	50										
Q_j^{LS}											3	6	11	17	23	29	35	40	45	50
μ_j^{ES}	10	22	34	46	58	68	78	88	94	100										
μ_j^{LS}											6	12	22	34	46	58	70	80	90	100

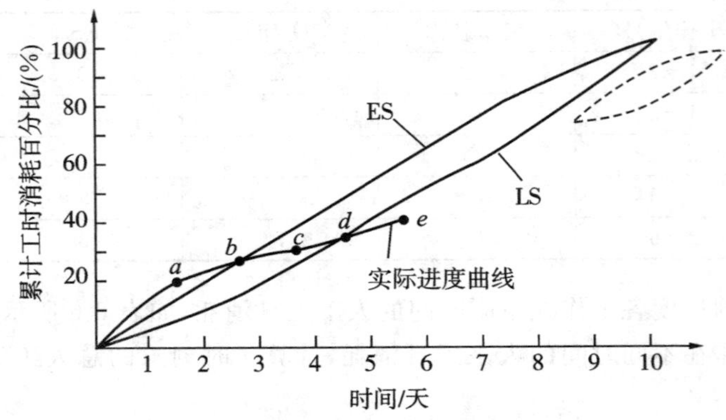

图 6-9 某工程香蕉形曲线比较图

2)香蕉形曲线比较方法

在项目施工过程中，按同样的方法，将每次检查的各项工作实际完成的工作量，带入各相应公式，计算出不同时间实际完成工作量的百分率，并在绘制有香蕉形曲线的图上绘出实际进度曲线，就可进行实际进度与计划进度的比较。如果任一时刻根据实际进度描出的点落在香蕉形曲线范围内，说明实际进度符合计划要求，如图 6-9 中的 b 点、c 点所示；如果根据实际进度描出的点在香蕉形曲线中 ES 曲线的左侧，则说明实际进度比计划超前，如图 6-9 中的 a 点；如果根据实际进度描出的点在香蕉形曲线中 LS 曲线的右侧，则说明实际进度比计划进度拖后，如图 6-9 中的 e 点。

利用香蕉形曲线除可进行计划进度与实际进度的比较外，还可以对后期工程进行预测，即在原有的状况下，可以测算 ES 曲线与 LS 曲线的发展趋势，图 6-9 中的虚线即是后期工程按原计划的最早时间和最迟时间开始的进度趋势预测。

任务四 施工进度计划实施的调整方法

一、调整进度计划应考虑的因素

通过分析产生进度偏差的原因以及由此带来的影响以后，提出纠正进度偏差的措施，并制订相应的调整方案，经审查后继续执行。然而，提出纠偏措施并不是一件容易的事情，必须进行全面而系统的分析，既要考虑现实施工条件，还要考虑进度调整后可能会带来的潜在问题，一般应考虑如下因素。

(1)对物资供应的影响。

在对进度调整时，进度控制人员必须注意这种调整给物资供应带来的影响，重点分析如果采用调整后的方案，那么物资供应是否能得到保证。

(2)劳动力供应情况。

加快施工进度往往需要增加更多的劳动力，因此必须考虑劳动力供应是否充足。

(3)对资金分配的影响。

进度计划调整后，必然使资金分配发生变化，因此必须分析按调整后的施工进度计划实施时，资金能否得到保证。

(4)外界自然条件的影响。

建筑施工的特点之一是露天作业多、受气候条件影响大，若在不宜施工季节施工，完成的工作量会受到限制，工程进度不能按计划执行。因此，在对施工进度计划调整时，也要考虑这一因素，尽量避开不利的气候条件，以保证施工顺利进行。

(5)施工顺序的逻辑关系。

在对施工进度计划进行调整时，必须满足施工工艺和生产工艺的要求，遵循配套建设的原则并且符合施工程序，以保证项目总体目标的实现。

(6)后续施工活动及总工期允许拖延的期限。

二、分析进度偏差的步骤

当出现进度偏差时，需要分析该偏差对后续工作及总工期产生的影响。偏差的大小及其所处的位置，对后续工作和总工期的影响程度是不同的。分析的方法主要是利用网络计划中总时差和自由时差的概念进行判断。由时差概念可知：当偏差小于该工作的自由时差时，对工作计划无影响；当偏差大于自由时差而小于总时差时，对后续工作的最早开工时间有影响，对总工期无影响；当偏差大于总时差时，对后续工作和总工期都有影响。具体分析步骤如下。

(1)分析出现进度偏差的工作是否为关键工作。

根据工作所在线路的性质或时间参数的特点，判断其是否为关键工作。若出现偏差的工作为关键工作，则无论偏差大小，都对后续工作及总工期产生影响，必须采取相应的调整措施；若出现偏差的工作不是关键工作，需要根据偏差值与总时差和自由时差的大小关系，确定对后续工作和总工期的影响程度。

(2)分析进度偏差是否大于总时差。

若工作的进度偏差大于该工作的总时差，说明此偏差必将影响后续工作和总工期，必须采取相应的调整措施i若工作的进度偏差小于或等于该工作的总时差，说明此偏差对总工期无影响，但它对后续工作的影响程度，需要根据此偏差与自由时差的比较情况来确定。

(3)分析进度偏差是否大于自由时差。

若工作的进度偏差大于该工作的自由时差，说明此偏差对后续工作产生影响，应根据后续工作允许影响的程度而确定如何调整；若工作的进度偏差小于或等于该工作的自由时差，则说明此偏差对后续工作无影响。因此，原进度计划可以不做调整。

经过如此分析，进度控制人员可以确认应该调整产生进度偏差的工作和调整偏差的大小，以便确定采取调整措施，获得符合实际进度情况和计划目标的新进度计划。

三、进度计划的调整方法

1. 改变某些工作间的逻辑关系

这种方法是不改变工作的持续时间，通过改变关键线路和超过计划工期的非关键线路上有关工作之间的先后顺序或搭接关系，从而使施工进度加快，以保证实现计划工期。

(1)对于大型群体工程项目而言，单项工程间的相互制约相对较小，可调幅度较大，采用此种方法较容易实现。

(2)对于单项工程内部各分部、分项工程之间而言,由于施工顺序和逻辑关系约束较大,可调幅度较小,可以把依次进行的有关工作改变为平行的或互相搭接的工作及分成几个施工段进行流水施工,以达到缩短工期的目的。图 6-10(a)、(b)所示为某装饰工程施工原进度计划和调整后的进度计划,通过调整,工期可缩短 28 天。

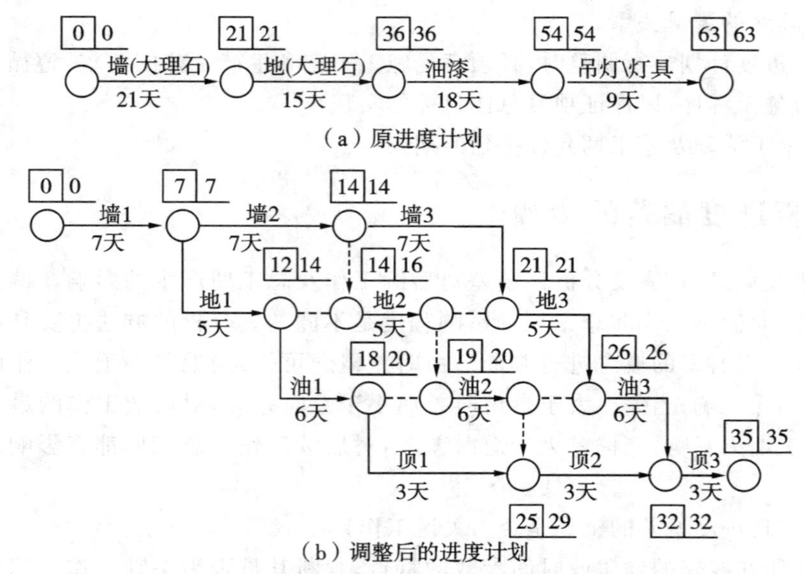

图 6-10 某装饰工程施工原进度计划和调整后的进度计划

2. 缩短某些工作的持续时间

这种方法是不改变工作之间的逻辑关系,只是缩短某些工作的持续时间,从而使施工进度加快,以保证实现计划工期。这种方法通常可在网络图上直接进行。其具体调整方法视限制条件及对后续工作影响程度的不同而有所区别,一般可分为以下三种情况。

1)网络计划中某项工作进度拖延的时间在该项工作的总时差范围内、自由时差以外

网络计划中某项工作进度拖延的时间 Δ 在该项工作的总时差范围内、自由时差以外,则有 $FF<\Delta\leqslant TF$。这一拖延并不会对总工期产生影响,而只对后续工作产生影响,因此,在进行调整前,需确定后续工作允许拖延的时间限制,并以此作为进度调整的限制条件。其可分三种情况讨论:

(1)后续工作允许拖延,此时不需要调整;

(2)后续工作允许拖延,但拖延时间有限制,此时需调整;

(3)后续工作不允许拖延,此时需调整。

2)网络计划中某项工作进度拖延的时间在该项工作的总时差以外

若用 Δ 表示此项工作拖延的时间,则有 $\Delta>TF$。该工作不管是否为关键工作,这种拖延都对后续工作和总工期产生影响,其进度计划的调整方法又可分为以下三种情况。

(1)项目总工期不允许拖延,也就是项目必须按期完成。调整只能采取缩短关键线路上后续工作的持续时间的方法,以保证总工期目标的实现。

(2)项目总工期允许拖延。此时只需要以实际数据取代原始数据,并重新计算网络计划有关参数。

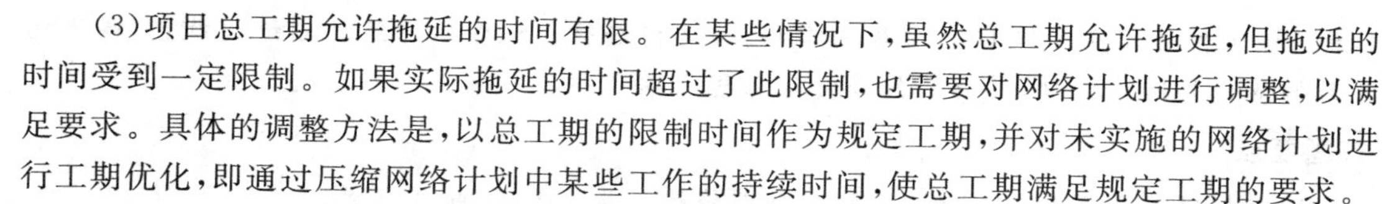

(3)项目总工期允许拖延的时间有限。在某些情况下,虽然总工期允许拖延,但拖延的时间受到一定限制。如果实际拖延的时间超过了此限制,也需要对网络计划进行调整,以满足要求。具体的调整方法是,以总工期的限制时间作为规定工期,并对未实施的网络计划进行工期优化,即通过压缩网络计划中某些工作的持续时间,使总工期满足规定工期的要求。

3)网络计划中某项工作进度超前

计划阶段所确定的工期目标,往往是综合考虑各方面因素而优选的合理工期,因此,时间的任何变化,无论是拖延还是超前,都可能造成其他目标的失控。例如,在一个项目施工总进度计划中,某项工作超前,致使资源的使用发生变化,打乱了原始计划对资源的合理安排,特别是当采用多个平行分包单位进行施工时,由此引起后续工作时间安排的变化而给监理工程师的协调工作带来许多麻烦。因此,实际中若出现进度超前的情况,进度控制人员必须综合分析进度超前对后续工作产生的影响,并与有关承包单位共同协商,提出合理的进度调整方案。

案例分析

不同意延期保证了后续工程的完工,能满足蓄水发电的总目标。但教训在于编制招标文件时,对于工程的不可预见性没有充分的认识。对于高边坡开挖(最高达 140 米)及其永久支护安排 27 个月工期,而 75 m 的洞挖却安排了 28 个月的工期。并且在工作面的衔接上没有给业主留有回旋余地,一旦出现非承包商因素的影响,必然造成业主的损失。

实例列举

某工程施工网络计划如图 6-11 所示,该计划已经被监理工程师审核批准。

问题

1. 当计划执行到第 5 天结束时检查,结果发现工作 E 已完成 1 天的工作量,工作 D 已完成 2 天的工作量,工作 C 还未开始,设各项工作为匀速进展,试绘制时标网络及实际进度前锋线。

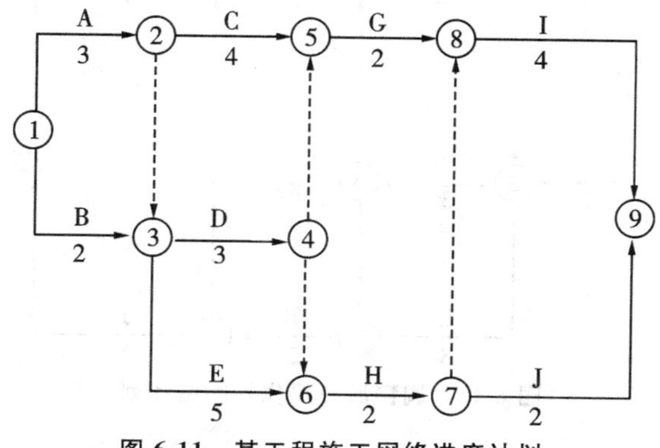

图 6-11 某工程施工网络进度计划

2. 如果在开工前监理工程师发出工程变更指令,要求增加一项工作 K(持续时间为

1天),该工作必须在工作D之后和工作G、H之前进行。试对原网络计划进行调整,画出调整后的双代号网络计划,并判断是否发生工程延期事件。

答题要点

1. 时标网络如图6-12所示,实际进度前锋线如图6-12中折线所示。

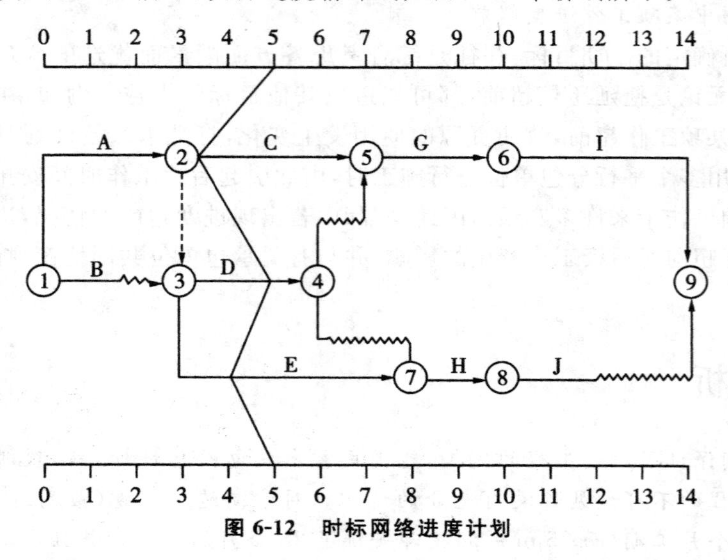

图 6-12　时标网络进度计划

(1)C工作拖后2天。由于C工作为关键工作,所以C拖后2天将可能使总工期延长2天,其后续工作E、F、C、H、I将因其而顺延2天。

(2)A工作施后1天。由于A工作为非关键工作,且有8天的自由时差,故其拖后1天不影响总工期,也不影响其后续工作。

(3)B工作拖后2天和D工作拖后1天。由于B、D工作为非关键工作,有2天的总时差,故B工作拖后2天和D工作施后1天将使总工期延长1天。

综上分析,实际进度为总工期延长2天,相应的后续工作顺延2天。

2. 调整后的双代号网络计划如图6-13所示。

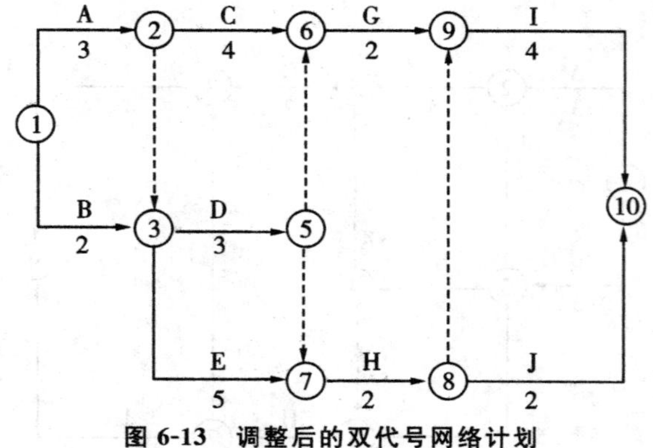

图 6-13　调整后的双代号网络计划

分析

调整后的关键线路未发生变化,工期未变。

复习思考题

1. 何谓进度控制？进度控制的原理是什么？
2. 影响进度的因素有哪些？
3. 如何确定施工进度目标？
4. 监理工程师进行施工进度控制的责任与权限有哪些？
5. 施工阶段进度控制的工作内容是什么？
6. 施工进度的检查与监督有哪些工作？
7. 实际进度与计划进度的比较方法有哪些？分别是如何进行比较的？
8. 施工阶段如何调整进度计划？

项目七 建设工程监理目标控制

学习目标

了解监理目标控制的概念；熟悉监理目标控制流程和基本环节；了解工程建设管理目标控制系统；掌握工程建设项目可行性研究与勘察设计监理的工作内容与方法；掌握工程建设项目施工及竣工验收、保修阶段监理的工作内容及方法；掌握工程建设项目监理组织协调的工作内容及方法；熟悉工程建设项目监理信息管理的流程及基本环节。

案例引入

某监理单位与建设单位签订了建设工程委托监理合同，承担T项商业楼工程实施阶段的监理任务，建设工程委托监理合同中明确了在设计阶段和施工招标与施工阶段投资控制的有关任务内容及其他监理内容，该写字楼的施工图预算是采用单价法编制的。问：①施工图预算编制的依据有哪些？施工图预算有哪几种编制方法？②对于采用单价法编制的施工图预算，监理工程师应如何对其进行审查？③合同规定，承发包双方进行工程款结算前，监理工程师对承包方完成的工程量进行计量，以此作为结算的依据。为此，承包方要按照协议条款约定的时间向监理工程师提交已完工程的报告，在这种情况下，监理工程师如何进行工程计量？承包方在监理计量过程中如何做？

任务一 目标控制原理

一般情况下，建设工程项目都有一定的投资额度限制，都有明确的时间限制和工期要求，且要满足它的功能要求，达到有关的质量标准。因此，建设工程监理的中心任务就是对建设工程项目的三大目标进行有效的协调控制。所以，建设工程监理目标控制工作直接关系着业主的利益，同时也反映了监理单位的监理效果。

一、目标控制基本原理

目标控制是建设工程监理的主要职能之一，通常指的是管理人员按照计划标准来衡量执行情况，进行纠偏，即找出偏离目标和计划的误差，确定应该采取的纠偏措施，以使目标计划得以实现。

1. 控制过程

控制是在事先制订的目标和计划的基础上进行的，是指按照计划投入人力、材料、设备、机具、方法等资源和信息，随着工程的实施和计划的运行，不断输出实际的工程进展状况，即实际的投资、进度、质量情况的信息。由于工程项目的建设周期较长，在项目的实施过程中面临的风险因素较多，所以实际输出的投资、进度、质量情况常常会偏离计划目标。控制人员要收集工程实际情况、实际目标值以及其他有关的工程信息，将它们进行加工整理、分类和综合，提出工程状态报告。控制部门根据工程状态报告将项目实际的投资、进度、质量情况与相应的计划目标进行比较，检查有无偏差。如果无偏差，项目就可以按原计划继续运行；反之，就需要采取控制措施，或改进投入方式，或修改计划，使计划呈现一种新状态，使工程能够在新的计划状态下运行。控制过程可以用控制流程图准确地表示出来，如图7-1所示。

2. 控制过程的基本环节

控制过程中的工作可以概括为投入、转换、反馈、对比、纠正五个基本环节。这五个基本环节形成循环，如图7-2所示。控制循环中的任何一个环节的缺失，都会降低控制工作的有

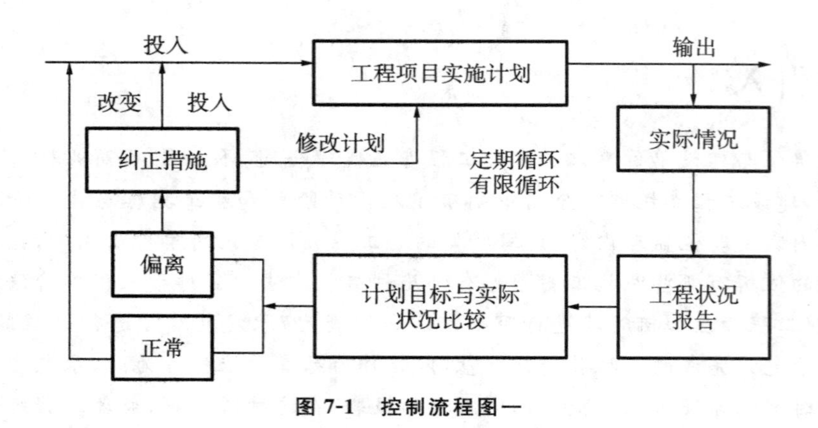

图 7-1 控制流程图一

效性，致使循环控制的整体作用不能充分发挥。所以，要明确控制流程中的各个环节并做好相应的控制工作。

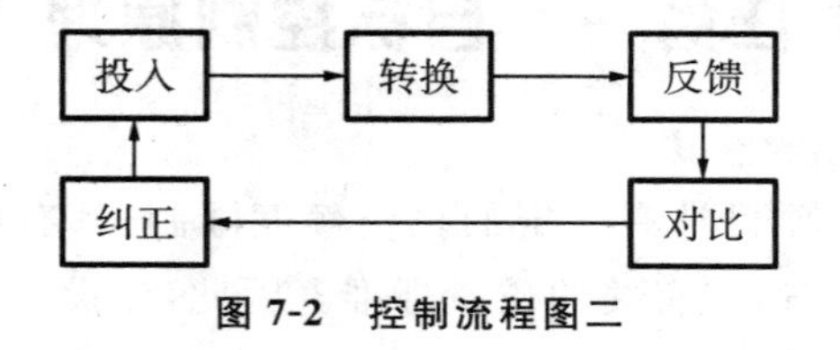

图 7-2 控制流程图二

1）投入

投入是控制过程的开端。计划顺利实现的基本条件就是按计划投入人力、财力、物力。按计划投入人力、财力、物力也是实现计划目标的基本保障。因此，监理工程师应加强对“投入”环节的控制，以为整项控制工作的顺利进行奠定基础。

2）转换

转换指的是建设工程项目各种资源从投入到产出的过程，通常表现为劳动力（管理人员、技术人员、工人）运用劳动资料（如施工机具）将劳动对象（如建筑材料、工程设备）转变为预定的产出品。在转换过程中，计划的运行往往受到来自建设工程项目外部环境和内部系统的各因素的干扰，同时，由于计划本身不可避免地存在不同程度的问题，实际状况与预定目标和计划相偏离。针对以上原因，监理工程师应当做好“转换”环节的控制工作，转换过程中的控制工作是实现有效控制的重要一环。具体的工作主要有：在工程实施过程中，监理工程师应当跟踪了解工程进展情况，掌握第一手资料，为分析偏差原因、确定纠正措施提供可靠依据。同时，对于那些可以及时解决的问题，应及时采取纠偏措施，避免“积重难返”。

3）反馈

反馈是控制的基础工作，是指把各种信息返送到控制部门的过程。控制活动的目的是实现预定的计划，但是，由于计划在实施过程中，每个变化都会对预定目标的实现产生一定的影响，因此控制部门、控制人员需要全面、及时、准确地了解计划的执行情况及其结果，而这就需要依靠信息反馈来实现。为此，需要设计信息反馈系统，预先确定反馈信息的内容、形式、来源、传递等，使每个控制部门和每位控制人员都能及时获得所需要的信息。

反馈信息包括已发生的工程实际状况、环境变化等信息，如投资、进度、质量的实际状况，现场条件，合同履行情况等，也包括对未来工程预测的信息。信息反馈方式可以分为正式和非正式两种，正式信息反馈是指以书面形式（如工程状况报告等）反馈信息，它是控制过程中采用的主要反馈方式;非正式信息反馈主要指以口头形式(如口头指令)反馈信息。不论是对正式信息反馈还是对非正式信息反馈,都应给予足够的重视。

4)对比

将目标的实际值与计划值进行对比,以确定是否偏离,是控制活动的重要一环。控制活动的核心工作就是找出实际和计划之间的差距,并采取必要的纠正措施,使建设工程项目得以在预先计划的轨道上进行。在该环节应注意以下几点。

(1)明确目标实际值与计划值的内涵。例如,投资目标有投资估算、设计概算、施工图预算、合同价、结算价等表现形式,其中,投资估算相对于其他的投资值来说是目标值;施工图预算相对于投资估算、设计概算来说为实际值,而相对于合同价、结算价来说则为计划值;结算价则相对于其他的投资值来说为实际值。

(2)合理选择比较的对象。在实际工作中,常见的是相邻两种目标值之间的比较。结算价以外各种投资值之间的比较都是一次性的,而结算价与合同价的比较则是经常性的,一般是定期(如每月)比较。

(3)建立目标实际值与计划值之间的对应关系。建设工程项目的各项目标都要进行适当的分解,通常目标计划值的分解较粗,而目标实际值的分解较细。例如,建设工程项目的总进度计划中的工作可能只达到单位工程,而施工进度计划中的工作达到分项工程。这就要求目标的分解深度可以不同,但分解的原则、方法必须相同,从而可以在较粗的层次上进行目标实际值与计划值的比较,并通过比较发现问题。

(4)确定衡量目标偏离的标准。要正确判断某目标是否发生偏差,就要预先确定衡量目标偏离的标准。例如,在某网络计划实施过程中,发现其中一项工作比计划要求拖延了一段时间,根据标准来判断该网络计划是否偏离了。

5)纠正

对于目标实际值偏离计划值的情况,要采取措施加以纠正。根据偏离的程度,纠正可以分为以下三种情况。

(1)在轻度偏离的情况下,不改变原定目标的计划值,基本不改变原定的实施计划,在下一个控制周期内,使目标的实际值控制在计划值范围内。

(2)在中度偏离的情况下,不改变总目标的计划值,调整后期实施计划。由于目标实际值偏离计划值的情况已经比较严重,不可能通过直接纠偏在下一个控制周期内恢复到计划状态,因而必须调整后期实施计划。

(3)在重度偏离情况下,重新确定目标的计划值,并据此重新制订实施计划。

二、控制类型

根据划分依据的不同,可以把控制分为不同的类型。按照控制措施制订的出发点,控制可分为主动控制和被动控制两种。

1. 主动控制

主动控制就是预先分析目标偏离的可能性,并拟订和采取各项预防性措施,使计划目标得以实现。主动控制是一种面对未来的事前控制,可以解决传统控制过程中存在的时滞影响,在事情发生之前采取控制措施,尽最大可能使偏差不发生,从而使控制更为有效。主动控制是一种前馈控制。它主要根据已建同类工程实施情况的综合分析结果,结合拟建工程的具体情况和特点，将教训上升为经验，用以指导拟建工程的实施，起到避免重蹈覆辙的作用。具体来讲，主动控制包括以下几方面内容。

(1)详细调查并分析研究外部环境条件，以确定影响计划目标实现和计划运行的各种有利因素和不利因素，识别风险，并将它们考虑到计划和管理工作之中。

(2)用科学的方法制订计划。做好计划的可行性分析，使得计划在资源、技术、经济和财务等方面可行，保障工程的实施有足够的时间、空间、人力、物力和财力，并在此基础上力求使计划优化。一个明确、完善的计划实现是有效控制的基础。

(3)做好组织工作。把目标控制的任务落实到相应的机构和人员，做到职责明确，又通力合作。

(4)制订必要的备用方案。一旦发现偏离的动向，有应急措施做保障，从而减小偏离量，或避免发生偏离。

(5)加强信息的收集、整理和分析研究工作，为预测工程未来发展状况提供全面、及时、准确的信息。

2. 被动控制

当系统按计划进行时，管理人员对计划的实施进行跟踪，把输出的工程信息进行加工、整理，传递给控制部门，使控制人员可以从中发现问题，找出偏差，寻求并确定解决问题和纠正偏差的方案，然后回送给计划实施系统付诸实施，这样计划目标一旦出现偏离就能得以纠正。这种从计划的实际输出中发现偏差，而后及时纠正的控制方式称为被动控制。

被动控制是一种事中控制和事后控制。在计划实施过程中对已经出现的偏差采取控制措施，虽然不能降低目标偏离的可能性，但可以降低目标偏离的严重程度，并将偏差控制在尽可能小的范围内。被动控制是一种反馈控制，是根据对工程实施情况(即反馈信息)的综合分析结果进行的控制，其控制效果在很大程度上取决于反馈信息的全面性、及时性和可靠性。

综上所述，被动控制是一种面对现实的控制。虽然目标偏离已成为客观事实，但是通过被动控制措施，仍然可能使工程实施恢复到计划状态，即使不能，至少可以降低偏差的严重程度。不可否认，被动控制仍然是一种有效的控制，是十分重要而且经常运用的控制方式。

3. 主动控制与被动控制的关系

在工程实施过程中，如果仅仅采取被动控制措施，通常难以实现预定的目标；而仅仅采取主动控制措施，则是不现实、不经济的。这表明，是否采取主动控制措施以及采取何种主动控制措施，应在对风险因素进行定量分析的基础上，通过技术经济分析和比较来决定。对于建设工程目标控制来说，监理工程师在进行目标控制的过程中，既要实施主动控制，又要实施被动控制，并有效地将两者结合起来，这样方能完成项目目标控制的任务。要做到主动控制与被动控制相结合，关键有两点：一是要扩大信息来源，即不仅要从本工程获得实施情况的信息，而且要从外部环境获得有关信息，包括应用已建同类工程的数据库相关信息；二是要把握好输入这个环节，即输入两类纠偏措施，既要有纠正已经发生的偏差的措施，还要有预防和纠正可能发生的偏差的措施，这样才能取得较好的控制效果。

在工程实施过程中，要认真研究并制订多种主动控制措施，并力求加大主动控制在控制过程中的比例，尤其要重视那些基本上不需要耗费资金和时间的主动控制措施，如组织、经济、合同方面的措施。同时，也要进行必要的被动控制，两者缺一不可。主动控制与被动控制相结合如图 7-3 所示。

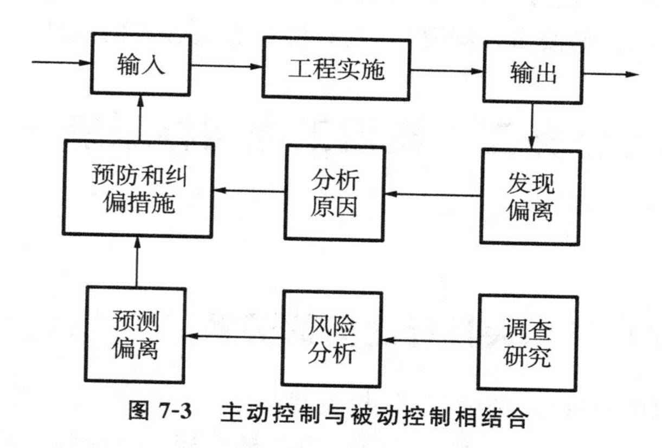

图 7-3　主动控制与被动控制相结合

三、目标控制的措施

1. 组织措施

组织是目标控制的前提和保障。采取组织措施就是为了保证组织系统的顺利运行，高效地实现组织功能。通过采取组织调整、组织激励、组织沟通等措施，以激发组织的活力，调动和发挥组织成员的积极性、创造性，为实施目标控制提供有利的前提和良好的保障。具体的组织措施有：建立健全监理组织，完善职责分工及有关制度，落实控制目标的责任，协调各种关系。

2. 技术措施

技术措施是目标控制的必要措施，控制在很大程度上要通过技术来实施。工程项目的实施、目标控制各个环节的工作都是通过技术方案来落实的。目标控制的效果取决于技术措施的质量和技术措施落实的情况。具体的技术措施有：①在投资控制方面，推选限额设计和优化设计，合理确定标底及合同价，合理确定材料和设备供应厂家，审核施工组织设计和施工方案，合理开支施工措施费，避免不必要的赶工费；②在进度控制方面，建立网络计划和施工作业计划，增加同时作业的施工面，采用高效的施工机械设备，采用施工新工艺和新技术，缩短工艺过程时间和工序间的技术间歇时间；③在质量控制方面，优化设计，完善设计质量保证体系，在施工阶段严格进行全过程质量控制。

3. 经济措施

工程项目的参与者通常以追求经济利益为经营目标，而经济措施实质上是调节各方经济关系的方案。经济措施在很大程度上成为各方行动的"指挥棒"，无论是对投资实施控制，还是对进度、质量实施控制，都离不开经济措施。具体的经济措施有：①在投资控制方面，及时进行计划费用与实际开支比较，对优化设计给予一定的奖励；②进度控制方对工期提前者实行奖励，对应急工程采用较高的计件单价，确保资金的及时供应；③在质量控制方面，对不符合质量要求的工程拒付工程款，对优良工程支付质量补偿金或奖金。

4. 合同措施

在市场经济条件下，承包商根据与业主签订的设计合同、施工合同和供销合同来进行项目建设，所以监理工程师也必须依靠工程建设合同来进行目标控制。具体的合同措施有：①

按照合同条款支付工资，防止过早、过量的现金支付；②全面履约，减少对方提出索赔的条件和机会；③正确处理索赔；④按照合同要求，及时协调有关各方的进度。

任务二　建设工程目标系统

一、建设工程项目三大目标之间的关系

建设工程项目的质量目标、进度目标、投资目标三大目标构成了建设工程的目标系统。为了有效地进行目标控制，必须正确认识和处理质量目标、进度目标、投资目标三大目标之间的关系。建设工程项目三大目标之间具有相互依存、相互制约的关系，既存在矛盾的一面，也存在统一的一面。监理工程师在监理活动中应牢牢把握三大目标之间的关系。

1. 建设工程项目三大目标之间的对立关系

建设工程三大目标之间的对立关系比较直观。例如，在通常情况下，对工程项目的功能和质量要求较高，那么就需要投入较多的资金和花费较长的建设时间，即强调质量目标，就需要降低投资目标和进度目标；要加快进度，缩短工期，那么就要相应地增加投资，或者适当降低质量要求，即强调进度目标，就需要降低投资目标，或者降低质量目标，降低投资势必要考虑降低功能和质量要求，或者造成工程难以在正常工期内完成，即强调投资目标势必会导致质量目标或进度目标的降低。综上表明，这种对立关系的存在具有普遍性。

2. 建设工程项目三大目标之间的统一关系

对于建设工程项目三大目标之间的统一关系，需要从不同的角度分析和理解。例如，适当增加投资额，为加快进度提供必要的经济条件，就可以加快工程项目的建设速度，缩短工期，使整个工程项目提前投入使用，尽早取得投资效益。提高功能和质量要求，虽然会造成一次性投资的提高和工期的增加，但会降低工程投入使用后的运行费用和维修费用，从全寿命周期费用角度分析，则节约了投资。

一方面，功能好、质量优的工程（如宾馆、商用办公楼），投入使用后的收益往往较高。另方面，严格控制质量还能起到保证进度的作用。如在工程实施过程中发现质量问题，应及时进行返工处理，返工处理虽然耗费时间，但可能只对局部工作的进度产生影响；或虽然影响整个工程的进度，但比不及时返工而酿成重大工程质量事故对整个工程进度的影响要小，也比留下工程质量隐患到使用阶段才发现而不得不停止使用进行修理所造成的损失要小。以上分析同样表明，不能将三大目标孤立地进行分析和论证，更不能片面强调某一目标而忽略对其他两个目标的不利影响，而必须将投资目标、进度目标、质量目标三大目标作为一个系统统筹考虑，进行协调和平衡，力求实现整个目标系统最优。

二、工程目标的确立

建设工程目标规划是一项动态性工作，在建设工程的不同阶段都要进行，因而建设工程的目标并不是一经确定就不再改变的。

要确定某一拟建工程的目标，首先必须大致明确该工程的基本技术要求，如工程类型、结构体系、基础形式、建筑高度、主要设备、主要装饰要求等；然后，在建设工程数据库中检索并选择尽可能相近的建设工程（可能有多个），将其作为确定该拟建工程的参考对象；同时，要认真分析拟建工程的特点，找出拟建工程与已建类似工程之间的差异，并定量分析这些差异对拟建工程目标的影响，从而确定拟建工程的各项目标。另外，还必须考虑时间因素和外部条件的变化，采取适当的方式加以调整。

1. 建设工程目标确定的依据

建设工程不同阶段所具备的条件不同，目标确定的依据自然也就不同。

在施工图设计完成之后，目标规划的依据比较充分，目标规划的结果也比较准确和可靠。但是，对于施工图设计完成以前的各个阶段来说，建设工程数据库具有十分重要的作用，应给予足够的重视。

建立建设工程数据库，至少要做好以下几方面工作。

（1）按照一定的标准对建设工程进行分类。通常按使用功能分类较为直观，也易于被接受和记忆。

（2）对各类建设工程所可能采用的结构体系进行统一分类。

（3）数据既要有一定的综合性，又要能足以反映建设工程的基本情况和特征。工程内容最好能分解到分部工程，有些内容可能分解到单位工程已能满足需要。投资总额和总工期也应分解到单位工程或分部工程。

建设工程数据库对建设工程目标确定的作用，在很大程度上取决于数据库中与拟建工程相似的同类工程的数量。因此，建立和完善建设工程数据库需要较长的时间，在确定数据库的结构之后，数据的积累、分析就成为主要任务，也可能在应用过程中对已确定的数据库结构和内容还要做适当的调整、修正和补充。

2. 建设工程数据库的应用

由于建设工程具有多样性和单件生产的特点，有时很难找到与拟建工程基本相同或相似的工程，因此，在应用建设工程数据库时，往往要对其中的数据进行适当的综合处理，必要时可将不同类型工程的不同分部工程加以组合。同时，要认真分析拟建工程的特点，找出拟建工程与已建类似工程之间的差异，并定量分析这些差异对拟建工程目标的影响，从而确定拟建工程的各项目标。对建设工程数据库中的有些数据不能直接应用，而必须考虑时间因素和外部条件的变化，采取适当的方式加以调整。建设工程数据库中的数据表面上是静止的，实际上是动态的（不断得到充实）；表面上是孤立的，实际上内部有着非常密切的联系。因此，建设工程数据库的应用并不是一项简单的复制工作。

三、工程目标的分解

为了在建设工程实施过程中有效地进行目标控制，仅有总目标还不够，还需要将总目标进行适当的分解。

1. 目标分解的原则

建设工程目标分解应遵循以下几个原则。

（1）能分能合。这要求建设工程的总目标能够自上而下逐层分解，也能够根据需要自下而上逐层综合。这一原则实际上是要求目标分解要有明确的依据并采用适当的方式，避免目标分解的随意性。

(2)按工程部位分解，而不按工种分解。这是因为建设工程的建造过程也是工程实体的形成过程，这样分解比较直观，而且可以将投资、进度、质量三大目标联系起来，也便于对偏差原因进行分析。

(3)区别对待，有粗有细。根据建设工程目标的具体内容、作用和所具备的数据，目标分解的粗细程度应当有所区别。对不同工程内容目标分解的层次或深度，不必强求一律，要根据目标控制的实际需要和可能来确定。

(4)有可靠的数据来源。目标分解的结果是形成不同层次的分目标，这些分目标就成为各级目标控制组织机构和人员进行目标控制的依据。如果数据来源不可靠，分目标就不可靠，就不能作为目标控制的依据。因此，目标分解所达到的深度应当以能够取得可靠的数据为原则，并非越深越好。

(5)目标分解结构与组织分解结构相对应。如前所述，目标控制必须要有组织加以保障，要落实到具体的机构和人员，因而就存在一定的目标控制组织分解结构。只有使目标分解结构与组织分解结构相对应，才能进行有效的目标控制。当然，一般而言，目标分解结构较细、层次较多，而组织分解结构较粗、层次较少，目标分解结构在较粗的层次上应当与组织分解结构一致。

2. 目标分解的方式

建设工程的总目标可以按照不同的方式进行分解。对于建设工程投资目标、进度目标、质量目标三个目标来说，目标分解的方式并不完全相同，其中，进度目标和质量目标的分解方式较为单一，而投资目标的分解方式较多。

按工程内容分解建设工程目标是最基本的方式，适用于投资、进度、质量三个目标的分解，但是，三个目标分解的深度不一定完全一致。一般来说，将投资、进度、质量三个目标分解到单项工程和单位工程是比较容易办到的，其结果也是比较合理和可靠的。在施工图设计完成之前，目标分解至少都应当达到这个层次。至于是否分解到分部工程和分项工程，一方面取决于工程进度所处的阶段、资料的详细程度、设计所达到的深度等，另一方面还取决于目标控制工作的需要。

任务三 建设工程目标控制

一、建设工程项目质量控制

(一)建设工程质量概述

1. 建设工程质量概念及特征

建设工程质量简称为工程质量，就是指工程满足业主需要的，符合国家法律、法规、技术标准、设计文件及合同中对工程的安全、使用、经济、美观等特性的综合要求。

建设工程质量的特征主要有以下几个。

(1)影响因素多。例如,决策、设计、材料、机械设备、施工方法与工艺、技术措施、工程造价等都直接或间接地影响工程项目的质量。

(2)质量波动大。因为建筑产品的单件性和流动性,所以工程质量具有较大的波动性,并且影响工程质量的偶然因素和系统性因素很多,任何一方发生变化,都会使工程质量发生波动。

(3)质量隐蔽性。工程项目在施工过程中,存在较多的隐蔽工程,若不能及时进行质量检验,很难发现内在的质量问题,从而产生错误的判断。

(4)终检的局限性。工程项目在进行最终的竣工验收检查时,由于不能进行内在的质量检查,很难发现隐藏的质量缺陷,故终检存在一定的局限性。

(5)评价方法的特殊性。由于工程项目的质量检查以及评定验收是按批、分项工程、分部工程、单位工程进行的,故评价方法具有特殊性。

2. 建设工程质量的目标

建设工程项目的质量目标就是对包括工程项目实体、功能、使用价值、工作质量各方面的要求或需求的标准和水平,也就是对项目符合有关法律、法规、规范、标准程度和满足业主要求程度做出的明确规定。建设工程项目的质量目标具有以下特点。

(1)项目总体质量目标的内容具有广泛性。

从建设工程项目质量目标的内涵可以看出,影响工程项目实体、功能和使用价值的因素很多,如建造地点、建筑形式、结构形式、材料、设备工艺、规模和生产能力、使用者满意程度等。由于它们都直接影响建筑产品的质量,因此,它们都是质量目标的不可缺少的组成部分,应当纳入项目质量目标的范围。项目质量目标范围的广泛性表明:要建造出质量符合要求的产品,需要在整个项目实施的空间范围内进行质量控制。

(2)工程质量的形成过程。

工程建设的每个阶段对工程质量的形成都有着重要的作用,对质量产生重要影响。监理工程师的任务就是根据每个阶段的特点,确定各阶段质量控制的目标和任务,进而实施全过程的质量控制。工程质量的形成有以下几个阶段。

①可行性研究阶段。该阶段确定质量要求(是研究质量目标和质量控制程度的依据),直接影响决策质量和设计质量。

②工程决策阶段。该阶段确定工程项目应达到的质量目标和水平,明确三大控制目标的协调统一。

③工程设计阶段。该阶段把质量目标和水平具体化,为施工提供直接依据,是决定工程质量的关键环节。

④工程施工阶段。该阶段是形成工程实体质量、实现工程质量目标的实施过程,是指按照设计图纸和相关文件的要求,在建设场地上将设计意图付诸实现的测量、作业、检验,形成工程实体建成最终产品的活动,在某种程度上,是形成工程实体质量的决定性环节。

⑤工程验收阶段。该阶段是对项目施工阶段的质量通过检查评定、试车运转,考核项目质量是否达到设计要求,是否符合决策阶段确定的质量目标和水平,并通过验收确保工程项目的质量,是工程项目质量控制的最后且最重要环节。

（二）建设工程质量控制的含义

工程质量控制指的是为了保证工程质量达到工程合同、规范的标准所采取的系列措施、方法和手段。

1）工程质量控制的分类

工程质量控制的实施主体分为自控主体（直接从事质量的活动者）和监控主体（对他人质量能力和效果的监控者）。根据工程质量的形成过程，工程质量控制包括全过程各阶段的质量控制。

（1）按实施主体的不同，工程质量控制可以分为以下几种类型。

①政府的质量控制。政府属于监控主体，主要维护社会公众利益，以法律法规为依据，通过抓工程报建、施工图设计文件审查、施工许可、材料和设备准用、工程质量监督等主要环节进行质量控制。

②工程监理单位的质量控制。工程监理单位属于监控主体，其主要是受建设单位的委托，代表建设单位对工程实施全过程进行质量监督和控制。工程监理单位的质量控制包括勘察设计阶段质量控制、施工阶段质量控制，其目的是满足建设单位对工程质量的要求，取得良好的投资效益。

③勘察单位、设计单位的质量控制。勘察单位、设计单位属于自控主体，是以法律、法规及合同为依据，对勘察、设计的整个过程，包括工程程序、工作进度、费用及成果文件所包含的功能和使用价值进行控制，以满足建设单位对勘察、设计质量的要求。

④施工单位的质量控制。施工单位属于自控主体，是以工程合同、设计图纸和技术规范为依据，对施工准备阶段、施工阶段、竣工验收交付阶段等施工全过程的工作质量和工程质量进行控制，以达到合同文件规定的质量要求。

（2）按工程质量的形成过程，工程质量控制可以分为以下几个方面。

①决策阶段的质量控制：通过项目的可行性研究，选择最佳建设方案，使项目质量要求符合业主的意图，并与投资目标相协调，与所在地区环境相协调。

②工程勘察、设计阶段的质量控制：选择好勘察单位、设计单位，保证工程设计符合有关技术规范和标准的规定，保证设计文件、图纸符合现场和施工的实际条件。

③工程施工阶段的质量控制：一是要择优选择能保证工程质量的施工单位；二是要严格监督承包商按设计图纸进行施工，以形成符合合同文件规定的质量要求的最终建筑产品。

2）项目质量控制是一种系统过程的控制

工程项目的建设过程也就是它的质量形成的过程，监理工程师要在整个项目建设过程不间断地进行质量控制。

建设工程的每个阶段都对工程质量的形成起着重要的作用，但各阶段关于质量问题的侧重点不同。例如，施工招标阶段主要解决“谁来做”的问题，使工程质量目标的实现落实到承建商；施工阶段主要解决“如何做”的问题，使建设工程项目形成实体。因此，应当根据建设工程各阶段质量控制的特点和重点，确定各阶段质量控制的目标和任务，以便实现全过程质量控制。

3）项目质量要实施全面控制

对建设工程质量进行全面的控制主要表现在以下几个方面。

(1)对工程项目的实体质量、功能和使用价值质量及工作质量进行全面控制,即对工程项目的所有质量特征都要实施控制。

(2)对影响工程质量的各种因素都要采取控制措施。例如,对参与项目建设的各种人员的影响因素,材料、设备方面的影响因素,施工机械、机具方面的影响因素,施工方法方面的影响因素,以及环境方面的影响因素,都应实施有效控制。

(3)对项目质量实施全面控制。一方面,加大主动控制的力度,预测各种可能出现的质量偏差,采取有效的预防措施;另一方面,结合被动控制,加强对监督、检查、反馈、纠正等环节的控制力度。

(三)建设工程质量控制的原则

监理工程师在工程质量控制过程中,应遵循以下原则。

(1)质量第一的原则。建设工程质量不仅关系到工程的适用性和项目的投资效果,更关系到人民群众生命和财产的安全,故监理工程师在进行投资目标、进度目标、质量目标三大目标控制时,在处理三者关系时,应坚持“百年大计,质量第一”原则,在工程建设中自始至终把“质量第一”作为对工程质量控制的基本原则。

(2)以人为核心的原则。在工程质量控制中,要以人为核心,重点控制人的素质和行为,充分发挥积极性和创造性,以人的工作质量保证工程质量。

(3)以预防为主的原则。做好质量的事先控制和事中控制,以预防为主,加强过程和中间产品的质量检查和控制。

(4)质量标准的原则。质量标准是评价产品质量的尺度,工程质量是否符合规定的质量标准要求,应通过质量检验并和质量标准对照,符合质量标准要求的为合格,不符合质量标准要求的为不合格,必须进行返工处理。

(5)科学、公正、守法的职业道德规范。在工程质量控制中,监理工程师必须坚持科学、公正、守法的职业道德规范,要尊重科学,尊重事实,以数据资料为依据,客观、公正地处理质量问题。

(四)影响工程质量控制的因素

对工程质量控制产生影响的因素有很多,但主要有以下几个。

(1)人员素质。人是生产经营活动的主体,也是工程项目建设的决策者、管理者、操作者,其对规划、决策、勘察、设计和施工的质量产生直接和间接的影响,因此,建筑行业实行经营资质管理制度和各类专业从业人员持证上岗制度是保证人员素质的重要管理措施。

(2)工程材料。材料的选用是否合理,产品是否合格,材质是否经过检验,保管和使用是否得当等,都将对建设工程的结构刚度和强度、外表及观感、使用功能、使用安全等产生影响。

(3)机具设备。机具设备对工程质量也有重要的影响,其质量会直接影响工程的使用功能质量。施工机具设备的类型是否符合工程施工特点,性能是否先进、稳定,操作是否方便、安全等,都将影响工程项目的质量。

(4)工艺方法。在施工过程中,施工方案是否合理,施工工艺是否先进,施工操作是否正确,都将对工程质量产生重大影响。大力推进新技术、新工艺、新方法,不断提高工艺技术水平,是提高工程质量的重要措施。

(5)环境条件。对工程质量特性起重要作用的环境因素包括工程技术环境、工程作业环境、工程管理环境、周边环境等。加强环境管理,改善作业条件,把握好技术环境,辅以必要的措施,是降低环境对质量的影响的重要保证。

(五)建设工程施工阶段的质量控制

施工阶段质量控制是工程项目全过程质量控制的关键环节,也是目前工程项目监理工作的主要内容,其中心任务是通过建立健全有效的质量监督工作体系来确保工程质量达到合同规定的标准和等级要求。

1. 施工质量控制的要求及依据

(1)监理工程师在工程施工阶段进行质量控制时,需要做到以下几点。

①坚持以预防为主,重点进行事前控制,防患于未然,把施工中的质量问题消灭在萌芽状态之中。

②结合施工实际,制订实施细则。施工阶段质量控制的工作范围、深度、工作方式等应根据工程施工实际需要,结合工程特点、承包商的技术力量、管理水平等因素拟订质量控制的监理要求,用以指导施工阶段的质量控制。

③坚持质量标准,严格检查。监理工程师必须按合同和设计图纸的要求,严格执行国家颁发的有关工程项目质量检验评定标准和验收标准,严格检查,同时还要热情帮助、督促承包商改进工作,健全制度。监理工程师可以参与承包商施工方案的制订、质量体系的完善以及现场质量管理制度的制订等工作。对于技术难度大、质量要求高的工程或部位,监理工程师还可以提出保证质量的措施等。

④在处理质量问题的过程中,监理工程师应公正,以理服人,做好协调工作中的相互配合;应尊重事实,尊重科学,态度谦虚,以取得对方的信任和工作。

(2)在施工阶段,监理工程师进行质量控制的依据大体上分为两类。

①适用于工程项目施工阶段与质量控制有关的、通用的、具有普遍指导意义和必须遵守的基本文件。例如,工程承包合同文件、设计文件、国家及政府有关部门颁布的有关质量管理方面的法律和法规性文件等。

②针对不同行业、不同的质量控制对象制定的技术法规性文件。例如,各种有关的标准、规范、规程或规定。属于这种专门的技术法规性的依据主要有以下几类:工程项目质量检验评定标准,如《建筑工程施工质量验收统一标准》;有关工程材料、半成品和构配件质量控制方面的专门技术法规性依据,如《钢筋焊接接头试验方法标准》等。

2. 施工阶段质量控制的主要工作

1)施工准备的质量控制

(1)对施工承包方资质的控制。

施工承包企业的技术资质是保证工程质量的基础。施工承包企业按承包工程的能力划分为施工总承包企业、专业承包企业和劳务分包企业。对承包企业的资质控制主要是招标阶段和中标阶段的资质审核。

在招标阶段,对承包企业的资质审查主要包括以下两个方面的内容。

①根据工程的类型、规模和特点,确定参与投标企业的资质等级,并取得投标管理部门的认可。

②对于符合投标要求的承包企业，要了解其实际的建设业绩、人员素质、管理水平、资金数额、技术力量；要考核承包企业近期的表现，了解其是否具有工程质量、施工安全、现场管理等方面的问题，了解其管理的发展趋势是否具有上升的空间；审查承包企业近期承建的工程，实地考核工程质量及现场的管理水平，在全面了解的基础上，优先选择建造出优质工程的企业。

当中标方确定后，要再次对承包企业质量管理体系进行核查中，重点了解企业质量管理的基础工作、工程项目管理和质量控制的情况；了解企业贯彻 ISO 9000 标准、体系建立和通过认证的情况；了解企业领导班子的质量意识及质量管理机构落实、质量管理权限实施的情况等；审查承包单位现场项目经理部的质量管理体系。

(2)对施工承包方在施工前的准备工作质量的控制。

①对工程所需的原材料、半成品、构配件和永久性设备、器材等进行质量检查和控制，即从采购、加工制造、运输、装卸、进场、存放、使用等方面进行系统的监督与控制。

②对施工方案、方法和工艺进行控制，审查施工承包企业提交的施工组织设计或施工计划以及施工质量保证措施。

③对施工用机械、设备的质量控制，应从以下几方面进行监控：审查其施工机械设备的选型是否恰当；审查施工机械设备的数量是否足够；所准备的施工机械设备是否都处于完好的可用状态等。

④审查与控制承包方对施工环境与条件方面的准备工作质量。对施工作业的环境条件的控制主要包括以下几方面内容。

a. 对水、电或动力供应，施工照明，安全防护设备，施工场地空间条件和通道以及交通运输和道路条件进行控制。

b. 对施工承包企业的质量管理、质量保证体系和质量控制自检系统是否处于良好的状态进行审查。

c. 对当自然环境条件可能出现对施工作业质量的不利影响时，施工承包企业是否事先已有充分的认识并已做好充足的准备和采取了有效措施与对策以保证工程质量进行审查。

⑤对测量基准点和参考标高进行确认及对工程测量放线的质量进行控制。

(3)除了对施工承包单位所做的各项准备工作质量的监控外，还应组织好以下各项工作。

①应建立或完善监理工程师的质量监控体系，做好监控准备工作，使之能适应该项准备开工的施工项目质量监控的需要；督促与协助施工承包单位建立或健全现场质量管理制度，使之不断完善其质量保证体系，完善与提高其质量检测技术或手段。

②充分了解施工的工程特点、设计意图和工艺与质量要求，同时也为了在施工前能发现和减少图纸的差错，监理工程师应做好设计交底和图纸会审工作。

③要做好设计图纸的变更及控制工作。在工程施工中，无论是建设方还是施工方、设计方提出的工程变更和图纸修改，都应通过监理工程师审查并经有关方面研究，确认其必要性后，由总监理工程师发布变更指令后才能生效予以实施。

④做好施工现场场地及通道条件的保证。在监理工程师向施工方发出开工通知书时，建设方或业主即应及时按计划保证质量地提供施工方所需的场地和施工通道以及水、电供应等条件，以保证及时开工，否则即应承担补偿其工期和费用损失的责任。因此，监理工程

师应事先检查工程施工所需的场地征用、居民占地设施或堆放物的迁移是否实现，以及道路和水、电及通信线路是否开通。

⑤要把握好开工关。监理工程师对现场各项准备工作进行检查、合格后，方可发布书面的开工指令；对于已停工程，则必须有监理工程师的复工指令才能复工；对于合同中所列工程及工程变更的项目，开工前承包方必须提交“开工申请单”，经监理工程师审查并批准后，施工单位才能开始正式施工。

2）施工过程中的质量控制

(1)监督施工单位的质量控制自检系统，使其能在质量管理中始终发挥良好作用。如在施工中发现不能胜任的质量控制人员，可要求承包方予以撤换；当其组织不完善时，应促其改进、完善；协助施工方完善工序质量控制，使其能将影响工序质量的因素都纳入质量管理范围；督促承包方将重要的和复杂的施工项目或工序作为重点设立质量控制点，并加强控制；及时检查与审核施工承包方提交的质量统计分析资料和质量控制图表；对工程质量有重大影响的工序值或工程部位，监理工程师还要再进行试验和复核，以确保使用材料和工艺过程的质量。

(2)在施工过程中要跟踪监控，监督承包方的各项工程活动，随时密切注意承包方在施工准备工作阶段中对影响工程质量的各方面因素所做的安排，在施工过程中是否发生了不利于保证工程质量的变化。若发现承包方有违反合同规定的行为或质量不符合要求，监理工程师有权要求承包方予以处理。必要时，监理工程师还有权指令承包方暂时停工加以解决。具体做法如下。

①严格工序间的交接检查。对于主要检验批作业和隐蔽作业，通常要按有关规定，由监理工程师在规定的时间内检查。确认其质量符合要求后，才能进行下一道工序。

②建立施工质量跟踪档案。施工质量跟踪档案是在工程施工或安装开始前，由监理工程师帮助施工单位针对分部、分项工程建立的施工承包方实施质量控制活动的记录。随着施工安装的进行，施工单位应不断补充和填写有关材料、半成品生产或建筑物施工、安装的有关内容。当每阶段的施工或安装工作完成后，相应的施工质量跟踪档案也随之完成。施工单位应在相应的跟踪档案上签字、留档，并送交监理工程师一份。

(3)在施工过程中，无论是建设单位提出的工程变更或图纸修改，还是施工及设计承包方提出的工程变更或图纸修改，都应该通过监理工程师审查并组织有关方面研究，确认其必要性后，发布变更指令方能生效予以实施。

(4)对于完成的分部(分项)工程，应按照相应的质量评定标准和方法进行检查、验收。

(5)对于已发生的质量问题或质量事故，应按有关规定处理。

(6)监理工程师有权行使质量控制权，如有下列情况，可以下达停工令：施工中出现质量异常情况，经提出后，施工单位未采取有效措施，或措施不力未能扭转这种情况者；隐蔽工程未经正常程序查验确认合格，而私自进行下一道工序者；对已发生的质量事故未按要求查明原因或进行处理，而继续进行施工者；未经监理工程师审查同意，擅自变更设计或修改图纸进行施工者；未经技术资质审查的人员或不合格人员进入现场施工者；使用的原材料、构配件不合格或未经检查确认者；擅自采用未经审查认可的代用材料者；擅自使用未经监理工程师审查认可的分包商进场施工者。

3）施工过程所形成的产品质量控制

该阶段的主要工作为：审核施工方提交的竣工验收所需资料，即各种质量检查、试验报告以及有关的技术文件;根据质量评定标准和方法,对完成的分项、分部工程及单位工程进行检查验收;审核施工方提交的竣工图,并与设计施工图比较,做出评价;组织相关单位参加联合试车,组织项目的竣工验收;整理相关工程质量的技术文件,在竣工验收后向建设行政主管部门或其他有关部门移交建设项目的档案资料。

(六)建设工程质量事故的处理

1. 工程质量事故的特点

(1)复杂性。建筑生产与一般工业生产相比,具有以下特点:产品固定,生产流动;产品多样,结构类型不一;露天作业多,自然条件复杂多变;材料品种、规格多,材料性能各异;多工种、多专业交叉施工,相互干扰大;工艺要求不同、施工方法各异、技术标准不一等。因此,影响工程质量的因素繁多,造成质量事故的原因错综复杂,即使同类质量事故,原因也可能多种多样。

(2)严重性。工程项目的质量事故影响较大。轻者影响施工顺利进行、拖延工期、增加工程费用;重者则会留下隐患,影响使用功能或导致不能使用,更严重的还会引起建筑物失稳、倒塌,造成人民生命、财产的巨大损失。

(3)可变性。许多工程出现质量问题后,其质量状态并非稳定在初始状态,而是有可能随着时间的推移而不断地变化。因此,有些在初始阶段并不严重的问题,如不及时处理和纠正,有可能发展成一般质量事故,一般质量事故有可能发展成为严重或重大质量事故。

(4)多发性。建筑工程中的质量事故,往往在一些工程部位发生,具有多发性。例如,悬挑梁板断裂、钢屋架失稳等。

2. 工程质量事故的分类

建筑工程质量事故的分类方法有很多,通常采用的是按照造成损失的严重程度进行分类,具体如下。

(1)一般质量事故。

凡具备下列条件之一者为一般质量事故:

①直接经济损失在5 000元(含5 000元)以上,不满5万元的;

②影响使用功能和工程结构安全,造成永久质量缺陷的。

(2)严重质量事故。

凡具备下列条件之一者为严重质量事故:

①直接经济损失在5万元(含5万元)以上,不满10万元的;

②严重影响使用功能或工程结构安全,存在重大质量隐患的;

③事故性质恶劣或造成2人以下重伤的。

(3)重大质量事故。

凡具备下列条件之一者为重大质量事故:

①工程坍塌或报废;

②由于质量事故,造成人员死亡或重伤3人以上;

③直接经济损失10万元以上。

按国家建设行政主管部门规定,建设工程重大质量事故分为4个等级:

①凡造成死亡30人以上或直接经济损失300万元以上为一级;

②凡造成死亡10人以上29人以下或直接经济损失100万元以上300万元为二级；

③凡造成死亡3人以上9人以下，重伤20人以上或直接经济损失30万元以上，不满100万元为三级；

④凡造成死亡2人以下，或重伤3人以上19人以下或直接经济损失10万元以上，不满30万元为四级。

(4)特别重大事故。

凡具备国务院发布的《生产安全事故报告和调查处理条例》所列发生一次死亡30人及其以上，或直接经济损失达1亿元及其以上，或其他性质特别严重，具备上述条件之一均属特别重大事故。

3. 工程质量事故的处理依据与程序

1)工程质量事故处理的依据

(1)质量事故的实况资料。

①施工方的质量事故调查报告。质量事故发生后，施工方有责任就发生的质量事故进行周密的调查，研究掌握情况，并在此基础上写出调查报告，提交监理工程师和业主。在调查报告中，首先就与质量事故有关的实际情况做详细的说明，其内容包括：

a. 质量事故发生的时间、地点；

b. 质量事故状况的描述，例如发生的事故类型、发生的部位、分部状态及范围、严重程度等；

c. 质量事故发展变化的情况；

d. 有关质量事故的观测记录、事故现场状态的照片或录像。

②工程监理单位调查研究所获得的第一手资料。其内容大致与施工单位调查报告中有关内容相似，可用来与施工单位所提供的情况对照、核实。

(2)有关合同及合同文件。

①工程承包合同。

②设计委托合同。

③设备与器材购销合同。

④委托监理合同。

(3)有关的技术文件和档案。

①有关的设计文件。

②与施工有关的技术文件、档案和资料：

a. 施工组织设计或施工方案、施工计划；

b. 施工记录、施工日志；

c. 有关建筑材料的质量证明资料；

d. 现场制备材料的质量证明资料；

e. 质量事故发生后，对事故状况的观测记录、试验记录和试验报告；

f. 其他有关资料。

(4)相关的建设法规。

①勘察、设计、施工、监理等单位资质管理方面的法规。

②从业者资格管理方面的法规。

③建筑市场方面的法规。

④建筑施工方面的法规。

⑤关于标准化管理方面的法规。

2)工程质量事故处理的程序

工程质量事故发生后，监理工程师可按以下程序进行处理。

(1)工程质量事收发生后，总监理工程师签发“工程暂停令”，并要求停止进行质量缺陷部位和与其有关联部位及下道工序施工，要求施工方采取必要的措施，防止事故扩大并保护好现场。同时，监理工程师要求质量事故发生方迅速按类别和等级向相应的主管部门上报，并于24小时内写出书面报告。报告中应注明下列内容：

①事故发生的单位名称、工程(产品)名称、部位、时间、地点；

②事故概况和初步估计的直接损失；

③事故发生原因的初步分析；

④事故发生后采取的方案措施；

⑤相关各种资料。

(2)监理工程师在事故调查组展开工作后，应积极协助，客观地提供相应证据，若监理方无责任，监理工程师可应邀参加调查组，参与事故调查；若监理方有责任，则监理工程师应予以回避，但应配合调查组工作。

(3)当监理工程师接到质量事故调查组提出的技术处理意见后，可组织相关单位研究，并责成相关单位完成技术处理方案，并予以审核签认。质量事故技术处理方案，一般由委托原设计方提出，由其他方提供，并经原设计方同意签认。技术处理方案的制订，应征求建设方的意见。技术处理方案必须依据充分，在质量事故的部位、原因全部查清的基础上制订，必要时，应委托法定工程质量检测单位进行质量鉴定或请专家论证，以确保技术处理方案可靠、可行，保证结构安全和使用功能。

(4)技术处理方案核签后，监理工程师应要求施工方制订详细的施工方案设计，必要时应编制监理实施细则，对工程质量事故技术处理施工质量进行监理，对技术处理过程中的关键部位和关键工序应进行旁站，并会同设计、建设等有关单位共同检查。

(5)对施工方完工自检后的报验结果，组织有关各方进行检查验收，必要时应处理结果鉴定。事故方应整理并编写质量事故处理报告，经审核签认后，将有关技术资料归档。

4. 工程质量事故的处理方案

(1)修补处理。

若工程的某个检验批、分项工程或分部工程的质量未达到规定的规范、标准或设计要求，但通过修补或更换器具、设备后还可达到要求的标准，又不影响外观和使用功能，则可以进行修补处理。该类事故是在工程施工中经常发生的。

(2)责令返工。

若工程质量严重未达到规定的标准和要求，并对结构的使用和安全构成重大影响，但又无法进行修补、处理，则可对检验批、分项工程、分部工程甚至整个工程进行返工处理。

(3)不做处理。

有些工程质量问题虽然不符合规定的要求和标准，但依其严重情况，经过分析、论证、法定检测单位鉴定和设计等，对工程或结构使用及安全影响不大，可不做专门处理。通常不做专门处理的情况有以下几种：

①不影响结构安全和正常使用；

②有些质量问题，经过后续的工程可以弥补；

③经法定检测单位鉴定合格；

④出现的质量问题，经检测鉴定达不到设计要求，但经原设计单位核算仍能满足结构安全和使用功能。

二、建设工程项目进度控制

（一）建设工程进度控制的含义

工程进度控制指的是在实现工程项目总目标的过程中，为了使工程建设的实际进度符合工程项目进度计划要求，对工程项目建设的工作程序和持续时间进行规划、实施、检查、调整等系列监督管理活动。进度控制的最终目的是确保工程项目进度目标的实现。

可以从两个方面来理解工程的进度控制：一方面，进度目标由委托监理合同决定，可以是工程项目从立项到工程项目竣工验收并投入使用的整个实施过程的计划时间（建设工期），也可以是工程项目实施过程中某个阶段的计划时间（如设计阶段或施工阶段的合同工期）；另一方面进度控制贯穿于工程建设的全过程、全方位，涉及建设项目的各个方面，是全面的控制。

需要注意的是，建设项目是一个系统工程，各重要目标之间存在着相互依存、相互影响的关系，所以要特别强调综合控制，片面追求单一目标实现程度最优是不可取的。进度、质量、投资等职能控制工作之间有相互密切的内在联系。进度目标、质量目标、投资目标之间的关系如图 7-4 所示。

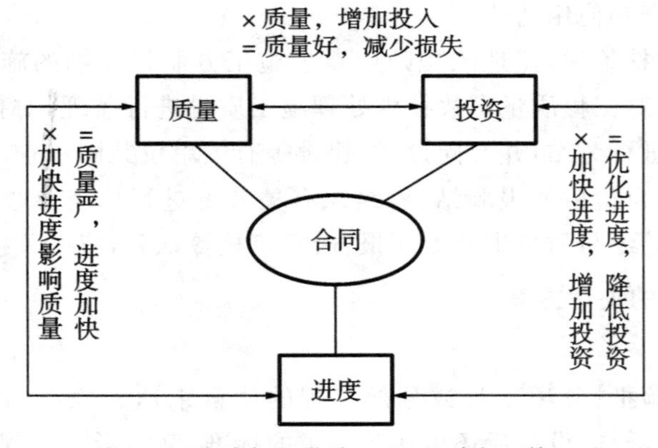

图 7-4　进度目标、质量目标、投资目标之间的关系

（二）建设工程进度控制的方法

进度控制的方法主要体现在以下几个方面。

1. 行政方法

行政方法是指领导部门利用行政地位和权力，通过发布进度命令进行指导和协调，通过

激励和监督进行进度控制。行政方法的优点是直接、快速、有效，缺点是主观、武断、片面。因此，采用行政方法进行进度控制时的重点应当是对控制目标的决策和指导，尽量减少对具体实施过程的行政干预，由实施者自己进行控制。

2. 经济方法

经济方法是指有关部门利用经济手段对进度控制进行制约。常见的经济方法有以下几种：建设银行利用投资的投放速度来控制工程项目的实施进度；业主利用招标的进度优惠条件来鼓励承包商加快施工进度；利用工期提前奖励和延期罚款等措施实施进度控制。

3. 管理技术方法

管理技术方法是指监理工程师的规划、控制与协调，即：规划确定项目的总进度目标和分进度目标；控制项目进展的全过程，进行计划进度与实际进度的比较，发现偏离，及时采取措施进行纠正；同时协调各参加单位之间的进度关系。

（三）影响工程进度控制的因素

通常情况下，建设工程项目具有庞大、复杂、周期长、参与单位多等特点，因此，影响进度控制的因素很多，如人员素质、材料供应、机械设备运转情况、技术力量、工程施工计划、管理水平、资金流通、地形地质、气候条件、特殊风险等。影响工程进度控制的因素可划分为承包方的原因、建设方的原因、监理工程师的原因和其他原因。

1. 承包方的原因

(1)承包方未在合同规定的时间内向监理工程师提出工程施工进度计划。

(2)承包方对技术力量、机械设备和建筑材料的变化或对工程承包合同及施工工艺等不熟悉，造成违约而引起的停工或施工缓慢。

(3)工程施工过程中，由于各种原因使工程进度不符合工程施工进度计划时，承包方未能按监理工程师的要求，在规定的时间内提交修订的工程施工进度计划，使后续工作无章可循。

(4)承包方质量意识不强，质检系统不完善，工程出现质量事故，对工程施工进度造成严重影响。

2. 建设方的原因

在工程施工的过程中，建设方未能按工程承包合同的规定履行义务，也将严重影响工程进度计划，甚至会造成承包方终止合同。建设方的原因，主要表现在以下几个方面。

(1)建设方未能按监理工程师同意的工程施工进度计划随工程进展向承包单位提供施工所需的现场和通道。这种情况不仅使工程的工程施工进度计划难以实现，而且会导致工程延期和索赔事件的发生。

(2)由于建设方的原因，监理工程师未能在合理的时间内向承包单位提供施工图样和指令，给工程施工带来困难或承包方已进入施工现场开始施工，由于设计发生变更，但变更设计图没有及时提交给承包方，从而严重影响工程施工进度。

(3)工程施工过程中，建设方未能按合同规定期限支付承包方应得的款项，造成承包方无法正常施工或暂停施工。

3. 监理工程师的原因

监理工程师的主要职责是对建设项目的投资、质量、进度目标进行有效的控制，对合同、信息进行科学的管理。但是，由于监理工程师业务素质不高，因此监理工程师在工作中也可能会出现失职、判断、指令错误，或未按程序办事等情况，从而严重影响工程施工进度。

4. 其他原因

(1)设计中采用不成熟的工艺。

(2)未预见到的额外或附加工程造成的工程量追加，影响原定的工程施工进度计划，如未预见的地下构筑物的处理，开挖基坑土石方量增加，土石的比例发生较大的变化，简单的结构形式改为复杂的结构形式等，均会影响到工程施工的进度。

(3)在工程施工过程中，可能遇到异常恶劣的气候条件，如台风、暴雨、高温、严寒等，异常恶劣的气候条件必将影响工程施工进度计划的执行。

(4)无法预测和防范的不可抗力作用，以及特殊风险的出现，如战争、政变、地震、暴乱等。

组织协调与进度控制是密切相关的，二者都是为最终实现建设工程项目目标服务的。在建设工程三大目标控制中，组织协调对进度控制的作用最为突出，而且最为直接，有时甚至能取得采用常规控制措施难以达到的效果。因此，为了更加有效地进行进度控制，还应做好有关建设各方面的协调工作。

(四)建设工程施工阶段的进度控制

施工阶段是工程实体的形成阶段，期限长，因此，对施工阶段进行进度控制是整个建设工程项目进度控制的重点。

1. 施工进度控制的目标确定

保证工程项目按合同工期竣工交付使用，是工程建设施工阶段进度控制的总目标。工程项目不仅要有这个总目标，还要有各单位工程交付使用的分目标以及按承包单位、施工阶段和不同计划期划分的分目标。其中，下级目标受上级目标的制约，下级目标保证上级目标的实现，各目标之间相互联系，共同构成工程建设施工进度控制目标体系。

对施工阶段进度进行控制，如果项目没有明确的进度目标(进度总目标和分目标)，工程的进度就无法控制，也谈不上控制，因而谈施工进度控制首先要确定施工进度总目标和按工程进展阶段不同或不同子项而分解的分目标。不论是总目标还是分目标，在确定时应认真考虑以下因素。

(1)项目建设总进度计划对施工工期的要求以及国家建筑安装工程施工工期定额的规定。

(2)项目建设的需要，多从尽快获得投资效益和不同专业相互配合角度提出对施工进度目标的要求。

(3)项目的特殊性(主要指组织和技术方面的特殊性)。

(4)资金条件。资金是保证施工进度的先决条件，如果没有资金的保证，进度目标就难以实现。

(5)人力、物资条件。施工进度目标的确定应与现场可能投入的施工力量相协调。

(6)气候条件和运输条件。建设施工的特点之一就是受外界自然条件的影响大,因此,在制订施工进度目标时,必须考虑当地季节气候的变化对施工进度的影响,以及运输条件对施工进度的影响,以减少或避免由此而引起的施工进度目标的失控。

(7)当已有建成的同类型(相似的)建筑物或构筑物时,可以参考它们的实际进度来确定项目施工的进度目标,这也可以减少确定进度目标的盲目性。

进度目标一旦确定,就应在施工进度计划的执行过程中实行有效的控制,以确保目标的实现。

2. 施工阶段进度控制的主要工作

工程项目的施工进度控制从审核承包单位提交的施工进度计划开始到工程项目保修期满为止,其工作内容主要有以下几个方面。

(1)编制施工阶段进度控制工作方案。

根据监理大纲、监理规划,按每个工程项目编制施工阶段进度控制工作方案。

(2)编制或审核进度计划。

编制或审核施工总进度计划,审核承包单位编制的单位工程进度计划和作业计划,编制年进度计划。

对于大型建设项目,由于单项工程较多、施工工期长,且采取分期分批发包,当没有负责全部工程的总承包单位时,监理工程师就要负责编制施工总进度计划。施工总进度计划应确定分期分批的项目组成;各批工程项目的开工、竣工顺序及时间安排;全场性准备工程,特别是首批准备工程的内容与进度安排等。当建设项目有总承包单位时,监理工程师只需对总承包单位提交的施工总进度计划进行审核即可。

若监理工程师在审核施工进度计划的过程中发现问题,应及时向承包单位提出书面修改意见(整改通知书),并协助承包单位修改。其中,重大问题应及时向建设单位汇报。经监理工程师审查、承包单位修订后的施工进度计划,可作为工程建设项目进度控制的标准。

(3)按年、季、月编制工程综合计划。

在按计划期编制的进度计划中,应解决各承包单位施工进度计划之间、施工进度计划与资源保障计划之间及外部协作条件的延伸性计划之间的综合平衡与相互衔接问题,并根据工期计划的完成情况对本计划做必要的调整,从而作为承包单位近期执行的指令性计划。

(4)适时下达过程开工令。

监理工程师应根据承包单位和建设单位双方关于工程开工的准备情况,选择合适的时机发布工程开工令。工程开工令的发布要尽可能及时,从发布工程开工令之日起加上合同工期后即为工程竣工日期。工程开工令拖延,就等于拖延了竣工时间,甚至可能引起承包单位的索赔。

(5)协助承包单位实施进度计划。

监理工程师要随时了解施工进度计划执行过程中所存在的问题,并帮助承包单位予以解决,特别是承包单位无力解决的内外关系协调问题。

(6)施工进度计划实施过程的检查监督。

监理工程师要及时检查承包单位报送的施工进度报表和分析资料,同时还要进行必要的现场实地检查,核实所报送的已完成项目时间及工程量,将其与计划进度相比较,以判定实际进度是否出现偏差。如果出现进度偏差,监理工程师应进一步分析此偏差对进度控制目标的影响程度及其产生的原因,以便研究对策,提出纠偏措施,必要时还应对后期工程进度计划做适当的调整。

(7)组织现场协调会。

监理工程师应每月、每周定期召开现场协调会,以解决工程施工过程中的相互协调配合问题。在每月召开的高层协调会上通报工程项目建设中的变更事项,协调其后果处理,解决各个承包单位之间以及建设单位与承包单位之间的重大协调配合问题,在每周召开的管理层协调会上,通报各自进度情况、存在的问题及下周的安排,解决施工中的相互协调配合问题。

在平行、交叉施工中,在工序交接频繁且工期紧迫的情况下,现场协调会需要每日召开。在会上通报和检查当天的工程进度,确定薄弱环节,部署当天的赶工任务,以便为次日正常施工创造条件。

对于某些未曾预料的突发变故或问题,监理工程师还可以通过发布紧急协调指令,督促有关单位采取应急措施,以维护工程施工的正常秩序。

(8)签发工程进度款支付凭证。

监理工程师应对承包单位申报的已完分项工程量进行核实,通过检查验收后签发工程进度款支付凭证。

(9)审批工程延期。

在工程施工中,当因非承包人原因造成工程延期时,监理工程师应根据合同规定处理工程延期问题。

(10)向建设单位提供工程进度报告。

监理工程师应随时整理进度资料,并做好工程记录,定期向建设单位提交工程进度报告。

(11)督促承包单位整理技术资料。

监理工程师要根据工程进展情况,督促承包单位及时整理有关技术资料。

(12)审批竣工申请报告,协助组织竣工验收。

当工程竣工后,监理工程师应审批承包单位在自行预验基础上提交的初验申请报告,组织建设单位和设计单位进行初验。在初验通过后,填写初验报告及竣工申请书,并协助建设单位组织工程项目的竣工验收,编写竣工验收报告书。

(13)处理争议和索赔。

在工程结算过程中,监理工程师要处理有关争议和索赔问题。

(14)整理工程进度资料。

在工程完工以后,监理工程师应将工程进度资料收集起来,进行归类编目和建档,以便为今后其他类似工程项目的进度控制提供参考。

(15)工程移交。

监理工程师应督促承包单位办理工程移交手续,颁发工程移交证书。在工程移交后的保修期内,监理工程师还要处理验收后质量问题的原因即责任等争议问题,并督促责任单位及时修理。当保修期结束且无争议时,工程项目进度控制的任务即告完成。

三、建设工程项目投资控制

（一）建设工程项目投资含义及投资构成

建设工程项目投资是指进行某项工程建设花费的全部费用的总和。

建设工程项目投资包括固定资产投资和流动资产投资两个部分。建设工程项目总投资中固定资产投资由设备和工器具购置费用、建筑安装工程费用、工程建设其他费用、预备费、建设期贷款利息、固定资产投资方向调节税等组成。流动资产投资指生产经营性项目投产后，为正常生产运营，用于购买材料、燃料、支付工资及其他经营费用所需的周转资金。

1. 设备和工器具购置费用

设备和工器具购置费用是指按照建设工程项目设计文件要求，建设单位或其委托单位购置或自制达到固定资产标准的设备和新建、扩建项目配制的首套工器具及生产家具所需的投资费用。

2. 建筑安装工程费用

建筑安装工程费用是指建设单位用于建筑和安装工程方面的投资。

(1)建筑工程费用。

①各类房屋建筑工程和列入房屋建筑工程预算的供水、供暖、卫生、通风、煤气等设备费用及装饰、油饰工程的费用，列入建筑工程预算的各种管道、电力、电信和电缆导线敷设工程的费用。

②设备基础、支柱、工作台、烟囱、水塔、水池、灯塔等建筑工程以及各种炉窑的砌筑工程和金属结构工程的费用。

③为施工而进行的场地平整，工程和水文地质勘查，原有建筑物和障碍物的拆除以及施工临时用水、电、气、路和完工后的场地清理、环境绿化、美化等工作的费用。

④矿井开凿、井巷延伸、露天矿剥离，石油、天然气钻井，公路、桥梁、水库、堤坝、灌渠及防洪等工程的费用。

(2)安装工程费用。

①生产、动力、起重、运输、传动、医疗和实验等各种需要安装的机械设备的装配费用，与设备相连的工作台、梯子、栏杆等设施的工程费用，附属于被安装设备的管线敷设工程费用，以及被安装设备的绝缘、防腐、保温、油漆等工作的材料费和安装费。

②为测定安装工程质量，对单台设备进行单机试运转、对系统设备进行系统联动无负荷试运转工作的调试费。

3. 工程建设其他费用

工程建设其他费用按内容可分为以下三大类。

(1)土地使用费用。

(2)与项目建设有关的其他费用。

(3)与未来企业生产经营有关的其他费用。

4. 预备费

预备费包括基本预备费和涨价预备费。

(1)基本预备费是指在初步设计及概算内难以预料的工程费用。费用内容包括:在批准的初步设计范围内,技术设计、施工图设计及施工过程中新增加的工程费用,设计变更、局部地基处理等增加的费用;一般自然灾害造成的损失和预防自然灾害所采取的措施费用;竣工验收时为鉴定工程质量对隐蔽工程进行必要的挖掘和修复的费用。

(2)涨价预备费是指建设项目在建设期间内由于价格等变化引起工程投资变化的预测预留费用。费用内容包括:人工、设备、材料、施工机械的差价费,建筑安装工程费,以及工程建设其他费用调整、利率和汇率调整等增加的费用。

5. 建设期贷款利息和固定资产投资方向调节税

建设期贷款利息包括向国内银行和其他非银行金融机构贷款、出口信贷、外国政府贷款、国际商业银行贷款以及在境内外发行的债券等在建设期间内应偿还的利息。

固定资产投资方向调节税是为了贯彻国家产业政策,控制投资规模,引导投资方向,调整投资结构,加强重点建设,促进国民经济持续、稳定、协调发展,对在我国境内进行固定资产投资的单位和个人征收的税种。

工程项目投资控制是在投资决策阶段、设计阶段、招投标阶段和建设实施阶段,把工程项目投资的数额控制在批准的投资限额以内,随时纠正发生的偏差,以保证项目投资管理目标的实现,以求在工程项目建设中能合理使用人力、物力、财力,取得较好的投资效益和社会效益。

投资控制是技术、经济与管理的综合,要考虑项目全过程的效益,是一个动态的管理活动。投资控制在规划、设计、招投标、施工、投产等各个阶段进行,不应仅限于施工阶段。规划、设计阶段虽然投资数额少,但对整个项目的投资起着决定性的作用。因此,工程项目的投资控制必须在项目开始时就予以重视,树立系统意识。这种系统意识的出发点在于:充分考虑到项目的实际情况,提出经过努力可以取得适当效益的措施和目标;详细地提出施工组织计划,确保工程质量和工期;最大限度地取得业主及其他有关单位的支持与配合,对建设过程进行优化。

(二)建设工程投资控制的要求

1. 合理确定投资目标

建设工程投资控制是项目控制的主要内容之一。这种控制是动态的,并贯穿于工程建设的始终。

建设工程投资控制必须有明确的控制目标,并且不同控制阶段的控制目标是不同的。例如,投资估算应是设计方案选择和初步设计阶段的控制目标,设计概算应是技术设计和施工图设计阶段的控制目标,投资包干额应是包干单位在建设实施过程的控制目标;施工图预算或工程承包合同价是施工阶段控制建筑安装工程投资的目标。这些阶段目标,相互联系、相互制约、相互补充,共同组成投资控制的目标系统。

2. 以设计阶段为重点进行全过程控制

项目是否需要建设,预计花费多少建设费用,是在前期充分论证的基础上做出的决策。设计阶段是形成建设工程价值,承发包与设备安装阶段是实现建设工程的价值。因此,项目投资控制的关键是项目建设决策阶段和设计阶段,在项目做出投资决策后,控制投资的关键在于设计。

3. 主动控制

工程建设一旦发生偏差，费用已经发生，也只能纠正已发生的偏差而不能预防其发生，因而只能说是被动控制。要实现有效的控制，必须以主动控制为主，在偏差出现之前，协调好工程建设项目投资目标、进度目标、质量目标三大目标之间的关系，预先采取措施，避免偏差或使偏差发生额最小。

4. 技术与经济相结合

工程建设是一个多目标系统，实现其目标的途径是多方面的，应从组织、技术、经济、合同与信息管理等方面采取措施，而其实现功能、质量、规模等要求的技术方案是多样化的，这就要求监理工程师在满足规模要求和功能质量标准的前提下，进行技术经济分析，确定最优技术方案，使工程建设项目更加经济合理。

（三）建设工程项目决策阶段投资控制工作

投资者为了排除盲目性，减少风险，一般都要委托咨询、设计等部门进行可行性研究，委托工程监理单位进行可行性研究的管理或对可行性报告的审查。

监理工程师在可行性研究决策阶段进行监理工作，主要是通过编制、审查可行性研究报告实现的。在该阶段投资控制的主要工作应围绕对投资估算的审查和对投资方案的分析、比选进行。

1. 投资估算的审查

(1)审查投资估算基础资料的正确性。

对建设项目进行投资估算，咨询单位、设计单位或项目管理公司等投资估算编制单位一般得事先确定拟建项目的基础数据资料，如项目的拟建规模、生产工艺设备构成、生产要素市场价格行情、同类项目历史经验数据，以及有关投资造价指标、指数等，这些资料的准确性、正确性直接影响到投资估算的准确性，监理工程师应对其逐一进行分析。

(2)审查投资估算所采用方法的合理性。

投资估算方法有很多，主要包括静态投资估算方法和动态投资估算方法，而静态、动态投资估算又分别有很多方法，监理工程师应根据投资估算的精确度要求以及拟建项目技术经济状况的已知情况来决定选择何种方法。

2. 项目投资方案的审查

通过对拟建项目方案进行重新评价，确定原可行性研究报告编制部门的方案是否为最优方案，主要做好以下几项工作。

(1)列出实现建设单位投资意图的各个可行方案，务必做到没有遗漏，否则会影响到可行性研究工作质量，直接影响投资效果。

(2)熟悉建设项目方案评价方法，主要包括环境影响评价、财务评价、国民经济评价、社会评价等。

①环境影响评价。

工程项目要注意保护厂址及周围地区的水土资源、海洋资源、矿产资源、森林资源、文物古迹、名胜等自然环境和社会环境。对于影响环境的因素分析，主要包括污染环境因素分析，在此基础上，研究、提出治理保护环境的措施，并且优选和优化环境保护方案。

②财务评价。

财务评价是在国家现行的财税制度和市场价格体系下，分析预测项目的财务收益与费用，计算财务评价指标，考察项目的盈利能力、偿债能力，据以判断项目的财务可行性。

③国民经济评价。

国民经济评价是按照经济资源合理配置的原则，用影子价格和社会折现率等国民经济评价参数，从国民经济整体角度考察项目所耗费的社会资源和对社会的贡献，评价投资的经济合理性。需要进行国民经济评价的项目包括基础设施项目和公益性项目、市场价格不能真实反映价值的项目、资源开发项目等。

④社会评价。

社会评价是分析拟建项目对当地社会的影响和当地社会条件对项目的适应性及可接受程度，即评价项目的社会适应性。

社会评价适用于那些社会因素较为复杂、社会影响较为久远、社会效益较为显著、社会矛盾较为突出、社会风险较大的投资项目。例如，需要大量移民搬迁或者占用农田较多的水利枢纽项目、交通运输项目、矿产和油气田开发项目、扶贫项目、农村区域开发项目以及文化教育和卫生等公益性项目。

（四）建设工程项目设计阶段投资控制工作

工程设计是可行性研究报告经批准后，工程开始施工前，设计单位根据已批准的设计任务书，为具体实现拟建项目的技术、经济要求，拟订建筑、安装及设备制造等所需的规划、图纸、数据等技术文件的工作。

设计阶段主要反映建设工程投资的合理性，主要体现在设计方案是否合理，以及设计概算、施工图预算是否符合规定的要求，即初步设计概算不超投资估算，施工图预算不超设计概算。为实现这一目标，监理工程师在设计阶段进行投资控制的工作主要包括以下几个方面。

1. 设计标准与标准化设计

设计标准是国家经济建设的重要技术规范，不仅是建设工程规模、内容、建造标准、安全、预期使用功能的要求，而且是降低造价、控制工程投资的依据，还提供了设计所必要的指数、定额。执行了设计标准，就保证了设计方案的正确性、投资的合理性。

标准化设计是工程建设标准化组成部分。在工程设计中采用标准化设计可提升工业化水平、加快工程进度、节约材料、降低建设投资。监理工程师建议设计单位推行标准设计，是设计阶段做好投资控制工作的一项重要工作。

2. 限额设计

限额设计就是按批准的投资预算控制初步设计，按批准的初步设计总概算控制施工图设计，即将上阶段设计审定的投资额和工程量先行分解到各专业，然后分解到各单位工程和分部工程。各专业在保证使用功能的前提下，按分配的投资额控制设计，严格控制技术设计和施工图设计的不合理变更，以保证总投资限额不被突破。

限额设计贯穿于可行性研究、初步勘察、初步设计、详细勘察、技术设计、施工图设计各个阶段，而且在每个阶段中贯穿于各个专业的每道工序。在每个专业、每项设计中都应该将限额设计作为重点工作内容，明确限额目标，实行工序管理。各专业限额设计的实现是限额目标得以实现的重要保证。

3. 设计方案优选

方案选择就是通过对工程设计方案的经济分析，从若干设计方案中选出最佳方案的过程。由于设计方案的经济效果不仅取决于技术条件，而且受不同地区的自然条件和社会条件的影响。设计方案选择时，需综合考虑各方面的因素，对方案进行全方位的技术经济论证，结合当地的实际条件，选择功能完善、技术先进、经济合理的设计方案。

(1)通过设计招标和设计方案竞选、优化设计方案。

建设单位首先就拟建工程项目的设计任务通过新闻媒介、报刊、信息网络等发布公告，吸引设计单位参加设计招标或设计方案竞选，以获得众多的设计方案；然后组织专家评定小组，采用科学合理的方法，按照经济、适用、美观的原则，以及技术先进、功能全面、结构合理、安全适用、满足建设节能、消防及环保等要求，综合评定各设计方案优劣，从中选择最优方案，或将各方案的可取之处进行组合，提出最佳方案。

(2)运用价值工程优化设计方案。

价值工程是建筑设计、施工中有效地降低工程成本的科学方法。价值工程是对所研究对象的功能与费用进行系统分析，不断创新，提高研究对象的价值的一种技术经济分析方法。在设计阶段应用价值工程进行投资控制的步骤如下。

①对象选择。在设计阶段应用价值工程控制工程投资，应将对投资控制影响较大的项目作为价值工程的研究对象。

②功能分析。分析研究对象具有哪些功能，以及各项功能之间的关系。

③功能评价。评价各项功能，确定功能评价系数，并计算实现各项功能的实际成本，从而计算各项功能的价值系数。价值系数小于1的，应该在功能水平不变的条件下降低成本，或在成本不变的条件下，提高功能水平。价值系数大于1的，如果是重要的功能，应提高成本，保证重要功能的实现；若该项功能不重要，可不做更改。

④分配目标成本。根据限额设计的要求，确定研究对象的目标成本，并以功能评价系数为基础，将目标成本分摊到各项功能上，与各项功能的实际成本进行对比，确定成本改进期望值，成本改进期望值大的，应首先重点改进。

⑤方案创新及评价。根据价值分析结果及目标成本分配结果的要求，提出各种方案，并应用加权评分法选出最优方案，使设计方案更加合理。

4. 设计概算的审查与编制

设计概算是在初次设计或扩大初步设计阶段，由设计单位按照设计要求，根据初步设计图纸、概算定额或概算指标、费用定额等，概略地计算从建设工程立项到交付使用全过程所发生的建设费用的文件。设计概算是确定建设项目投资的依据，经批准的设计概算是控制建设项目投资的最高限额。

设计概算由单位工程设计概算、单项工程的综合概算和建设项目的总概算组成。

1)概算的编制方法

(1)单位工程设计概算编制的主要方法。

①建筑工程设计概算的编制方法。

建筑工程设计概算的编制方法主要有扩大单价法、概算指标法和类似工程预算法。

扩大单价法适用于初步设计达到一定的深度、建筑结构比较明确的情况。其主要步骤如下：首先，根据初步设计图纸和概算定额工程量计算规则计算分部、分项工程量；其次，套用概算定额计算直接工程费；最后，根据费用定额计算其他直接费、间接费、利润和税金，汇总出单位工程的概算造价。

概算指标法适于在设计深度不够，不能准确地计算工程量而有类似指标可以参照时采用。概算指标是按定计量单位规定的、比概算定额更综合扩大的分部分项工程指标。

类似工程预算法适于在工程设计对象与已建或在建工程相类似，结构特征基本相同时采用。该办法以原有的相似工程的预算为基础，使用编制概算指标的方法，求出单位工程的概算指标，再按概算指标法编制单位工程设计概算。

②设备及安装工程概算编制方法。

设备及安装工程的概算包括设备购置费概算和设备安装工程概算两个部分。设备购置费概算根据设备原价和运杂费计算；设备安装工程概算可以采用按占设备原价的百分比计算或按安装工程概算定额计算。

(2)单项工程综合概算的编制。

将各单位工程的设计概算汇总，就可以得到单项工程的综合概算。单项工程综合概算的主要内容有编制说明和综合概算表。

(3)建设项目总概算的编制。

建设项目总概算是确定整个建设项目从筹建到建成交付使用全过程建设费用的技术经济文件，经汇总各个单项工程综合概算，以及汇总工程建设其他费用、预备费、建设期的贷款利息、固定资产投资方向调节税编制而成。

2)概算的审查

概算审查的内容主要包括审查概算的编制依据、审查单位工程设计概算、审查单项工程的综合概算和建设项目的总概算。概算的审查一般采用集中会审的方式进行，由会审单位分头审查，然后集中研究定案，或由有关部门成立专门的审查小组，根据审查人员的业务专长分组，将概算费用分解审查，然后集中定案。

审查工作般包括以下步骤：审查准备，审查概算，进行技术经济分析、对比，调查研究，积累资料。

5. 施工图预算的编制与审查

施工图预算分为建筑工程预算和设备安装工程预算两大类。根据单位工程和设备的性质、用途不同，建筑工程预算可以分为一般土建工程预算、装饰工程预算、建筑给排水预算、电气照明预算、暖气工程预算、煤气工程预算、工业管道工程预算等，设备安装工程预算又可以分为机械设备安装工程预算和电气设备安装工程预算。

(1)施工图预算的编制方法。

①单价法。

单价法是用事先编制好的各地区的分部、分项工程的单位估价表来编制施工图预算的方法。其具体做法是：按施工图设计图纸和工程量计算规则计算各分部、分项工程的工程量；然后乘以预算定额相应单价，汇总相加，得到单位工程的直接工程费；最后加上按规定程序计算出来的其他直接费、现场经费、间接费、利润和税金，便可得出单位工程的施工图预算。

②实物法。

首先根据施工图设计图纸分别计算出各分部、分项工程量；然后套用相应预算人工、材料、机械台班的定额用量,再分别乘以工程所在地当时的人工、材料、施工机械台班的实际单价,求出单位工程的人工费、材料费和施工机械台班使用费,并汇总求和,进而求得直接工程费;最后按规定计取其他各项费用,汇总就可得出单位工程施工图预算。

单价法与实物法首尾部分的步骤是相同的,所不同的主要是人工费、材料费和机械台班使用费的计算。

(2)施工图预算的审查。

施工图预算审查的内容主要包括审查工程量、审查设备和材料的实际价格、审查预算单价的套用、审查有关费用项目及其计取。

(五)建设工程项目招标阶段投资控制工作

工程项目招标阶段的投资控制是工程项目建设全过程投资控制中不可缺少的重要环节。工程项目的招标,包括建设工程项目总承包招标,建设工程勘察、设计招标,建设工程施工招标,设备供应招标和建设监理招标。在这一阶段,以工程项目施工招投标的控制为投资控制工作的重点。在施工招标阶段,与投资控制有关的监理工作主要有以下几个方面。

1. 建设工程项目施工招标文件的编制

招标文件可由招标人自行编制,也可委托招标代理机构代理。施工招标文件的内容除投标人须知、工程图纸、合同条款等内容外,还应制订技术说明书、工程量清单,并使其符合现行《建设工程工程量清单计价规范》(GB 50500—2013)的规定。尤其是工程量清单的编制的正确性、合理性,直接影响到投标单位的投标报价及施工阶段的投资控制。

工程量清单应按统一的项目编码、统一的项目名称、统一的计量单位、统一的工程量计算规则填写,特别是在给出工程量清单的过程中,监理工程师要根据工程项目的具体投资、施工图纸、建设单位要求等,将各项目特征、工程内容准确、详细地予以描述。做好这些工作,不仅为投标人进行投标报价提供了一个明确的投标报价依据,还可以尽量避免施工阶段产生过多的费用索赔,从而避免不必要的合同纠纷。

2. 合同安排与合同内容

招投标工作结束后,应在规定的时间内,按招标文件规定的要求进行签订合同安排,确定合同的类型、选择合同格式、起草合同条款等。

合同价可采用三种方式,即固定价、可调价、成本加酬金。通常的建设工程承包合同分为总价合同、单价合同、成本加酬金合同。

(1)固定价。

固定价是指合同总价或单价在合同约定的风险范围内不可调整。

①固定总价。

固定总价合同的价格计算是以设计图纸、工程量及规范等为依据,发包方与承包方就承发包工程协商一个固定的总价,即承包方按投标时发包方接受的合同价格实施工程,无特定情况不做变化。

②固定单价。

固定单价有两种形式,一是纯单价,二是估算工程量单价。对于纯单价计价方式的合同,发包方只向承包方给出发包工程的有关分部、分项工程以及工程范围,不对工程量做任何规定,承包方在投标时只需对这类给定范围的分部、分项工程做出报价,合同实施过程中按实际完成的工程量进行结算。估算工程量单价合同,也称计量估价合同,以工程量清单和工程单价表为基础计算合同价格。一般是发包方提出工程量清单，承包方报单价，量价相乘汇总后得出合同价。最后的结算价按照实际完成的工程量来计算。

(2)可调价。

可调价分为可调总价和可调单价，是在合同实施期内根据合同约定的办法调整价格。可调总价合同的原合同总价不变，只是在合同条款中增加调价条款。合同单价的可调一般是在招标文件中规定。

(3)成本加酬金。

成本加酬金合同是建设单位向施工承包单位支付工程项目的实际成本，并按事先约定的某种方式支付酬金的合同类型。在这类合同中，建设单位需承担项目实际发生的一切费用，因而也就承担了项目的全部风险；而施工承包单位由于无风险，报酬往往也较低。

3. 标底的编制与审查

建设工程施工招标的标底，由招标人自行编制或委托中介机构编制。一个工程只能编制一个标底。招标项目也可以不设标底，进行无标底招标。

招标项目编制标底时，应根据批准的初步设计、投资概算，根据有关计价办法，参照有关工程定额，结合市场供求状况，综合考虑投资、工期和质量等方面的因素合理确定。标底的作用主要有两个，一是作为招标人对发包工程价格的期望值，二是作为评标定标的参考值。在有些地区，标底也作为拦标价。

我国目前建设工程施工招标标底的编制方法主要采用定额计价法和工程量清单计价法。

(1)定额计价法。

该方法主要包括单价法和实物法。

单价法是根据施工图纸及技术说明，按照预算定额规定的分部、分项工程子目，逐项计算出工程量，套用预算定额单价，确定出直接工程费，再按规定的费用定额和计算程序计算构成直接费和间接费的各项费用以及利润、税金；然后考虑工期、质量要求以及市场价格、自然地理条件等不可预见因素费用，汇总后即为标底的基础。

实物法主要是先用计算出的各分部、分项工程的工程量，分别套取预算定额中的人工、材料、机械消耗指标，并按类相加，求出单位工程所需的各种人工、材料、施工机械台班的总消耗量，然后分别乘以当时当地的人工、材料、施工机械台班市场单价，求出人工费、材料费、施工机械费，再汇总求和，所有各项取费以及利润，根据市场竞争情况确定，规费、税金按有关规定的取费基础及费率、税率计算。

(2)工程量清单计价法。

该方法主要包括工料单价法和综合单价法。

工料单价法是以分部、分项工程量乘以单价后的合计为直接工程费，直接工程费以人工、材料、机械的消耗量及相应的价格确定。直接工程费汇总后另加措施费、间接费、利润、税金生成工程发包价，即标底价。具体计算时，直接工程费按预算表计算；措施费按规定标准计算；间接费、利润的计算应区分土建工程和安装工程，计算时分别以直接费和人工费加机械费或人工费为计算基础计算；税金按规定的计税基础和税率计算。

综合单价法是以分部、分项工程单价为全费用单价，全费用单价经综合计算后生成，其内容包括直接工程费、间接费、利润和税金，措施项目的综合单价也可按直接工程费、间接费、利润和税金生成全费用价格。各分项工程量乘以综合单价的合价汇总后，生成工程发包价即标底。

监理工程师对标底的审查主要是审查标底价格编制是否真实、准确，标底价格如有漏洞，应予以调整和修正。审查内容般包括标底计价依据、标底价格组成内容、标底价格的相关费用等。

（六）建设工程项目施工阶段投资控制工作

工程项目施工阶段是建设资金大量使用而项目经济效益尚未实现的阶段，在该阶段进行投资控制具有用期长、内容多、工作量大等特点。在施工阶段监理工程师不严格进行投资控制，将会造成较大的投资失误以及出现整个建设项目投资失控现象。

监理工程师在施工阶段进行投资控制的原理是把计划投资额作为投资控制的目标值，在工程施工过程中定期进行投资实际值与目标值的比较，发现并找出实际支出额与投资控制目标值之间的偏差，然后分析产生偏差的原因，并采取有效措施加以控制，以保证投资控制目标的实现。

1. 确定投资控制目标，编制资金使用计划

资金使用计划的编制是为了确定施工投资控制的目标。监理工程师应对投资目标进行分析、论证，并进行投资目标分解，在此基础上依据项目实施进度，编制资金使用计划。

(1)按项目分解编制资金使用计划。

根据建设项目的组成，首先将总投资分解到各单项工程，再分解到各单位工程，最后分解到各分部工程、分项工程。按照不同子项目的投资比例将投资总费用分摊到单项工程和单位工程中去，在施工阶段，要对各单位工程的建筑安装工程费用做进一步的分解，形成具有可操作性的分部、分项工程资金使用计划。图 7-5 所示为某大学的建设项目的分解图，它是该项目施工阶段资金使用计划的编制依据。

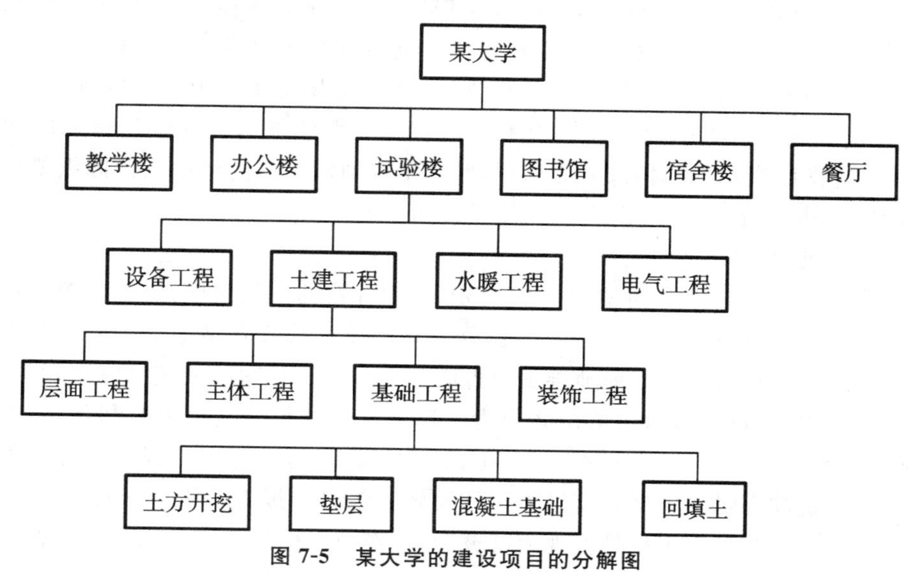

图 7-5 某大学的建设项目的分解图

(2)按时间进度编制资金使用计划。

工程项目的总投资是分阶段、分期支出的，考虑到资金的合理使用和效益，监理工程师有必要将总投资目标按使用计划时间(年、季、月、旬)进行分解，编制工程项目年、季、月、旬资金使用计划，并报告建设单位，建设单位据此筹措资金，支付工程款，尽可能减少资金占用和利息支付。

通过对施工对象的分析和施工现场的考察，结合当时施工技术特点，制订出科学合理的施工进度计划，在此基础上编制按时间进度划分的投资支出预算。具体步骤如下：

①编制施工进度计划；

②根据单位时间内完成的工程量计算出这一段时间内的预算支出，在时标网络图上按时间编制投资计划；

③计算工期内各时点的预算支出累计额，绘制时间投资累计曲线。

根据施工进度计划的最早可能开始时间和最迟必须开始时间来绘制，则可以得到两条时间投资累计曲线，俗称"香蕉"曲线。一般而言，按最迟必须开始时间安排施工，对建设资金贷款利息节约有利，但同时也降低了项目按期竣工的保证率，故监理工程师必须合理地确定投资支出额，以达到既节约投资，又能控制项目工期的目的。

在实际操作中，可以同时绘出计划进度预算支出累计线、实际进度预算支出累计线和实际进度实际支出累计线，并进行比较，了解施工过程中的节超情况。

2. 工程计量

工程计量是指根据设计文件及承包合同中关于工程量计算的规定，项目监理机构对承包商申报的已完成工程的工程量进行的核验。

工程计量是约束承包商履行合同义务、强化承包商合同意识的重要手段。监理工程师一般只对工程量清单中的所有项目、合同文件中规定的项目和工程变更项目进行计量。

(1)工程计量的依据。

工程计量的依据一般有工程质量合格证书、工程量清单前言和技术规范、设计图纸等。工程质量合格证书是工程计量的前提和基础，工程计量必须和质监部门紧密配合，只有质量合格的工程，监理工程师才予以计量；工程量清单前言和技术规范是确定计量方法的依据，因为在工程量清单前言和技术规范的"计量支付"条款中规定了每项工程的计量方法，同时还规定了计量方法确定的单价所包括的工作内容。工程计量的工程量是指完成的实物净量，计量以设计图纸表示的几何尺寸为依据，监理工程师对承包商超出设计图纸要求增加的工程量和因自身原因造成的返工工程量，不予计量。

(2)工程计量的程序。

按照《建设工程施工合同(示范文本)》规定，工程计量的一般程序是：承包单位应按专用条款约定的时间(承包单位取得完成的工程分项活动质量验收合格证书后)，向监理工程师提交已完工程量的报告，监理工程师接到报告后 7 天内按设计图纸核实已完工程量，并在计量前 24 小时通知承包单位，承包单位必须为监理工程师进行计量提供便利条件，并派人参加予以确认。承包单位收到通知后无正当理由不参加计量，由监理工程师自行计量的结果有效，作为工程价款支付的依据。监理工程师收到承包单位报告 7 天内未进行计量，从第 8 天起，承包单位报告开列的工程量即视为已被确认，作为工程价款支付的依据。监理工程师不按约定时间通知承包单位，使承包单位不能参加计量，由监理工程师自行计量的结果无效；对承包单位超出设计图纸范围和因承包单位原因造成返工的工程量，监理工程师不予计量。

(3)工程计量的方法。

①均摊法。

均摊法就是对清单中某些项目的合同条款，按合同工期平均计量。例如，为监理工程师提供宿舍和一日三餐、保养测量设备、保养气象记录设备、维护工地清洁和整洁等项目。

②凭据法。

凭据法就是按照承包商提供的凭据进行计量支付。例如，建设工程保险费、第三方责任险保险费、履约保证金等项目，一般按凭据进行计量支付。

③估价法。

估价法就是按照合同文件的规定，根据监理工程师估算的已完成的工程价值支付。例如，为监理工程师提供用车、测量设备、天气记录设备、通信设备等项目。

④断面法。

断面法主要是用于取土或填筑路堤土方的计量。对于填筑土方工程，一般规定计量的体积为原地面线与设计断面所构成的体积。

⑤图纸法。

在工程量清单中，许多项目都采取按照设计图纸所示的尺寸进行计量。例如，混凝土构筑物的体积等。这种按图纸进行计量的方法，称为图纸法。

⑥分解计量法。

分解计量法是将一个项目根据工序或部位分解为若干子项。对完成的各子项进行计量支付。这种计量方法可以避免一些包干项目或较大工程项目支付时间过长。

3. 工程变更

在工程项目的施工过程中，由于施工工期长，干扰因素多，经常会出现工程量变化、施工进度变化、技术规范和技术要求变化以及合同执行中的索赔等问题，这些问题都可能造成合同内容的变化，这些变化被称为工程变更。

工程变更包括设计变更、进度变更、施工条件变更以及工程量清单中没有包括的新增工程等。工程变更时，可以由承包单位提出，也可由建设单位、设计单位、监理工程师主动提出。但是不管哪方提出的工程变更，均由监理工程师确认，并签发工程变更指令。工程变更的程序包括提出工程变更、审查工程变更、批准工程变更、编制工程变更文件、下达变更指令。

我国《建设工程施工合同(示范文本)》约定的工程变更价款的确定方法如下：承包单位在工程变更确定后 14 天内，提出变更工程价款的报告，监理工程师在收到变更工程价款的报告后，14 天内进行审查、确认，并调整合同价款。变更合同价款按下列方法进行：

(1)合同中已有适用于变更工程的价格，按合同已有的价格变更合同价款；

(2)合同中只有类似于变更工程的价格，可以参照类似价格变更合同价款；

(3)合同中没有适用或类似于变更工程的价格，由承包单位提出适当的变更价格，经监理工程师确认后执行；

(4)当与承包单位的意见不一致时，监理工程师可以确定一个合适的价格，同时通知建设单位、承包单位，任何一方不同意都可以申请仲裁。

4. 工程款支付

(1)工程价款的结算方式。

①按月结算。

按月结算即实行旬末月中预支、月中结算、竣工后清算的办法。跨年竣工的工程，在年终进行工程盘点，办理年度结算。

②竣工后一次结算。

竣工后一次结算一般适用于建设项目或单项工程全部建筑安装工程工期在12个月以内，或者工程承包合同价值在100万元以下的项目。

③分段结算。

分段结算即当年开工，当年不能竣工的单项工程或单位工程，按照工程形象进度，划分不同阶段进行结算。分段的标准，由各部门或省、自治区、直辖市、计划单列市有关部门规定。

④目标结算。

在工程合同中，将承包工程的内容分解成不同的控制界面(验收单元)，当承包单位完成单元工程并经建设单位或其委托人验收合格后，建设单位支付单元工程内容的工程价款。控制界面的设定在合同中应有明确的规定。

⑤双方约定的其他结算方式。

(2)工程价款的支付方式和时间。

根据相关规定，工程价款的支付方式和时间可分为四段，即工程预付款的支付、工程进度款的支付、质量保修金的返还和竣工结算。

①工程预付款的支付。

根据工程承包合同条款规定，由建设单位在开工前拨给承包单位一定限额的预付备料款，此预付款构成施工企业为该承包工程项目储备主要材料、结构构件所需的流动资金。

关于备料款的限额，应在合同中约定。在实际的工程中，备料款的数额，要根据工程类型、合同工期、承包方式等条件而定。关于备料款的扣回，建设单位拨付给承包单位的备料款属于预支性质，到了工程后期，随着工程所需主要材料储备的减少，应以抵充工程价款的方式陆续扣回。

②工程进度款的支付。

在施工过程中，承包单位根据合同约定的结算方式，按月或形象进度或验收单元完成的工程量计算各项费用，向建设单位办理工程进度款结算。

以按月结算为例，建设单位在月中向承包单位预支半月工程款，月末承包单位根据实际完成工程量，向建设单位提供已完工程月报表和工程价款结算账单，经建设单位和监理工程师确认，收取当月工程价款，并进行结算。按月进行结算，要对现场已施工完毕的工程逐一进行清点，资料提出后要交建设单位审查签证。为简化手续，多年来采用的办法是以施工单位提出的统计进度月报表为支取工程款的凭证，即通常所称的工程进度款。当工程款拨付累计额达到该建筑安装工程造价的95%时停止支付，预留造价的5%作为尾留款，在竣工结算时最后拨款。

(3)工程保修金的返还。

工程项目总造价中应预留出一定比例的尾款作为质量保修金(保修金的限额一般为合同总价的3%)，待工程项目保修期结束后拨付。保修金扣除有以下两种方法。

①当工程进度款拨付累计额达到该建筑安装工程造价的一定比例时，停止支付，预留造价部分作为保修金。

②保修金的扣除也可以从建设单位向承包单位第一次支付的工程进度款开始，在承包单位每次应得到的工程款中扣留投标书中规定金额作为保修金，直至保修金总额达到投标书中规定的限额为止。

(4)竣工结算。

竣工结算是施工企业按照合同规定全部完成所承包的工程，交工之后，与建设单位进行的最终工程价款结算。在竣工结算时，若因某些条件变化，使合同工程价款发生变化，则按规定对合同价款进行调整。

在实际工作中，当年开工、当年竣工的工程，只许办理一次性结算。跨年度工程，在年终办理一次年终结算，将未完工程转到下一年度。此时，竣工结算等于各年结算的总和。办理工程价款竣工结算的一般公式为：

竣工结算工程价款＝预算或合同价款＋施工过程中预算或合同价款调整数额－预付及已结算工程价款－保修金

5. 工程索赔

工程索赔是在工程承包合同履行中，当事人一方由于另一方未履行合同所规定的义务或者出现了应当由对方承担的风险而遭受损失时，向另一方提出赔偿要求的行为。我国《建设工程施工合同(示范文本)》中的索赔是双向的，既包括承包人向发包人的索赔，也包括发包人向承包人的索赔。但在工程实践中，发包人索赔数量较小，而且处理方便，可以通过冲账、扣拨工程款、扣保证金等实现对承包人的索赔；而承包人对发包人的索赔则比较困难一些。通常情况下，索赔是指承包人(施工单位)在合同实施过程中，对非自身原因造成的工程延期、费用增加而要求发包人给予补偿损失的一种权利要求。

(1)工程索赔的处理原则。

①索赔必须以合同为依据。

②及时、合理地处理索赔。

③加强主动监理，减少工程索赔。

(2)工程索赔的程序。

发包人未能按合同约定履行自己的各项义务或发生错误以及第三方原因，给承包人造成延期支付合同价款、延误工期或其他经济损失，包括不可抗力延误的工期，承包人可按下列程序提出索赔。

①承包人提出索赔申请。索赔事件发生 28 天内，向工程师发出索赔意向通知。合同实施过程中，凡不属于承包人责任导致项目拖期和成本增加事件发生后的 28 天内，必须以正式函件通知工程师，声明对此事项要求索赔，同时仍须遵照工程师的指令继续施工。逾期申报时，工程师有权拒绝承包人的索赔要求。

②发出索赔意向通知后 28 天内，向工程师提出补偿经济损失和(或)延长工朗的索赔报告及有关资料；正式提出索赔申请后，承包人应抓紧准备索赔的证据资料，包括事件的原因、对其权益影响的证据资料、索赔的依据，以及计算出的该事件影响所要求的索赔额和申请展延工期天数，并在索赔申请发出的 28 天内报出。

③工程师审核承包人的索赔申请。工程师在接到承包人的索赔信件后，应该立即研究承包人的索赔资料，在不确认责任属谁的情况下，根据自己的同期记录资料客观分析事故发生的原因，根据有关合同条款，研究承包人提出的索赔证据。必要时还可以要求承包人进一

步提交补充资料，包括索赔的更详细说明材料或索赔计算的依据。工程师在 28 天内未予答复或未对承包人做进一步要求，视为该项索赔已经认可。

④当该索赔事件持续进行时，承包人应当阶段性向工程师发出索赔意向，在索赔事件终了后 28 天内，向工程师提供索赔的有关资料和最终索赔报告。

⑤工程师与承包人谈判。双方各自根据对这事件的处理方案进行友好协商，若能通过谈判达成一致意见，则该事件较容易解决。如果双方对该事件的责任、索赔款额或工期展延天数分歧较大，通过谈判达不成共识，则按照条款规定，监理工程师有权确定一个合理的单价或价格作为最终的处理意见，报送业主并相应通知承包人。

⑥发包人审批工程师的索赔处理证明。发包人首先根据事件发生的原因、责任范围、合同条款审核承包人的索赔申请和工程师的处理报告，再根据项目的目标、投资控制、竣工验收要求，以及针对承包人在实施合同过程中的缺陷或不符合合同要求的地方提出反索赔方面的考虑，决定是否批准工程师的索赔报告。

⑦承包人是否接受最终的索赔决定。承包人同意了最终的索赔决定，这一索赔事件即告结束。承包人不接受工程师的单方面决定、业主删减的索赔或工期展延天数，就会导致合同纠纷。通过谈判和协调双方达成互让的解决方案是处理纠纷的理想方式。如果双方不能达成谅解，就只能诉诸仲裁或者诉讼。

（七）竣工决算

建设项目竣工决算是指所有建设项目竣工后，建设单位按照国家有关规定在新建、改建和扩建工程建设项目竣工验收阶段编制的竣工决算报告。它是由建设单位编制的综合反映项目从筹建到项目竣工交付使用为止的全部建设费用、建设成果和财务情况的总结性文件，是竣工验收报告的重要组成部分。

1. 竣工决算的编制

(1)竣工决算的内容。

竣工决算涉及建设工程从筹建到竣工投产全过程中发生的所有实际支出，包括设备工器具购置费用、建筑安装工程费用和其他费用等。竣工决算由竣工财务决算报表、竣工财务决算说明书、竣工工程平面示意图、工程造价比较分析四个部分组成。其中，竣工财务决算报表和竣工财务决算说明书属于竣工财务决算的内容。竣工财务决算是竣工决算的组成部分，是正确核定新增资产价值、反映竣工项目建设成果、办理固定资产交付使用手续的依据。

(2)竣工决算的编制步骤。

①从建设工程开始就按编制依据的要求，收集、清点、整理有关资料。

②对照、核实工程变动情况，重新核实各单位工程、单项工程造价。

③将审定后的待摊投资、设备工器具投资、建筑安装工程投资、工程建设其他投资严格划分和核定后，分别计入相应的建设成本栏目内。

④编制竣工财务决算说明书，力求内容全面、简明扼要、文字流畅。

⑤填报竣工财务决算报表。

⑥做好工程造价对比分析。

⑦清理、装订好竣工图。

2. 竣工决算的审核

对建设项目竣工决算，着重审核以下内容。

(1)基本建设计划和设计概算的执行情况。

(2)审核各项费用的开支。

(3)审核结余物资和资金情况。

(4)审核竣工决算情况说明书的内容。

3. 新增资产价值的确定

竣工决算是办理建设工程交付使用资产的依据。正确核定新增资产的价值，不但有利于建设项目交付使用以后的财务管理，而且可以为建设项目进行经济后评估提供依据。

根据财务制度，新增资产由各个具体的资产项目构成。按其经济内容不同，可以将企业的资产划分为流动资产、固定资产、无形资产、递延资产、其他资产。资产的性质不同，计价方法也不同。

(1)新增固定资产价值的确定。

新增固定资产价值是以独立发挥生产能力的单项工程为对象的。单项工程建成并经有关部门验收鉴定合格，正式移交生产或使用，即应计算新增固定资产价值。一次交付生产或使用的工程，一次计算新增固定资产价值；分期、分批交付生产或使用的工程，应分期、分批计算新增固定资产价值。

(2)流动资产价值的确定。

流动资产是指可以在一年内或者超过一年的一个营业周期内变现或者运用的资产，包括现金、各种存款、其他货币资金、短期投资、存货、应收和预付款项以及其他流动资产等。

(3)无形资产价值的确定。

无形资产是指特定主体所控制的、不具有实物形态、对生产经营长期发挥作用且能够带来经济利益的资源。

(4)递延资产和其他资产价值的确定。

递延资产是指不能全部计入当年损益，应当在以后年度内分期摊销的各项费用，包括开办费、租入固定资产的改良支出等。其他资产包括特准储备物资等，按实际入账价值核算。

任务四 建设工程目标控制的任务和措施

设计阶段和施工阶段是建设工程目标全过程控制中的两个主要阶段，正确认识设计阶段和施工阶段的特点，对正确确定设计阶段和施工阶段目标控制的任务和措施具有很重要的意义。

一、工程设计阶段和施工阶段的特点

(一)设计阶段的特点

在设计阶段，通过设计将项目业主的基本需求具体化，从各方面衡量业主需求的可行性,并经过设计过程中的反复协调,使项目业主的需求变得科学、合理,从而为实现建设工程项目奠定基础。

1. 设计阶段是确定工程价值的主要阶段

在设计阶段,通过设计使建设工程项目的规模、标准、功能、结构、组成、构造等各方面都确定下来,从而也就确定了它的基本工程价值。一项工程预计资金投放量的多少主要取决于设计的结果,因此,在建设工程项目计划投资目标确定以后,能否按照这个目标来实现建设工程项目,设计是最关键、最重要的工作。

2. 设计阶段是影响投资程度的关键阶段

建设工程项目实施的各个阶段对工程项目建设投资程度的影响是不同的,总的趋势是随着阶段性设计工作的进展,建设工程项目构成状况一步步地明确,可以优化的空间越来越小,优化的限制条件却越来越多,各阶段工作对投资的影响程度逐步下降。

现代的投资控制是在工程项目设计之前就确定项目投资目标,从设计阶段开始就要实施投资控制,一直持续到工程项目的正式动用。这种发展和变化一方面反映了管理水平的提高,另一方面也反映了对工程项目要求和需求的提高。现代工程项目规模大、投资大、风险大,使得投资者和投资控制者都必须把投资控制提高到更科学的水平。因此,对设计阶段,特别是前期阶段对项目投资的重要影响,监理工程师不但不能忽视,反而应当加强设计阶段的投资控制。投资控制效果好,就可能节约投资;反之,则可能浪费投资。

3. 设计阶段为制订项目控制性进度计划提供了基础条件

实施进度控制,不仅需要确定项目进度的总目标,还需要明确各级分目标。由于各级进度分目标的确定依赖于设计阶段输出的工程信息,所以随着设计不断深化,各级子项目逐步明确,从而为子项目进度目标的确定提供了依据。计划部门可以根据管理和控制上的需要,根据设计的输出确定关键性的分目标,为制订控制性进度计划提供条件。

由于设计文件提供了有关投资的足够信息,投资目标分解可以达到很细的程度,而且设计提供的项目本身的信息量也已很充分,所以此时不但能够确定各项工作的先后顺序等各种逻辑关系,而且能够进行计划的资源可行性分析、技术可行性分析、经济可行性分析和财务可行性分析,为制订可行而又优化的进度计划提供充分的条件。所以,在设计阶段,完全可以制订出完整的项目进度目标规划和控制性进度计划,为施工阶段的进度控制做准备。

4. 设计工作的特殊性和多样性要求加强进度控制

设计工作与施工活动相比较具有一定的特殊性。首先,设计过程需要进行大量的反复协调工作;其次,设计工作是一种智力型工作,更富有创造性;最后,外部环境因素对设计工作的顺利开展有着重要影响,而且设计阶段有很多的准备工作需要做,这些工作的展开具有一定的复杂性,会受到很多外界因素的干扰,设计阶段进度控制的效果对今后建设工程项目的实施产生重要影响。因此,应当紧紧把握住设计工作的特点,认真做好计划、控制和协调,在保障建设工程项目安全可靠性、适用性和经济性的前提下,力求实现设计计划工期的要求。

5. 设计阶段对建设工程项目总体质量具有决定性影响

在设计阶段,通过设计对工程项目建设方案和建设工程项目总体质量目标进行具体落实。建设工程项目实体质量要求、功能和使用价值质量要求都通过设计明确确定下来。从这个角度讲，设计质量在相当程度上决定了整个建设工程的总体质量。一个设计质量不佳的工程，无论其施工质量如何出色，都不可能成为总体质量优秀的工程；而一个总体质量优秀的工程，必然是设计质量上佳的工程。实际调查表明，设计质量对整个建设工程项目总体质量的影响是决定性的。

（二）施工阶段的特点

1. 施工阶段是资金投放量最大的阶段

从资金投放数量角度来讲，其他阶段都无法与施工阶段相比，它是资金投入最大的阶段。因此，要解决资金筹措的方式、渠道、数量、时间等问题，在满足工程资金需要的前提下，尽可能减少资金占用的数量和时间，从而降低资金成本。另外，在施工阶段，业主经常面对大量资金的支出，往往特别关心，甚至直接参与投资控制工作，对投资控制的效果也有直接、深切的感受。

虽然施工阶段影响投资的程度只有10%左右，但其绝对数额还是相当可观的。而且，这时对投资的影响基本上是从投资数额上理解的，而较少考虑价值工程和全寿命费用，所以该影响是非常现实和直接的。

2. 施工阶段是暴露问题最多的阶段

施工之前各阶段的主要工作，存在的问题会大量地暴露出来，如规划、设计、招标以及有关的准备工作做得怎么样，全部要接受施工阶段主动或被动的检验。若这些问题不能妥善处理，工程项目的总体质量就会缺乏保障，工程进度会拖延，投资就会失控。

在施工阶段，有关工程变更的问题也会层出不穷，这会给工程三大目标的控制带来影响，需要引起监理工程师足够的重视。

3. 施工阶段是合同双方的利益冲突最多的阶段

由于施工阶段合同数量大，存在频繁的和大量的支付关系，又由于对合同条款理解上的差异，以及合同中不可避免地存在着含糊不清和矛盾的内容，再加上外部环境变化引起的分歧等，合同纠纷会经常出现，各种索赔事件就会接踵发生。索赔事件的出现，会给工程项目的投资、进度目标的实现造成直接影响，从而也会影响工程项目质量目标的实现。

4. 施工阶段持续时间长、动态性强

施工阶段是工程项目建设各阶段中持续时间最长的阶段。时间长，则内、外部因素变化就多，各种干扰就大幅度增加。同时，由于工程变更的频繁出现，施工阶段也具有更明显的动态性。因而，监理工程师在施工阶段进行目标控制时，要把握此阶段的多变性和复杂性等特点。

5. 施工阶段是形成建设工程项目实体的阶段，需要严格地进行系统过程控制

施工是由小到大将工程实体“做出来”的过程。从工序开始，按分项工程、分部工程、单位工程、单项工程的顺序，最后形成整个建设工程项目实体，并将设计的安全可靠性、适用性体现出来。由于形成工程实体过程中，前续工程质量对后续工程质量有直接影响，所以需要进行严格的系统过程控制。

6. 施工阶段是以执行计划为主的阶段

进入施工阶段，建设工程项目的目标规划和计划的制订工作基本完成，余下的后续工作

主要是伴随着控制而进行的计划调整和完善,因此,施工阶段是以执行计划为主的阶段。

7. 施工阶段工程信息内容广泛、时间性强、数量大

在施工阶段,工程状态时刻在变化,计划的实施意味着实际的工程质量、进度和投资情况在不断地输出,各种工程信息和外部环境信息数量大、类型多、周期短、内容杂。因此,如何及时获得全面、准确的工程信息是本阶段目标控制的关键。

8. 施工阶段涉及的单位数量多、需要协调的内容多

在施工阶段,涉及的单位不仅有直接参加建设的单位,如项目业主、监理单位、施工单位、设计单位、材料供应商、设备供应商等,而且涉及政府监督管理部门、工程毗邻单位等项目组织以外的有关单位。在实践中,这些单位和工作之间的关系不协调一致,使建设工程的施工不能顺利进行,不仅会直接影响施工进度,也会影响投资目标和质量目标的实现。因此,加强各单位之间的联系、协调和沟通对工程的顺利进行有着至关重要的作用,对施工阶段目标控制也有重要影响。

9. 施工质量对建设工程总体质量起保证作用

虽然设计质量对建设工程的总体质量有决定性影响,但是建设工程毕竟是通过施工将其体现出来的。设计质量能否真正实现,或其实现程度如何,取决于施工质量的好坏,所以说施工质量对建设工程总体质量起保证作用。

二、工程目标控制的任务

在建设工程实施的各阶段中,设计阶段、施工招标阶段、施工阶段的持续时间长,而且涉及的工作内容较多,故主要阐述这三个阶段目标控制的具体任务。

1. 设计阶段

在设计阶段,工程建设监理目标控制的基本任务是通过目标规划和计划、动态控制、组织协调、合同管理、信息管理,力求使工程设计能够保障工程项目可靠性,满足使用性和经济性,保证设计工期要求,使设计阶段的各项工作能够在预定的投资、进度、质量目标内予以完成。

(1)投资控制任务。

监理单位和监理工程师投资控制的主要任务是协助业主制订项目投资目标规划,开展技术经济分析等活动,协调和配合设计单位力求使设计投资合理化;审核概算,提出改进意见,优化设计,最终满足项目业主对项目投资的经济性要求。其主要工作有:

①论证项目总投资目标,确认其可行性;

②协助业主确定对投资控制有利的设计方案;

③为设计阶段和后续阶段投资控制提供依据,并在保障设计质量的前提下,协助设计单位开展限额设计工作;

④编制本阶段资金使用计划,并进行付款控制;

⑤审查工程概算、预算,在保障项目可靠性、经济性的基础上,使概算不超过估算;

⑥进行设计挖潜,节约投资,对设计进行技术经济分析、比较、论证,寻求一次性投资少、寿命经济性好的设计案。

(2)进度控制任务。

监理单位和监理工程师设计进度控制的主要任务是协助业主确定合理的设计工期要求；根据设计的阶段性输出制订项目进度计划，为项目进度控制提供依据；协调各设计单位一体化开展设计工作，力求使设计能按进度计划要求进行；按合同要求及时、准确、完整地提供设计所需要的基础资料和数据；与外部有关部门协调相关事宜，保障设计工作顺利进行。其主要工作有：

①论证项目总进度目标，确认其可行性；

②根据设计方案、初步设计和施工图设计制订项目总进度计划、项目总控制性进度计划和本阶段实施性进度计划，为设计阶段和后续阶段进度控制提供依据；

③审查设计单位设计进度计划，并监督执行；

④编制项目业主方材料和设备供应进度计划，并实施控制；

⑤编制设计阶段工作进度计划，并实施控制；

⑥开展各种组织协调活动。

(3)质量控制任务。

监理单位和监理工程师设计质量控制的主要任务是协助业主制订项目质量目标规划；根据合同要求提供设计工作所需的基础数据和资料；协调和配合设计单位优化设计，并最终确认设计符合有关法律等方面的要求，满足项目业主对项目的功能和使用要求。其主要工作有：

①论证项目总体质量目标，确认其可行性；

②提出设计要求文件，确定设计质量标准；

③利用招标方式等竞争机制，确定优化设计方案；

④协助项目业主选择符合目标控制要求的设计单位；

⑤进行设计过程跟踪，发现质量问题及时与设计单位协调解决；

⑥审查阶段性设计成果，并根据业主需要提出合理修改建议；

⑦对设计提出的主要材料和设备进行比较，在价格合理的基础上确认其质量是否符合要求；

⑧做好设计文件验收工作。

2. 施工招标阶段

施工招标阶段目标控制的主要任务是通过编制施工招标文件、编制标底、做好投标单位资格预审、组织评标和定标、参加合同谈判等工作，协助项目业主选择理想的施工承包商，以合理的价格、先进的技术、较高的管理水平、较短的时间、较好的质量来完成工程施工任务。其主要工作有：

①协助业主编制施工招标文件，为招标阶段和施工阶段目标控制打下基础；

②协助业主编制标底，监理单位接受业主委托编制标底后，应当使标底控制在工程概算或预算以内，并用其控制合同价；

③做好投标资格预审工作，为选择符合目标控制要求的承包单位做好首轮择优工作；

④组织开标、评标、定标工作。

3. 施工阶段

施工阶段工程建设监理的主要任务是根据施工阶段的目标规划和计划，通过动态控制、组织协调、合同管理，使项目施工投资、施工进度和施工质量符合预定的目标要求。

(1)投资控制任务。

监理单位和监理工程师投资控制的主要任务是努力实现实际发生的费用不超过计划投资。其主要工作有:

①制订施工阶段资金使用计划,严格进行工程计量和付款控制;

②严格控制工程变更,尽可能减少变更费用;

③确定预防费用索赔措施,避免或减少索赔量;

④及时处理费用索赔,在可能的情况下,协助项目业主反索赔;

⑤根据项目业主责任制和有关合同的要求,协助做好应由项目业主方完成的、与工程进展密切相关的各项工作,如按时提供材料和设备等工作;

⑥做好工程计量工作;

⑦审核承包商提交的工程结算书。

(2)进度控制任务。

监理单位和监理工程师进度控制的任务主要是实现实际施工进度达到计划施工进度的要求。其主要工作有:

①完善项目控制性进度计划,并据此进行施工阶段进度控制;

②审查施工单位施工进度计划,确认其可行性,使其满足项目控制性进度计划要求;

③制订项目业主方材料和设备供应进度计划并进行控制,使其满足施工要求;

④审查施工单位进度控制报告,督促施工单位做好施工进度控制;

⑤对施工进度进行跟踪,掌握施工动态;

⑥制订预防工期索赔措施,做好处理工期索赔工作;

⑦在施工过程中,使进度控制定期地、连续地进行;

⑧能及时协调有关各方关系,使工程施工顺利进行。

(3)质量控制任务。

施工阶段的质量控制是工程项目全过程质量控制的关键环节。监理单位和监理工程师质量控制的任务主要是通过实施全面控制,以按标准达到预定的施工质量等级。其主要工作有:

①协助业主做好施工现场准备工作,为施工单位提交质量合格的施工现场;

②确认审查施工单位和分包单位资质;

③做好材料、设备、施工机械和机具的检查工作;

④审查施工组织设计;

⑤检查并协助搞好各项生产环境、劳动环境、管理环境条件;

⑥进行施工工艺过程质量控制工作;

⑦检查工序质量,严格执行工序交接检查制度;

⑧做好各项隐蔽工程的检查工作;

⑨做好工程变更方案的比较,保证工程质量;

⑩进行质量监督,行使质量监督权。

施工阶段的质量控制任务除上述几点外,还要做好质量签证工作,行使质量否决权;协助业主做好付款控制;做好中间质量验收准备工作;做好项目竣工工作;审核项目竣工图等。

案例分析

根据案例资料分析如下。

1. 施工图预算编制的依据包括：批准的施工图设计文件及标准图；施工组织设计（与工程量计算、参用定额有关）；工程预算定额（分项工程项目划分、工作内容、工程量计算的基础）；批准的概算文件；地区单位估价表（单价法计价的基础资料）；工程费用定额（以直接工程费为基数套用的定额或费用标准）；材料预算价格；承包合同式协议书；预算工作手册（预算工具书）。

施工图预算的编制方法主要有单价法和实物法两种。

2. 施工图预算的审查按以下步骤及内容进行。

(1)做好审查前的准备工作，包括：

①熟悉施工图纸；

②了解预算包括的范围；

③弄清预算采用的单位估价表。

(2)选择适宜的审查方法，按相应内容审查。其中，审查内容主要有以下三项。

①工程量的计算。例如，计算依据是否正确；计算公式是否正确；工程量有无错误或漏算之处。

②预算单价的套用。例如，分项名称、规格、单位、工程内容等是否与单位估价表一致。如需对定额进行补充或换算，补充定额编制依据是否符合原则，定额换算正确与否。

③其他费用的计算。例如，费用计算基础是否符合现行规定，材料差价是否列入费用的计算基础中。

3. 监理工程师的工程计量包括以下主要环节。

监理工程师接到承包方报告后7天内按设计图纸核实已完工程数量，并在计量24小时前通知承包方。如果承包方无正当理由不参加计算，由监理工程师自行进行计算，计量结果仍视为有效，作为工程价款支付的依据。监理工程师收到承包方报告后7天内未进行计量，从第8天起，承包方开列的工程量即视为已被确认，作为工程价款支付的依据。监理工程师不按约定时间通知承包方，使承包方不能参加计量，计量结果无效。承包方必须为监理工程师进行计量提供便利条件，并派人参加予以确认。

复习思考题

1. 目标控制的基本过程是什么？每个控制过程中有哪些基本工作？
2. 什么是主动控制？什么是被动控制？应当如何认识它们的关系？
3. 简述监理工程师进行工程质量控制应遵循的原则。
4. 试述影响工程质量的因素。
5. 何谓进度控制？进度控制的原理是什么？
6. 施工阶段进度控制的工作内容是什么？
7. 什么是建设工程投资？其包括哪些内容？
8. 工程计量的依据和方法有哪些？

项目八
建设工程合同管理

学习目标

熟悉合同的概念、作用、内容、订立、成立、履行、变更和转让；掌握监理工程师的合同管理任务和合同管理系统的组成；了解FIDIC《土木工程施工合同条件》；掌握建设工程委托监理合同管理知识。

案例引入

从事建筑机械销售业务的甲到A商场购物，将卷扬机售价7 200元/套看成1 200元/套。该柜台售货员乙参加工作不久，也将售价看成1 200元/套。于是甲以1 200元/套购买了2套。A商场发现问题后找到甲，要求甲支付差价或退货。如果卷扬机尚在甲处且完好无损，应当如何处理？如果卷扬机已经由甲销售给丙，且无法找到丙，又应当如何处理？

任务一　合同基本原理

一、合同的概念

合同是双方为实现某个目的进行合作而签订的协议，它是一种契约，旨在明确双方的责任、权利及经济利益的关系。合同一旦签订，就具有法律效力。

合同具有下列法律特征：

(1)合同是当事人双方的合法的法律行为；

(2)合同当事人双方具有平等地位；

(3)合同关系是一种法律关系。

二、合同的作用

(1)它明确了双方的责任、权利、利益，使合同双方的计划能得到有机的统一，使计划有所制约和保证。

(2)它为有关管理部门和合同双方提供了监督和检查的依据，使有关管理部门和合同双方能随时掌握工作的动态，全面监督检查各项工作的落实情况，及时发现问题和解决问题。

(3)它有利于提高企业的经营水平和技术水平。

(4)它有利于充分调动当事人的积极性，共同在合同关系的制约下，有效地共同保证预控目标的顺利完成。

三、合同的内容

合同一般包括下列条款：①当事人的名称或者姓名和住所；②标的：③数量；④质量；⑤价款或酬金；⑥履行的期限、地点、方式；⑦违约责任，包括违约金和赔偿金；⑧解决争议的方法。

(1)违约金。违约金是指合同规定的对违约行为的一种经济制裁方法。违约金一般由合同当事人在法律规定的范围内协商确定，如事后发生争议，可由仲裁机构或人民法院依法裁决或判决。

(2)赔偿金。由违约方赔偿对方造成的经济损失。赔偿金的数量根据直接损失计算，也可根据直接损失加由此引起的其他损失一并计算，如双方发生争执，可由仲裁机构或人民法院依法裁决或判决。

(3)解决争议的方法。在合同履行过程中不可避免地会发生争议，为使争议发生后能够得到妥善解决，应在合同中约定解决争议的方法。解决争议的方法有协商、调解、仲裁和诉讼。

四、合同的订立

合同的订立，是两个或两个以上当事人在平等自愿的基础上，就合同的主要条款经过协商取得一致意见，最终建立起合同关系的法律行为。

1. 合同的形式

当事人订立合同，有书面形式、口头形式和其他形式。法律法规规定采用书面形式的，或当事人约定采用书面形式的，应当采用书面形式。

书面形式是指合同采用合同书、信件和数据电文(包括电报、电传、传真、电子数据交换和电子邮件)等可以有形地表现所载内容的形式。人们只要看到书面载体，即合同书、信件和数据电文，就会了解合同的内容。书面合同的优点在于有据可查，权利和义务记载清楚，便于履行，发生纠纷时容易举证和分清责任。因此，书面合同是实践中广泛采用的一种合同形式。建设工程合同应当采用书面形式。

2. 要约与承诺

当事人订立合同，采取要约和承诺方式。

(1)要约。要约是希望和他人订立合同的意思表示。提出要约的一方为要约人，接受要约的一方为受要约人。要约应当符合如下规定：内容具体确定；表明经受要约人承诺，要约人即受该意思表示约束。要约必须是特定人的意思表示，必须以缔结合同为目的，必须具备合同的主要条款。

(2)承诺。承诺是受要约人同意要约的意思表示。除根据交易习惯或者要约表明可以通过行为做出承诺的之外，承诺应当以通知的方式做出。

五、合同的成立

合同就是合同双方当事人依照订立合同的程序，经过要约和承诺，形成对双方当事人都具有法律效力的协议。合同成立，确定了双方当事人的权利和义务关系，是区别合同责任和其他责任的重要标志，是合同生效的前提条件。《中华人民共和国合同法》规定，承诺生效时合同成立。承诺生效的地点为合同成立的地点。

六、合同的履行

1. 合同履行的基本原则

合同履行的基本原则有：全面履行的原则；诚实信用的原则；公平合理，促进合同履行的原则；当事人一方不得擅自变更合同的原则。

2. 合同的担保形式

担保合同必须由合同的当事人双方协商一致，自愿订立。如果由第三方承担担保义务时，必须由第三方——保证人亲自订立担保合同，担保有保证、抵押、质押、留置和定金五种方式。

七、合同的变更和转让

1. 合同的变更

合同的变更是指合同成立以后，在尚未履行或尚未完全履行时，当事人双方依法经过协商对合同的内容进行修订或调整所达成的协议。

变更合同的内容需经过双方协商同意。任何一方未经过对方同意，无正当理由擅自变更合同内容，不仅不能对合同的另一方产生约束力，反而构成违约行为。

当事人变更合同，有时是一方提出，有时是双方提出，有时是根据法律规定变更，有时是由于客观条件变化而不得不变更，无论因为何种原因变更，变更的内容应当是双方协商一致的结果。

2. 合同的转让

合同的转让是指合同的当事人依法将合同的权利和义务全部地或部分地转让给第三人。合同的转让具有以下特点：合同的转让并不改变原合同的权利和义务的内容；合同的转让将引起合同主体的变化；合同的转让通常涉及原合同当事人双方及受让的第三人。

合同经合法转让后，转让人即退出原合同关系，受让人与转让人的对方当事人成为新的合同关系主体，合同转让后，转让人对受让人的义务不向其相对人负责。

八、合同纠纷的处理

合同纠纷的处理方式有当事人自行协商解决、第三人调解、仲裁和诉讼四种方式。

任务二 监理工程师对施工合同的管理

一、监理工程师的合同管理任务

(1)协助、参与项目业主确定本建设工程项目的合同结构。

合同结构是指合同的框架、主要部分和条款构成。

(2)协助项目业主起草合同及参与合同谈判。

参加施工合同在签订前的谈判和拟订合同初稿，供项目业主决策。

(3)合同管理和检查。

在建设工程项目实施阶段，对合同履行的全过程进行监控、检查和管理。

(4)处理合同纠纷和索赔。

协助项目业主秉公处理建设工程各阶段中产生的索赔，参与协商、调解、仲裁甚至法院解决合同的纠纷。

(5)合同的鉴证和合同涉及第三方等关系的处理。

(6)除以上内容以外有关合同的其他所有事项。

二、合同管理系统

监理工程师受项目业主委托进行的施工合同管理工作，一般由合同分析、建立合同数据档案、形成合同网络系统、合同监督和索赔管理五个部分组成。前三个部分是合同监督的基础，合同监督又是索赔和反索赔的前提条件。这五个部分形成了一个完整、有效的合同管理系统。

1. 合同分析

合同分析就是分析、解释有关工程承包、共同承担风险的合同条款，对合同条款的更换、延期说明、投资变化等事件进行仔细分析。那些与项目业主有关的活动都必须分别存档，以防遗漏，合同分析和工程检查等工作要同工期联系起来。

要在订立合同的过程中按条款逐条分析合同，如果发现有对本方产生较大风险的条款，要相应增加抵御的条款。监理工程师要详细分析哪些条款与项目业主有关、哪些条款与承包商有关、哪些条款与分包商有关、哪些条款与设计单位有关、哪些条款与工程检查有关、哪些条款与工期有关等，分门别类地分析各自责任和相互之间的关系，做到心中有数。

2. 建立合同数据档案

合同数据档案就是把合同条款分门别类地归纳起来并存放在计算机中，以便于检索。合同中的不同规则、特殊情况、技术规范、特殊的技术规则和协商结果等都可以利用计算机进行检索，以提高合同管理工作的效率。

图表也是一种重要的管理工具，可以使合同中的各个程序具体化，是使合同双方明白合同特殊条款的一个好办法。

3. 形成合同网络系统

把合同中的时间、工作、成本（投资）用网络形式表达，即形成合同网络系统。合同网络系统具有使合同的时间概念、逻辑关系更明确且便于监督和管理的优点。

4. 合同监督

合同监督就是根据合同来控制工程的进展，保证设计、试验报告的精确性，保证发票、订货手续、工作指示等符合合同的要求。图表是解释复杂条款最好的方法。此外，流程图和质量检查表也是合同监督的一个好办法，它能保证合同监督步骤的正确性。

合同监督的另一项重要内容是检查和解释双方往来的信函和文件，以及会议记录、项目业主指示等，因为这些内容对合同管理是很重要的。

5. 索赔管理

索赔管理是合同管理工作中的一个非常重要的组成部分，它包括索赔和反索赔。索赔和反索赔没有一个明确的标准，只能根据实际发生的事件实事求是地评价和分析，从中找出索赔的理由和条件。合同中前几个部分是索赔管理的基础。

监理工程师受项目业主委托进行工程监理，但他不属于合同中的任何一方。监理工程师在行使合同赋予的权力和处理索赔时，必须遵循如下原则：尽量将争议解决于签订合同之前，公平合理，与业主和承包商协商一致，实事求是，迅速、及时地处理问题。监理工程师处理索赔的程序如下。

(1)承包商应按合同的有关规定定期向监理工程师提交一份尽可能详细的索赔清单，对没有列入清单的索赔一般不予考虑。

(2)监理工程师依据索赔清单建立索赔档案。

(3)对索赔项目进行监督，特别是对提出索赔的项目的施工方法、劳务和设备的使用情况进行详细的了解并做好记录以便核查。

(4)承包商提交正式的索赔文件，内容包括索赔的基本事实和合同依据(或时间)的计算方法、依据和结果，以及附件(包括监理工程师指令、来往函件、进度计划及照片等)。

(5)监理工程师审核索赔文件。

(6)如果需要，可要求承包商进一步提交更详尽的资料。

(7)监理工程师提出索赔的初步审核意见。

(8)与承包商谈判，澄清事实和解决索赔。

(9)如果监理工程师与承包商取得一致意见，则形成最终的处理意见。如果有分歧，则监理工程师可单方面提出最终的处理意见。如果承包商对监理工程师的决定不服，可提请仲裁或上诉，监理工程师应准备相应的材料。

任务三 FIDIC《土木工程施工合同条件》简介

一、FIDIC 和《土木工程施工合同条件》

FIDIC 是国际咨询工程师联合会(Fédération Internationale Des Ingénieurs Conseils)的法语缩写。该联合会是被世界银行认可的国际咨询服务机构，总部设立在瑞士洛桑。FIDIC 设有若干个专业委员会，如业主咨询工程师关系委员会(CCRC)、土木工程合同委员会(CECC)等。各专业委员会编制了许多规范性的文件，目前国际承包工程中所广泛采用的《土木工程施工合同条件》《电气与机械工程合同条件》和《业主/咨询工程师标准服务协议书》是重要的合同文件范本。

FIDIC 合同条件，从狭义上可以解释为采用一套标准的合同条件，从广义上也可以理解为建设工程项目的实施是按照一套标准的招标文件，通过公开招标选择承包商，经过监理工程师的独立监理进行控制，按照项目业主与承包商之间签订的合同进行施工。虽然 FIDIC 合同条件不是法律法规，但它是一种国际惯例。

一般来说，国际承包工程的合同大多执行 FIDIC 合同条件。国际承包工程既包括我国施工企业参与投标竞争的国外工程招标项目，也包括国内吸收国际金融组织贷款或外国公司参与投资的国际招标投标的建设工程项目。

二、《土木工程施工合同条件》的内容

FIDIC 的《土木工程施工合同条件》包括通用条件、专用条件、投标书及其附件、协议书的投标书及其附件、协议书等内容。

1. 通用条件

通用的含义是建设工程项目只要是属于土木工程类施工均可适用。通用条件共有 72

条目 94 款，内容包括：定义与解释，工程师及工程师代表，转让与分包，合同条件，一般义务，劳务，材料，工程设备和工艺，暂时停工，开工和误期，缺陷责任，变更、增添和省略，索赔程序，承包商的设备、临时工程和材料，计量，暂定金额，指定的分包商，证书与支付，补救措施，特殊风险，解除履约合同，争端的解决，通知，业主的违约，费用和法规的变更，货币及汇率共 25 个小节。按照条款的内容，通用条件大致可分成权利和义务性条款、管理性条款、经济性条款、技术性条款和法规条款五个方面。

2. 专用条件

基于不同地区、不同行业的土木类工程施工共性条件而编制的通用条件已是分门别类、内容详尽的合同文件范本，尽管大量的条款是通用的，但也有一些条款还必须考虑工程的具体特点和所在地区情况进行必要的变动。FIDIC 在文件中规定，第一部分的通用条件与第二部分的专用条件一起，构成了决定合同各方权利和义务的条件。

3. 投标书及其附件

FIDIC 编制了标准的投标书及其附件格式。投标书中的空格只需投标人填写具体内容，就可与其他材料一起构成投标文件。投标书附件是针对通用条件中某些具体条款的需要而做出具体规定的明确条件，如担保金额为具体数值或为合同价的百分数，发布开工通知的时间和竣工时间等。另外，投标书附件中还包括第一部分和第二部分的有关条款，当另有规定时，应附加相应具体条款，如项目或单位工程的竣工时间具体要求、工程预付款的规定等。

4. 协议书

协议书是业主和中标的承包商签订施工合同的标准文件，只要双方在空格内填入相应内容，签字或盖章后即可生效。

三、FIDIC《土木工程施工合同条件》的适用条件

(1)必须要由独立的监理工程师来进行施工监督管理。

(2)项目业主应采用竞争性招标的方式选择承包商。

(3)适用于单价合同。

(4)要求有较完整的设计文件，包括规范、图纸、工程量清单等。

任务四　建设工程委托监理合同管理

一、建设工程委托监理合同概述

1. 建设工程委托监理合同的概念

建设工程委托监理合同简称监理合同，是指建设单位聘请工程监理单位代其对工程项目进行管理，明确双方权利、义务的协议。建设单位称为委托人，工程监理单位称为受托人。

建设工程委托监理合同是监理工程师进行监理工作的准则和依据。更为重要的是，建

设工程委托监理合同管理的效果将直接影响工程监理单位的经济利益。

2. 建设工程委托监理合同的特征

(1)建设工程委托监理合同的当事人双方应当是具有完全民事行为能力、取得法人资格的企事业单位、其他社会组织,个人在法律允许范围内也可以成为合同当事人。委托人必须是有国家批准的建设项目、落实投资计划的企事业单位、其他社会组织及个人;受托人必须是依法成立的、具有法人资格的工程监理单位,并且所承担的工程监理业务应与单位资质相符合。

(2)建设工程委托监理合同的订立必须符合建设工程项目建设程序。

(3)建设工程实施阶段所签订的其他合同的标的物是产生新的物质或信息成果,建设工程委托监理合同的标的物是服务,即监理工程师凭据自己的知识、经验、技能受项目业主委托,为其所签订的其他合同的履行实施监督和管理。因此,《中华人民共和国合同法》将建设工程委托监理合同划入委托合同的范畴。《中华人民共和国合同法》第276条规定:"建设工程实行监理的,发包人应当与监理人采用书面形式订立委托监理合同。发包人与监理人的权利和义务以及法律责任,应当依照本法委托合同以及其他有关法律、行政法规的规定"。

3. 建设工程委托监理合同应具备的条款结构

建设工程委托监理合同是委托任务履行过程中当事人双方的行为准则,因此内容应全面、用词要严谨。合同条款的组成结构主要包括合同内所涉及的词语定义和遵循的法规,监理人的权利、义务和责任,委托人的权利、义务和责任,合同生效、变更与终止,监理报酬,争议的解决,其他。

4. 建设工程委托监理合同示范文本的组成

建设工程委托监理合同示范文本由建设工程委托监理合同、标准条件和专用条件组成。

建设工程委托监理合同是一个总的协议,是纲领性文件。其主要内容有当事人双方确认的委托监理工程的概况(工程名称、规模及总投资等)、双方愿意履行约定的各项义务的承诺,以及合同文件的组成。它是一份标准的格式文件,经当事人双方在有限的空格内填写具体规定的内容并签字盖章后,即发生法律效力。

建设工程委托监理合同还应包括监理投标书或中标通知书、建设工程委托监理合同标准条件,建设工程委托监理合同专用条件、在实施过程中双方共同签署的补充与修正文件。

标准条件的内容涵盖了合同中所用词语定义,适用范围和法规,签约双方的责任、权利和义务,合同生效、变更与终止,监理报酬,争议解决,以及其他一些情况。它是建设工程委托监理合同的通用文本,适用于各类建设工程监理委托,是所有签约工程都应遵守的基本条件。

由于标准条件适用于所有的建设工程监理委托,因此其中的某些条款规定得比较笼统,需要在签订具体建设工程项目的委托监理合同时,就地域特点、专业特点和委托监理项目的特点,对标准条件中的某些条款进行补充、修正。如对委托监理的工作内容而言,认为标准条件中的条款还不够全面,允许在专用条件中增加双方议定的条款内容。

所谓补充,是指标准条件中的某些条款明确规定,在该条款确定的原则下,在专用条件的条款中进一步明确具体内容,使两个条件中相同序号的条款共同组成一条内容完备的条款。所谓修正,是指标准条件中规定的程序方面的内容,如果双方认为不合适,可以协商修改。

5. 建设工程委托监理合同双方的权利和义务

(1)委托人的权利。

委托人有选定工程总承包人及与其订立合同的权利,有对建设工程规模、设计标准、规划设计、生产工艺设计和使用功能要求的认定权,以及对建设工程设计变更的审批权;工程监理单位调换总监理工程师需事先经委托人同意;委托人有权要求工程监理单位提供监理工作月报及监理业务范围内的专项报告;当委托人发现监理人员不按建设工程委托监理合同履行监理职责,或与承包人串通给委托人或工程造成损失的,委托人有权要求工程监理单位更换监理人员,并要求工程监理单位承担相应的赔偿责任或连带赔偿责任。

(2)委托人的义务。

委托人在工程监理单位开展监理业务之前应向监理人支付预付款;委托人应当负责建设工程所有外部关系的协调,为监理工作提供外部条件;委托人应当在双方约定的时间内免费向工程监理单位提供与工程有关的、监理工作所需要的工程资料;委托人应当在专用条款约定的时间内就工程监理单位书面提交并要求做出决定的一切事宜做出书面决定;委托人应当授权一名熟悉工程情况、能在规定时间内做出决定的常驻代表(在专用条款中约定)与监理人联系,更换常驻代表要提前通知工程监理单位;委托人应当将授予工程监理单位的监理权利,以及监理人主要成员的职能分工、监理权限,及时书面通知已选定的合同承包人,并在与第三人签订的合同中予以明确;委托人应当在不影响监理人开展监理工作的时间内提供与本建设工程合作的原材料、构配件、设备等生产厂家名录及与本建设工程有关的协作单位、配合单位名录;委托人应免费向工程监理单位提供办公用房、通信设施、监理人员工地住房及合同专用条件约定的设施;根据情况需要,如果双方约定由委托人免费向监理人提供其他人员,应在建设工程委托监理合同专用条件中予以明确。

(3)监理人的权利。

监理人具有以下权利:选择建设工程总承包人的建议权;选择建设工程分包人的认可权;对建设工程有关事项,包括建设工程规模、设计标准、规划设计、生产工艺设计和使用功能要求等向委托人的建议权;负责工程建设有关协作单位的组织协调,重要协调事项应当事先向委托人报告;征得委托人同意,监理人有权发布开工令、停工令、复工令,但应当事先向委托人报告,如果在紧急情况下未能事先报告,则应在 24 小时内向委托人做出书面报告;监理人有对工程上使用的材料和施工质量的检验权;工程施工进度的检查权、监督权,以及工程实际竣工日期提前或超过工程施工合同规定的竣工期限的签认权;在工程施工合同约定的工程价格范围内,工程款支付的审核权和签认权,以及工程结算的复核确认权和否决权;在委托的工作范围内,委托人或承包人对对方的任何意见和要求,均必须首先向项目监理机构提出,由项目监理机构研究处置意见,再同双方协商确定。

(4)监理人的义务。

监理人应按合同约定派出实施监理工作所需要的项目监理机构和监理人员,向委托人报送委派的总监理工程师及项目监理机构的主要成员名单、监理规划,完成建设工程委托监理合同专用条件中约定的监理工程范围内的监理业务,按合同约定定期向委托人报告监理工作;监理人应认真、勤奋地工作,为委托人提供与其水平相适应的咨询意见,公正维护各方面的合法利益;监理人使用委托人提供的设施和物品属委托人的财产,在监理工作完成后或终止时，应将设施和剩余的物品按合同约定的时间和方式移交给委托人；监理人具有保密义务。

6. 建设工程委托监理合同双方的责任及其他

(1)委托人的责任。

委托人应当履行建设工程委托监理合同约定的义务，如有违反，则应当承担违约责任，赔偿给监理人造成的经济损失；监理人处理委托业务时，因非监理人原因的事由受到损失的，可向委托人要求补偿损失：委托人如果向监理人提出赔偿的要求不能成立，则应当补偿由该索赔所引起的监理人的各种费用支出。

(2)监理人的责任。

监理人的责任期即建设工程委托监理合同的有效期。在监理过程中，如果因工程建设进度的推迟或延误而超过书面约定的日期，双方应进一步约定相应延长的合同期。监理人在责任期内应当履行约定的义务，如果因监理人过失而造成委托人的经济损失，监理人应当向委托人赔偿，累计赔偿总额不应超过监理报酬总额(除去税金)。监理人对承包人违反合同规定的质量和要求完工(交货或交图)时限，不承担责任，因不可抗力导致建设工程委托监理合同不能全部或部分履行，监理人不承担责任，但对违反认真工作规定引起的与之有关的事宜，监理人应向委托人承担赔偿责任；监理人向委托人提出赔偿要求不能成立时，监理人应当补偿由于该索赔所导致的委托人的各种费用支出。

(3)合同生效、变更与终止。

由于委托人或承包人的原因使监理工作受到阻碍或延误，以致产生了附加工作或延长了持续时间，则监理人应当将此情况与可能产生的影响及时通知委托人，完成监理业务的时间应相应延长，并得到附加工作的报酬；在建设工程委托监理合同签订后，实际情况发生变化，使得监理人不能全部或部分执行监理业务时，监理人应当立即通知委托人，该监理业务的完成时间应当予以延长，当恢复执行监理业务时，应当增加不超过 42 天的时间用于恢复执行监理业务，并按双方约定的数量支付监理报酬；监理人向委托人办理完竣工验收或工程移交，承包人和委托人已签订工程保修责任书，监理人收到监理报酬尾款，建设工程委托监理合同即终止，保修期间的责任双方在专用条款中约定；当事人一方要求变更或解除合同时，应当在 42 天前通知对方，因解除合同使一方受到损失的，除依法可以免除责任的以外，应由责任方负责赔偿，变更或解除建设工程委托监理合同的通知或协议必须采取书面形式，协议未达成之前，原建设工程委托监理合同依然有效；在约定支付监理报酬之日起 30 天内监理人仍未收到支付单据，而委托人又未对监理人提出任何书面解释时，或暂停执行监理业务时限超过 6 个月的，监理人可以向委托人发出终止合同的通知，发出通知后 14 天内仍未得到委托人答复，可进一步发出终止建设工程委托监理合同的通知，如果第二份通知发出后 42 天内仍未得到委托人的答复，可终止建设工程委托监理合同或自行暂停执行部分或全部监理业务，委托人承担违约责任；监理人由于非自身的原因而暂停或终止执行监理业务，其善后工作及恢复执行监理业务的工作，应当视为额外工作，有权得到额外的报酬；当委托人认为监理人无正当理由而又未履行监理义务时，可向监理人发出指明其未履行监理义务的通知，若委托人发出通知后 21 天内未收到答复，可在第一个通知发出后 35 天内发出终止建设工程委托监理合同的通知，建设工程委托监理合同即行终止，监理人承担违约责任；建设工程委托监理合同的终止并不影响各方应有的权利和应当承担的责任。

(4)监理报酬。

正常的监理报酬应包括乙方在建设工程项目监理中所需的全部成本,再加上合理的利润和税金。正常的监理工作、附加工作和额外工作的报酬,按照建设工程委托监理合同专用条件中约定的方法计算,并按约定的时间和数额支付。支付监理报酬所采用的货币币种、汇率由建设工程委托监理合同专用条件约定。

如果委托人在规定的时间未支付监理报酬,自规定之日起,还应向监理人支付滞纳金,滞纳金从规定支付期限最后一天算起。

如果委托人对监理人提交的支付通知书中的报酬项目提出异议,应当在收到支付通知书 24 小时内向监理人发出表示异议的通知,但委托人不得拖延其他无异议报酬项目的支付。

(5)争议的解决。

对因违反或终止建设工程委托监理合同而引起的损失或损害的任何赔偿,首先应通过双方协商友好解决。如协商未能达成一致,可提交主管部门协调。仍未达成一致时,根据约定提交仲裁机构仲裁或向法院起诉。

(6)其他。

委托的建设工程监理所必要的监理人员外出考察、材料设备复试,其费用支出经委托人同意的,在预算范围内向委托人实报实销;在监理业务范围内,如需聘用专家来提供咨询或协助,由监理人聘用的,其费用由监理人承担,由委托人聘用的,其费用由委托人承担;监理人在监理工作中提出的合理化建议,使委托人得到了经济利益,委托人应当按建设工程委托监理合同专用条件中的约定给予监理人经济奖励;驻地项目监理机构及其职员不得接受所监理工程项目施工承包人的任何报酬或者经济利益,监理人不得参与可能与建设工程委托监理合同规定的与委托人的利益相冲突的任何活动;在监理工作过程中,监理人不得泄露委托人申明的秘密,也不得泄露设计人和承包人等申明的秘密;监理人对于由其编制的所有文件拥有版权,委托人仅有权为本建设工程使用或复制此类文件。

二、建设工程委托监理合同管理

1. 认真分析,准确理解合同条款

在建设工程委托监理合同的签署过程中,双方都应认真仔细,一定要注意合同文字的准确性、简练性和清晰性,每个措辞都应该是经过双方充分讨论的,以保证对工作范围、采取的工作方式和方法及双方的权利和义务的确切理解。

2. 应注意合同签订和履行过程中的法律程序

建设工程委托监理合同的签订,意味着委托代理关系的形成,委托方和被委托方的关系也将受到合同的约束。在建设工程委托监理合同的签署过程中,要认真注意合同签订的有关法律问题。建设工程委托监理合同开始执行时,项目业主应当将自己的授权执行人及其所授予的权力以书面形式通知工程监理单位,工程监理单位也应将拟派往该项目工作的总监理工程师及其助手的情况告知项目业主。必要时,双方可以聘请法律顾问,以便证实执行建设工程委托监理合同的各方面是适宜的。建设工程委托监理合同签署后,项目业主应当将委托给监理工程师的权限体现在与承包商签订的工程承包合同中,至少在承包商动工之

前要将监理工程师的有关权限书面告知承建单位，为监理工程师的工作创造条件。

3. 重视往来函件的处理

往来函件包括项目业主的变更指令、认可信、答复信和关于建设工程的请示信件等。在建设工程委托监理合同洽商和执行过程中，合同双方通常会用一些函件来确认双方达成的某些口头协议，尽管它们不是具有约束力的正规合同文件，但可以帮助确认双方的关系，提供双方对项目相关问题的处理意见，以免将来因分歧而否认口头协议。对项目业主的任何口头指令，要及时索取书面证据。监理工程师与项目业主要养成以信件或其他书面形式交往的习惯，这样会减少许多不必要的争执。监理工程师对所有的函件都应建立索引存档保存，直到监理工作结束；对所有的回信也应复印留底，甚至信件和信封也要保存（因为信件通常以发出或收到之日起计算答复天数，而且以邮戳为准），以备待查。

4. 严格控制合同的修改和变更

工程建设中难免出现许多不可预见的事项，因而经常会出现要求修改或变更合同内容的情况。具体可能包括改变工作服务范围、工作深度、工作进程、费用的支出或委托方和被委托方各自承担的责任等。特别是当出现需要改变工作服务范围和费用的支出时，以口头协议或者临时性交换函件等形式来修改和变更都是不可取的，工程监理单位应该坚持要求修改建设工程委托监理合同，可以采取以正式文件、信件协议或委托单的方式对建设工程委托监理合同进行修改。如果变动范围太大，重新制定一个新的建设工程委托监理合同来取代原有的建设工程委托监理合同，修改之处一定要便于执行，这是出于避免纠纷、节约时间和资金的需要。

5. 加强合同风险管理

由于建设工程具有建设周期长、协作单位多、资金投入量大、技术要求严、市场制约性强等特点，实施的预期结果不易准确预测，风险和损失潜在压力大。因此，加强合同的风险管理是非常有必要的。监理工程师首先要对合同的风险进行分析，分析评价每一合同条款将给工程监理单位带来的风险，特别要慎重分析项目业主方面的有关风险，如项目业主的资金支付能力、诚信度等，在合同签订及合同执行过程中采取相应的对策，只有这样做才能免受或少受损失，使建设工程监理工作得以顺利开展。

6. 充分利用有效的法律服务

建设工程委托监理合同的法律性很强，工程监理单位必须配备这方面的专家。只有这样，在准备标准合同和检查其他人提供的合同文件及合同的监督、执行过程中才不至于出现失误。

案例分析

由于乙的销售行为是职务行为，可以代表A商场，因此可以理解为甲和A商场都对这一买卖行为存在重大误解，故这一买卖合同是可变更或者可撤销合同。因此，如果卷扬机尚在甲处且完好无损，甲应当支付差价（变更合同）或者退货（撤销合同）；如果卷扬机已经由甲销售给丙，且无法找到丙，意味着这一可变更合同或者可撤销合同已经给当事人造成损失。有过错的一方应当承担赔偿责任，如果是双方共同的过错，则应当共同承担赔偿责任。当然，在买卖合同中，对价格的重大误解，卖方（A商场）应当承担主要甚至全部过错。如果考虑到甲是从事建筑机械销售业务的，可以认为其有丰富的经验，也可以要求其承担一定的责任。

复习思考题

1. 什么是合同？它有什么作用？它包括哪些内容？如何订立合同？
2. 如何处理合同纠纷？
3. 监理工程师的合同管理任务是什么？
4. 合同管理系统由哪几部分组成？
5. FIDIC《土木工程施工合同条件》的内容有哪些？
6. 什么是建设工程委托监理合同？它具有什么特征？应具备哪些条款？
7. 建设工程委托监理合同双方的权利和义务有哪些？
8. 如何进行建设工程委托监理合同的管理？

项目九
建设工程风险管理

学习重点

建设工程风险管理的概念及过程；风险因素分析及风险识别程序；风险评估的步骤和分析方法；风险响应和控制。

案例引入

在过去的10年里，甲、乙两市投保火灾的住宅数均为80 000幢，每年都平均有100幢住宅发生火灾，甲市发生火灾的住宅数变化范围为95～105幢，乙市发生火灾的住宅数变化范围为80～120幢。甲市和乙市哪一个市火灾风险大？

任务一 建设工程风险管理概述

一、建设工程风险的概念和特点

风险是指一种客观存在的、损失的发生具有不确定性的状态。而工程项目中的风险则是指在工程项目的筹划、设计、施工建造及竣工后投入使用各个阶段可能遭受的风险。

风险在任何项目中都存在。风险会造成项目实施的失控现象，如工期延长、成本增加、计划修改等，最终导致工程经济效益降低，甚至项目失败。现代工程项目的特点是规模大、技术新颖、持续时间长、参加单位多、与环境接口复杂，可以说，在项目过程中危机四伏。许多项目，由于风险大、危害性大，如国际工程承包、国际投资和合作等，所以被人们称为风险型项目。

建设工程风险具有多样性、存在范围广、影响面大、具有一定的规律性等特点。

1. 风险多样性

在一个工程项目中存在着许多种类的风险，如政治风险、经济风险、法律风险、自然风险、合同风险、合作者风险等。这些风险之间有复杂的内在联系。

2. 风险存在范围广

风险在整个项目生命期中都存在，而不是仅在实施阶段存在。例如，在目标设计中可能存在构思错误、重要边界条件遗漏、目标优化错误等风险，可行性研究中可能有方案有失误、调查不完全、市场分析错误等风险，技术设计中存在专业不协调、地质不确定、图纸和规范错误等风险，施工中可能存在物价上涨、实施方案不完备、资金缺乏、气候条件变化等风险，运行中可能存在市场变化而导致产品不受欢迎、运行达不到设计能力、操作失误等风险。

3. 风险影响面大

在工程建设中，风险影响常常不是局部的，而是全局的。例如，反常的气候条件造成工程的停滞，会影响整个后期计划，影响后期所有参与者的工作。它不仅会造成工期的延长，而且会造成费用的增加和对工程质量的影响。即使局部的风险，其影响也会随着项目的发展逐渐扩大。例如，一个活动受到风险干扰，可能影响与它相关的许多活动，所以在项目中，风险的影响随时间的推移有扩大的趋势。

4. 风险具有一定的规律性

工程项目的实施、环境变化有一定的规律性，所以风险的发生和影响也有一定的规律性，是可以预测的。重要的是，人们要有风险意识，重视风险，对风险进行有效的控制。

二、建设工程风险的类型

建设工程项目投资巨大、工期漫长、参与者众多，整个过程都存在着各种各样的风险，如项目业主可能面临着监理失职、设计错误、承包商履约不力等人为风险，以及恶劣气候、地震等自然风险；承包单位可能面临工程管理不善等履约风险，以及员工行为不当等责任风险；设计单位、监理单位可能面临职业责任风险等。这些风险按不同的标准可划分为多种不同的类型。

1. 按风险造成的后果划分

(1)纯风险。纯风险是指只会造成损失而不会带来收益的风险。纯风险的后果只有两种，即造成损失和无损失，不会带来收益。

(2)投机风险。投机风险是指既存在造成损失的可能性，也存在获得收益的可能性的风险。投机风险有造成损失、无损失和收益三种结果，即存在三种不确定的状态。例如，某工程项目中标后，其实施的结果可能会造成亏本、保本或盈利。

2. 按风险产生的根源划分

(1)经济风险。经济风险是指在经济领域中各种导致企业的经营遭受厄运的风险。有些经济风险是社会性的，对各个行业的企业都产生影响，如经济危机、金融危机、通货膨胀、通货紧缩、汇率波动等。有些经济风险的影响范围限于建筑行业内的企业，如国家基本建设投资总量的变化、建材和人工费的涨落。还有的经济风险是伴随工程承包活动而产生的，仅影响具体施工企业，如项目业主的履约能力、支付能力等。

(2)政治风险。政治风险是指政治方面的各种事件和原因所带来的风险。政治风险包括战争和动乱、国际关系紧张、政策多变、政府管理部门的腐败和专制等。

(3)技术风险。技术风险是指工程所处的自然条件(包括地质、水文、气象等)和工程项目的复杂程度给承包商带来的不确定性。

(4)管理风险。管理风险是指人们在经营过程中，因不能适应客观形势的变化或因主观判断失误或对已经发生的事件处理不当而造成的威胁。管理风险包括施工企业对承包项目的控制和服务不力、项目管理人员水平低而不能胜任自己的工作、投标报价时具体工作的失误、投标决策失误等引起的风险。

3. 从风险控制的角度划分

(1)不可避免又无法弥补损失的风险，如天灾人祸(地震、水灾、泥石流、战争、暴动等)。

(2)可避免或可转移的风险。当技术难度大且自身综合实力不足时，可放弃投标，达到避免风险的目的；可组成联合体承包，以弥补自身不足；也可采用保险，对风险进行转移。

(3)有利可图的投机风险。

三、建设工程风险管理的概念和重要性

风险管理是指人们对潜在的意外损失进行识别、评估，并根据具体情况采取相应的措施进行处理，即在主观上尽可能做到有备无患，或在客观上无法避免时也能寻求切实可行的补救措施，从而减少意外损失或化解风险。

建设工程风险管理是指参与工程项目的各方，包括发包方、承包方和勘察单位、设计单

位、监理单位等在工程项目的筹划、勘察设计、施工建造及竣工后投入使用等各阶段采取各种措施和方法对建设工程风险进行识别、评估。

建设工程风险管理的重要性主要体现在以下几个方面。

(1)风险管理事关工程项目各方的生死存亡。工程项目需要耗费大量人力、物力和财力。如果企业忽视风险管理或风险管理不善,则会增加发生意外损失的可能性,轻则工期迟延,增加各方支出;重则项目难以继续进行,巨额投资无法收回。而工程质量如果遭受影响,更会给今后的使用、运行造成长期损害。反之,重视并善于进行风险管理的企业则会降低发生意外的可能性,并在难以避免的风险发生时,减少自己的损失。

(2)风险管理直接影响企业的经济效益。通过有效的风险管理,有关企业可以对自己的资金、物资等资源做出更合理的安排,从而提高其经济效益。例如,在工程建设中,承包单位往往需要库存部分建材以避免建材涨价的风险。但若承包单位在承包合同中约定建材价格按实结算或根据市场价格予以调整,则有关价格风险将被转移,承包单位便无须耗费大量资金库存建材,而节省出的流动资金将成为企业新的利润来源。

(3)风险管理有助于项目建设顺利进行,避免各方可能发生的纠纷。风险管理不仅能预防风险,而且可在各方之间合理平衡、分配风险。对于某一特定的工程项目的风险,各方预防和处理的难度不同。通过合理平衡、分配,由最适合的当事方进行风险管理,负责、监督风险的预防和处理工作,将大幅度降低发生风险的可能性和减少风险带来的损失。同时,明确各类风险的负责方,也可在风险发生后明确责任,及时解决善后事宜,避免互相推诿,导致进一步纠纷。

(4)风险管理是项目业主、承包单位和设计单位、工程监理单位等在日常经营、重大决策过程中必须认真对待的工作。它不单可以消极避险,更有助于企业积极地避害趋利,进而在竞争中处于优势地位。

四、建设工程风险管理的过程

建设工程风险管理的过程主要包括以下内容。

(1)风险识别,即确定项目的风险的种类,也就是可能有哪些风险发生。

(2)风险评估,即评估风险发生的概率及风险对项目的影响。

(3)风险响应,即制订风险对策和措施。

(4)风险控制,即在项目实施中采取措施控制风险。

任务二　建设工程风险识别

研究风险,首先应该了解和识别可能产生风险的因素,并结合将要投标和实施的工程进行具体的、细致的研究和分析。风险识别是进行风险管理的首要工作。

一、风险因素

风险因素是指促使损失发生和增加损失发生的频率或严重程度的任何事件。风险因素范围广,内容多。总的来说,风险因素可以分为有形风险因素和无形风险因素两类。

1. 有形风险因素

有形风险因素是指导致损失发生的物质方面的因素，如财产所在地域、建筑结构和用途等。例如，北京的建筑施工企业到外地或国外承包工程项目与在北京地区承包工程项目相比，前者可能发生风险的频率和损失大些。又例如，两个建筑工程项目，一个是高层建筑，结构复杂，另一个是多层建筑，结构简单，那么高层建筑就比多层建筑发生安全事故的可能性大。但如果高层建筑采取了有效的安全技术措施，多层建筑施工管理水平低，并且缺少必要的安全技术措施，那么相比之下，高层建筑发生安全事故的可能性就减小了。

2. 无形风险因素

无形风险因素是指导致损失发生的非物质形态因素。这种风险因素包括道德风险因素和行为风险因素两种。

(1)道德风险因素。这类因素通常指人们以不良企图、不诚实或欺诈行为故意促使风险事故发生，或扩大已发生的风险事故所造成的损失的因素。例如，招标活动中故意划小标段，将工程发包给不符合资质的施工企业；低资质施工企业骗取需高资质企业才能承包的项目；发包方采用压标和陪标的方式以低价发包等。

(2)行为风险因素。这类风险因素是指由于人们在行为上的粗心大意和漠不关心而引发的风险事故的机会和扩大损失程度的因素。例如，投标中现场勘察不认真未能发现施工现场存在的问题而给施工企业带来的损失，未认真审核施工图纸和设计文件给投标报价、项目实施带来的损失，均属于由行为风险因素所导致的损失。

二、风险因素分析

风险因素分析就是确定一个项目的风险范围，即有哪些风险存在，将这些风险因素逐一列出，以作为工程项目风险管理的对象。在工程建设的不同阶段，由于目标设计、项目的技术设计和计划、环境调查的深度不同，人们对风险的认识程度也不相同，需经历一个由浅入深逐步细化的过程。风险因素分析是在对项目系统风险有了基本认识的基础上进行的，通常首先罗列对整个工程建设有影响的风险，然后注意对自己有重大影响的风险。罗列风险因素通常要从多角度、多方面进行，形成对项目系统风险的多方位的透视。风险因素通常可以从以下几个角度进行分析。

(一)按项目系统要素进行分析

1. 项目环境要素风险

项目环境系统结构的建立和环境调查对风险分析是有很大帮助的。从这个角度，常见的风险因素有以下几种。

(1)政治风险。例如，政局的不稳定性，战争状态、动乱、政变的可能性，国家的对外关系，政府信用和政府廉洁程度，政策及政策的稳定性，经济的开放程度或排外性，国有化的可能性，国内的民族矛盾，保护主义倾向等。

(2)经济风险。例如，国家经济政策的变化，产业结构的调整，银根紧缩，项目的产品的市场变化；项目的工程承包市场、材料供应市场、劳动力市场的变动，工资的提高，物价上涨，通货膨胀速度加快，原材料进口价格和外汇汇率的变化等。

(3)法律风险。例如,法律不健全,有法不依,执法不严,相关法律的内容的变化,法律对项目的干预,人们可能对相关法律未能全面、正确理解,工程中可能有触犯法律的行为等。

(4)社会风险。社会风险包括宗教信仰的影响和冲击、社会治安的稳定性、社会的禁忌、劳动者的文化素质、社会风气等。

(5)自然条件。例如,地震、风暴,以及特殊的、未预测到的地质条件,如泥石流、河塘、垃圾场、流沙、泉眼等,反常的恶劣的雨、雪天气,冰冻天气,恶劣的现场条件,周边存在项目的干扰源,工程项目的建设可能造成对自然环境的破坏,不良的运输条件可能造成供应的中断。

2. 项目系统结构风险

项目系统结构风险是以项目结构图上项目单元作为对象确定的风险因素,即各个层次的项目单元,直到工作包在实施以及运行过程中可能遇到的技术问题,人工、材料、机械、费用消耗的增加,在实施过程中可能的各种障碍、异常情况。

3. 项目的行为主体产生的风险

项目的行为主体产生的风险是从项目组织角度进行分析的,主要有以下几种情况。

1)业主和投资者

(1)业主的支付能力差,企业的经营状况恶化,资信不好,企业倒闭,撤走资金,或改变投资方向,改变项目目标。

(2)业主不能完成其合同责任,如不及时供应其负责的设备、材料,不及时交付场地,不及时支付工程款。

(3)业主违约、苛求、刁难、随便改变主意,但又不赔偿,发出错误的行为和指令,非程序地干预工程。

2)承包商(分包商、供应商)

(1)技术能力和管理能力不足,没有适合的技术专家和项目经理,不能积极地履行合同,管理和技术方面的失误造成工程中断。

(2)没有得力的措施来保证进度、安全和质量要求。

(3)财务状况恶化,无力采购和支付工资,企业处于破产境地。

(4)承包商的工作人员罢工、抗议或软抵抗。

(5)错误理解业主意图和招标文件,方案错误,报价失误,计划失误。

(6)设计单位设计错误,工程技术系统之间不协调、设计文件不完备、不能及时交付图纸,或无力完成设计工作。

3)项目管理者

(1)项目管理者的管理能力、组织能力低,工作积极性低,职业道德低,公正性差。

(2)项目管理者的管理风格、文化偏见可能会导致其不正确地执行合同,在工程中苛刻要求。

(3)在工程中起草错误的招标文件、合同条件,下达错误的指令。

4)其他方面

例如,中介人的资信、可靠性差;政府机关工作人员、城市公共供应部门(如水、电等部门)的干预、苛求和个人需求;项目周边或涉及的居民或单位的干预、抗议或苛刻的要求等。

（二）按风险对目标的影响分析

由于项目管理上层系统的情况和问题存在不确定性，目标的建立基于对当时情况和对将来的预测之上，所以目标会有许多风险。这是按照项目目标系统的结构进行分析的，是风险作用的结果。从这个角度看，常见的风险因素有以下几种。

(1)工期风险，即造成局部（工程活动、分项工程）或整个工程工期延长，不能及时投入使用。

(2)费用风险，包括财务风险、成本超支、投资追加、报价风险、收入减少、投资回收期延长或无法收回、回报率降低。

(3)质量风险，包括材料、工艺、工程不能通过验收，工程试生产不合格，经过评价工程质量未达标准。

(4)生产能力风险，即项目建成后达不到设计生产能力，可能是由于设计、设备问题，或生产用原料、能源、水、电供应问题。

(5)市场风险，即工程建成后产品未达到预期的市场份额，销售不足、没有销路，没有竞争力。

(6)信誉风险，即造成对企业形象、职业责任、企业信誉的损害。

(7)法律责任，即可能被起诉或承担相应法律的或合同的处罚。

（三）按管理的过程分析

这里包括极其复杂的内容，常常是分析责任的依据，具体情况如下。

(1)高层战略风险，如指导方针、战略思想可能有错误而造成项目目标设计错误。

(2)环境调查和预测的风险。

(3)决策风险，如错误的选择、错误的投标决策和报价等。

(4)项目策划风险。

(5)计划风险，包括对目标（任务书、合同、招标文件）理解错误，合同条款不准确、不严密、错误、二义性，过于苛刻的单方面约束性的、不完备的条款，方案错误，报价（预算）错误、施工组织措施错误。

(6)技术设计风险。

(7)实施控制中的风险。

①合同风险，如合同未履行、合同伙伴争执、责任不明、产生索赔要求。

②供应风险，如供应拖延、供应商不履行合同、运输中的损坏以及在工地上的损失。

③新技术、新工艺风险。

④分包层次太多造成计划的执行、调整和实施控制的困难。

⑤工程管理失误。

(8)运营管理风险，如准备不足、无法正常营运、销售渠道不畅、宣传不力等。

在风险因素列出后，可以采用系统分析方法，进行归纳整理，即分类、分项、分目及细目，建立项目风险的结构体系，并列出相应的结构表，作为后面风险评价和落实风险责任的依据。

三、建设工程风险的识别程序

(1)收集与项目风险有关的信息。风险管理需要大量地占有信息,了解情况,要对项目的系统环境有十分深入的了解,并要进行预测。不熟悉情况,不掌握数据,是不可能进行有效的风险管理的。风险识别是要确定具体项目的风险,必须掌握该项目和项目环境的特征数据,例如本项目相关的数据资料、设计与施工文件,以了解该项目系统的复杂性、规模、工艺的成熟程度。

(2)确定风险因素。对工程、工程环境、其他各类微观和宏观环境、已建类似工程等,通过调查、研究、座谈、查阅资料等手段进行分析,列出风险因素一览表。确定风险因素是在风险因素一览表的基础上,通过甄别、选择、确认,把重要的风险因素筛选出来加以确认,列出正式风险清单。

(3)编制项目风险识别报告。编制项目风险识别报告是在正式风险清单的基础上,补充文字说明,作为风险管理的基础。项目风险识别报告通常包括已识别风险、潜在的项目风险、项目风险的征兆。

任务三　建设工程风险评估

风险评估是对风险的规律性进行研究和量化分析。工程建设中存在的每一个风险都有自身的规律和特点、影响范围和影响量。通过分析,可以将它们的影响统一成成本目标的形式,按货币单位来度量,并对每一个风险进行评价。

一、建设工程风险评估的内容

1. 风险因素发生的概率

风险发生的可能性有其自身的规律性,通常可用概率表示。既然被视为风险,则它必然在必然事件(概率=1)和不可能事件(概率=0)之间。它的发生有一定的规律性,但也有不确定性。所以,人们经常用风险发生的概率来表示风险发生的可能性。风险发生的概率需要利用已有数据资料和相关专业方法进行估计。

2. 风险损失量的估计

风险损失量是一个非常复杂的问题,有的风险造成的损失较小,有的风险造成的损失很大,可能引起整个工程的中断或报废。风险之间常常是有联系的,某个工程活动受到干扰而拖延,则可能影响它后面的许多活动。

(1)经济形势的恶化不但会造成物价上涨,而且可能会引起业主支付能力的变化。例如,通货膨胀引起了物价上涨,会影响后期的采购费用、人工工资及其他各种费用支出,进而影响整个后期的工程费用。

(2)设计图纸提供不及时,不仅会造成工期拖延,而且会造成费用提高(如人工和设备闲置、管理费开支),还可能在原来本可以避开的冬雨季施工,造成更大的拖延和费用增加。

风险损失量的估计应包括下列内容:

(1)工期损失的估计;

(2)费用损失的估计;

(3)对工程的质量、功能、使用效果等方面的影响。

由于风险对目标的干扰常常首先表现在对工程实施过程的干扰上,所以风险损失量估计一般包括以下分析过程:

(1)考虑正常状况下(没有发生该风险)的工期、费用、收益;

(2)将风险加入这种状态,分析实施过程、劳动效率、消耗、各个活动有什么变化;

(3)两者的差异则为风险损失量。

3. 风险等级评估

风险因素非常多,涉及各个方面,但人们并不是对所有的风险都予以十分重视;否则,将大幅度提高管理费用,干扰正常的决策过程。所以,组织应根据风险因素发生的概率和损失量,确定风险程度,进行分级评估。

(1)风险位能的概念。对于一个具体的风险而言,如果发生,设损失为 R_H,发生的可能性为 E_W,则风险的期望值 R_W 为:

$$R_W = R_H \cdot E_W$$

例如一种自然环境风险,如果发生,则损失达 20 万元,而发生的可能性为 0.1,则损失的期望值为

$$R_W = 20 \times 0.1 \text{ 万元} = 2 \text{ 万元}$$

引用物理学中位能的概念,损失期望值高的,则风险位能高。可以在二维坐标上作风险等位能线(即损失期望值相等),如图 9-1 所示,则具体项目中的任何一个风险可以在图上找到一个表示其位能的点。

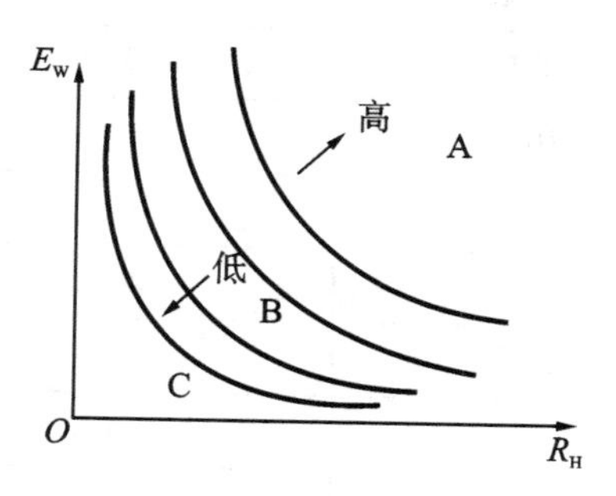

图 9-1 风险等位能线

(2)A、B、C 分类法。不同位能的风险可分为不同的类别。

①A 类:高位能,即损失期望很大的风险,通常发生的可能性很大,而且一旦发生损失也很大。

②B 类:中位能,即损失期望值一般的风险,通常发生可能性不大,损失也不大的风险,或发生可能性很大但损失极小,或损失比较大但可能性极小的风险。

③C 类:低位能,即损失期望极小的风险,发生的可能性极小,即使发生损失也很小的风险。

在工程项目风险管理中,A 类是重点,B 类要顾及,C 类可以不考虑。另外,也有不用 A、B、C 分类的形式,而用级别的形式划分,如 1 级、2 级、3 级等,其意义是相同的。

(3)风险等级评估表。组织进行风险分级时可使用表 9-1。

表 9-1 风险等级评估表

可能性	损失等级		
	轻度损失	中度损失	重大损失
	风险等级		
很大	Ⅲ	Ⅳ	Ⅴ
中等	Ⅱ	Ⅲ	Ⅳ
极小	Ⅰ	Ⅱ	Ⅲ

注:表中Ⅰ为可忽略风险,Ⅱ为可容许风险,Ⅲ为中度风险,Ⅳ为重大风险,Ⅴ为不容许风险。

二、建设工程风险评估分析的步骤

1. 收集信息

风险评估分析时必须收集的信息主要有:承包商类似工程的经验和积累的数据;与工程有关的资料、文件等;对上述两类信息的主观分析结果。

2. 对信息的整理加工

根据收集的信息和主观分析加工,列出项目所面临的风险,并将发生的概率和损失的后果列成一个表格,风险因素、发生概率、损失后果、风险程度一一对应,如表 9-2 所示。

表 9-2 风险程度(R)分析

风险因素	发生概率 P/(%)	损失后果 C/万元	风险程度 R/万元
物价上涨	10	50	5
地质特殊处理	30	100	30
恶劣天气	10	30	3
工期拖延罚款	20	50	10
设计错误	30	50	15
业主拖欠工程款	10	100	10
项目管理人员不胜任	20	300	60
合计	—	—	133

3. 评价风险程度

风险程度是风险发生的概率和风险发生后的损失严重性的综合结果。其表达式为:

$$R = \sum_{i=1}^{n} R_i = \sum_{i=1}^{n} P_i \times C_i$$

式中:R——风险程度;

R_i——第 i 个风险因素引起的风险程度;

P_i——第 i 个风险发生的概率;

C_i——第 i 风险发生的损失后果。

4. 提出风险评估报告

风险评估分析结果必须用文字、图表进行表达说明，作为风险管理的文档，即以文字、表格的形式形成风险评估报告。评估分析结果不仅是风险评估的成果，而且是风险管理的基本依据。

风险评估报告中的表可以按照分析的对象进行编制，例如以项目单元（工作包）作为对象进行编制（见表 9-3）。对于以下两类风险而言，可以按风险的结构进行分析研究（见表9-4）。

表 9-3 风险评估结果（一）

工作包号	风险名称	风险会产生的影响	原因	损失		可能性	损失期望	预防措施	评价等级A、B、C
				工期	费用				

表 9-4 风险评估结果（二）

工作包号	风险名称	风险的影响范围	原因导致发生的边界条件	损失		可能性	损失期望	预防措施	评价等级A、B、C
				工期	费用				

（1）在项目目标设计和可行性研究中分析的风险。

（2）对项目总体产生影响的风险，如通货膨胀影响、产品销路不畅、法律变化、合同风险等。

三、风险程度分析方法

风险程度分析主要应用在项目决策和投标阶段，风险程度分析方法较多，其中经常用到的有专家评分比较法、风险相关性评价法、期望损失法、风险状态图法。

1. 专家评分比较法

专家评分比较法主要是找出各种潜在的风险并对风险后果做出定性估计。

投标时，采用专家评分比较法分析风险的具体步骤如下。

（1）由投标小组成员及有投标和工程施工经验的成员组成专家小组，共同就某一项目可能遇到的风险因素进行分类、排序。

（2）列出分析风险表，确定每个风险因素的权重 W，如表 9-5 所示，权重表示该风险因素在众多因素中影响程度的大小，所有风险因素权重之和为 1。

表 9-5 专家评分比较法分析风险表

可能发生的风险因素	权重 W	风险因素发生的概率等级值 P					风险因素得分 $W\times P$
		很大	比较大	中等	较小	很小	
		1.0	0.8	0.6	0.4	0.2	
物价上涨	0.15			√			0.09
报价漏项	0.10				√		0.04
竣工拖期	0.10			√			0.06
业主拖欠工程款	0.15	√					0.15
地质特殊处理	0.20				√		0.08
分包商违约	0.10			√			0.06
设计错误	0.10			√			0.06
违反扰民规定	0.10				√		0.04
合计							0.58

(3)确定每个风险因素发生的概率等级值 P,按发生概率很大、较大、中等、较小、很小五个等级,分别以 1.0、0.8、0.6、0.4、0.2 给 P 值打分。

(4)每一个专家或参与的决策人,分别按表 9-5 判断概率等级。判断结果画"√"表示,计算出每一风险因素的 $P\times W$,合计得出 $\sum(P\times W)$。

(5)根据每位专家和参与的决策人的工程承包经验、对招标项目的了解程度、招标项目的环境及特点、知识的渊博程度,确定其权威性即权重 W。W 可取 0.5~1.0。再按表 9-6 确定投标项目的最后风险度值。风险度值的确定采用加权平均法。

表 9-6 风险因素得分汇总表

决策人或专家	权威性 k	风险因素得分 $P\times W$	风险度 $(P\times W)\times k/\sum k$
决策人	1.0	0.58	0.176
专家甲	0.5	0.65	0.098
专家乙	0.6	0.55	0.100
专家丙	0.7	0.55	0.117
专家丁	0.5	0.55	0.083
合计	3.3	—	0.574

(6)根据风险度判断是否投标。一般风险度在 0.4 以下可认为风险很小,可较乐观地参加投标;0.4~0.6 可视为风险居中等水平,报价时不可预见费也可取中等水平;0.6~0.8 可看作风险较大,不仅投标时不可预见费取上限值,还应认真研究主要风险因素的防范;超过 0.8,则认为风险很大,应采用回避此风险的策略。

2. 风险相关性评价法

风险之间的关系可以分为以下三种情况。

(1)两种风险之间没有必然联系。例如,国家经济政策变化不可能引起自然条件变化。

(2)一种风险出现,另一种风险一定会发生。例如,一个国家政局动荡,必然导致该国经济形势恶化,而引起通货膨胀,物价飞涨。

(3)一种风险出现后,另一种风险发生的可能性增加。例如,自然条件发生变化,有可能会导致承包商技术能力不能满足实际需要。

上述后两种情况的风险是相互关联的,有交互作用。用概率来表示各种风险发生的可能性,设某项目中可能会遇到 i 个风险,$i=1,2,\cdots$,P_i 表示第 i 个风险发生的概率($0\leqslant P_i\leqslant 1$),$R_i$ 表示第 i 个风险一旦发生给项目造成的损失值,其评价步骤如下。

(1)找出各种风险之间相关概率 P_{ab}。设 P_{ab} 表示一旦风险 a 发生后风险 b 发生的概率($0\leqslant P_{ab}\leqslant 1$)。$P_{ab}=0$,表示风险 a、b 之间无必然联系;$P_{ab}=1$,表示风险 a 出现必然会引起风险 b 发生。根据各种风险之间的关系,可以找出各风险之间的 P_{ab},如表 9-7 所示。

表 9-7 风险相关概率分析表

风险		1	2	3	…	i	…
1	P_1	1	P_{12}	P_{13}	…	P_{1i}	…
2	P_2	P_{21}	1	P_{23}	…	P_{2i}	…
…	…	…	…	…	…	…	…
i	P_i	P_{i1}	P_{i2}	P_{i3}	…	1	…
…	…	…	…	…	…	…	…

(2)计算各风险发生的条件概率 $P(b/a)$(见表 9-8)。已知风险 a 发生概率为 P_a,与风险 b 的相关概率为 P_{ab},则在 a 发生情况下 b 发生的条件概率 $P(b/a)=P_a\cdot P_{ab}$。

表 9-8 风险发生条件概率分析表

风险	1	2	3	…	i	…
1	P_1	$P(2/1)$	$P(3/1)$	…	$P(i/1)$	…
2	$P(1/2)$	P_2	$P(3/2)$	…	$P(i/2)$	…
…	…	…	…	…	…	…
i	$P(1/i)$	$P(2/i)$	$P(3/i)$	…	P_i	…
…	…	…	…	…	…	…

(3)计算出各种风险损失情况 R_i。

$$R_i=\text{风险 } i \text{ 发生后的工程成本}-\text{工程的正常成本}$$

(4)计算各风险损失期望值 W_i。

$$\boldsymbol{W}=\begin{bmatrix} P_1 & P(2/1) & P(3/1) & \cdots & P(i/1) & \cdots \\ P(1/2) & P_2 & P(3/2) & \cdots & P(i/1) & \cdots \\ \vdots & \vdots & \vdots & & \vdots & \cdots \\ P(1/i) & P(2/i) & P(3/i) & \cdots & P(i) & \cdots \\ \vdots & \vdots & \vdots & & \vdots & \cdots \end{bmatrix}\times\begin{bmatrix} R_1 \\ R_2 \\ \vdots \\ R_i \\ \vdots \end{bmatrix}=\begin{bmatrix} W_1 \\ W_2 \\ \vdots \\ W_i \\ \vdots \end{bmatrix}$$

其中，
$$W_i = \sum P(j/i) \cdot R_j$$

(5)将损失期望值按从大到小进行排列，并计算出各期望值在总损失期望值中所占百分率。

(6)计算累计百分率并分类。损失期望值累计百分率在 80% 以下所对应的风险为 *A* 类风险，显然它们是主要风险；累计百分率在 80%～90% 的风险为 *B* 类风险，是次要风险；累计百分率在 90%～100% 的风险为 *C* 类风险，是一般风险。

3. 期望损失法

风险的期望损失是风险发生的概率和风险发生造成的损失的乘积。期望损失法首先要辨识出工程面临的主要风险，其次推断每种风险发生的概率以及损失后果，求出每种风险的期望损失值，最后累计期望损失的总额。下面以某写字楼工程为例，具体说明期望损失法的应用。

例如，某写字楼工程建筑面积为 30 000 m^2，混凝土框架结构，地上 12 层，地下 2 层，招标文件要求工期为 18 个月，质量目标为优良。招标文件还说明：如果投标方采取先进科学的施工方案，允许自主报价。某承包商在投标报价阶段初步估算成本为 1 亿元，应该考虑多少不可预见费呢？

1)辨识主要风险

根据以往同类工程经验和招标文件的要求以及对工程信息的综合调查研究，承包商经过分析，认为该写字楼的工程风险因素很多，但大多数风险都可以通过购买保险的方式转移给保险公司。

不能转移给保险公司的风险，需在报价中考虑不可预见费，这种风险主要有报价漏项或多项、分包商违约、业主拖欠工程款、周围民众干扰、工期拖延罚款或提前奖励五项。

2)判断风险因素可能造成的期望损失

(1)报价漏项或多项。风险可能造成损失，也可能带来盈利。中标后，如果报价漏项，则成本亏损；如果报价多项，则成本盈余。这里主要讨论的是成本亏损情况，所以把漏项产生的亏损定义为正值，把多项带来的盈利定义为负值。报价漏项或多项发生概率和期望损失的对应关系如表 9-9 所示。

表 9-9　报价漏项或多项发生概率和期望损失的对应关系

占估算成本的比重/(%)	金额/万元	发生概率/(%)	期望损失/万元
−2	−200	0	0
−1	−100	10	−10
0	0	50	0
1	100	25	25
2	200	15	30
小计		100	45

(2)分包商违约。分包商在向承包商报价时，经常由于中标心切对风险估计不足，或经验不足、疏忽等原因报价过低，中标后不断找借口向承包商进行费用索赔。如果索赔额不足以弥补其亏损，承包商就撕毁合同，迫使承包商重新寻找分包商。不论承包商是满足分包商

的索赔要求、重新寻找分包商，还是起诉违约的分包商，在经济上都将蒙受损失。这里仅列出分包商违约发生概率和期望损失的对应关系，如表 9-10 所示。

表 9-10 分包商违约发生概率和期望损失的对应关系

经济损失金额/万元	发生概率/(%)	期望损失/万元
0	30	0
50	30	15
100	20	20
150	10	15
200	10	20
小计	100	70

(3)业主拖欠工程款。业主拖欠工程款给承包商带来的损失很多，如工程款利息损失、坏账损失、信誉损失和机会损失等。这里主要从经济上讨论利息损失和坏账损失。与其他风险因素不同，由于业主拖欠工程款造成的损失后果不易简单推断，所以期望损失的计算也较难，需要根据以往经验和对业主的调查进行主观分析判断。业主拖欠工程款发生概率和期望损失的对应关系，如表 9-11 所示。

表 9-11 业主拖欠工程款发生概率和期望损失的对应关系

拖欠情况	损失后果/万元	发生概率/(%)	期望损失/万元
不拖欠	0	40	0
拖欠 1 000 万元 1 年	50	20	10
拖欠 2 000 万元 1 年	100	20	20
拖欠 2 000 万元 2 年	200	5	10
拖欠 3 000 万元 1 年	300	10	30
拖欠 3 000 万元 2 年	600	5	30
小计		100	100

(4)周围民众干扰。周围民众干扰，可能使工程发生停工、窝工损失，并错过最佳施工季节，发生季节性施工措施费用，或者造成材料变质损耗损失等。周围民众干扰发生概率和期望损失的对应关系如表 9-12 所示。

表 9-12 周围民众干扰发生概率和期望损失的对应关系

干扰时间/日	损失后果/万元	发生概率/(%)	期望损失/万元
0	0	20	0
10	10	30	3
20	20	30	6
30	30	10	3
40	40	10	4
小计		100	16

(5)工期拖延罚款或提前奖励。例如,招标文件中规定:由于承包商原因造成每延期竣工一天,违约罚款为合同价款0.2‰,累计不超过合同价款的3‰;每提前竣工一天,提前奖励为合同价款的0.2‰,累计不超过合同价款的3‰,承包商估算成本为1亿元,加上企业管理费、计划利润和税金后,初步报价约为1.2亿元。因为有奖有罚,所以结果既可能是有损失也可能是盈利。这里主要讨论损失,所以,拖延工期和损失额定义为正值,提前工期和盈利额定义为负值。工期拖延罚款或提前奖励发生概率和期望损失的对应关系如表9-13所示。

表9-13　工期拖延罚款或提前奖励发生概率和期望损失的对应关系

工期拖延或提前时间/日	罚款或奖励金额/万元	发生概率/(%)	期望损失/万元
−100	−240	5	−12
−50	−120	20	−24
0	0	40	0
50	120	20	24
100	240	10	24
≥150	360	5	18
小计		100	30

3)汇总各项风险因素的期望损失

把各项风险因素的期望损失进行汇总,并分析每种风险的期望损失占总价的百分比、占总期望损失的百分比。期望损失汇总表如表9-14所示。从表9-14中可以看出,各项风险因素的总期望损失约为总价的2.17%,所以承包商在报价中应考虑相应比例的不可预见费。从表9-14中还可以看出,在该工程面临的五个主要风险因素中,业主拖欠工程款造成的危害最大,其次是分包商违约,承包商针对这两个风险因素重点策划防范措施,以使风险真正形成的危害降至最低。

表9-14　期望损失汇总表

风 险 因 素	期望损失/万元	期望损失占总价的百分比/(%)	期望损失占总期望损失的百分比/(%)
报价漏项或多项	45	0.38	17.24
分包商违约	70	0.58	26.82
业主拖欠工程款	100	0.83	38.31
周围民众干扰	16	0.13	6.13
工期拖延罚款或提前奖励	30	0.25	11.50
合计	261	2.17	100

4. 风险状态图法

工程项目风险有时会有不同的状态、程度。例如,某工程通货膨胀可能为0、3%、6%、9%、12%、15%六种状态,由工程估价分析得到相应的风险损失为0万元、20万元、30万元、40万元、60万元、90万元。现请四位专家进行风险咨询。各位专家估计各种状态发生的概率(见表 9-15)。对四位专家的估计,可以使用取平均的方法作为咨询结果(如果专家较多,可以去掉最高值和最低值再平均)。由此,可以得到通货膨胀风险的影响分析表,如表 9-16 所示。

表 9-15 风险状态(通货膨胀)分析表

专家	风险状态:通货膨胀/(%)						Σ
	0	3	6	9	12	15	
	风险损失/万元						
	0	20	30	45	60	90	
1	20	20	35	15	10	0	100
2	0	0	55	20	15	10	100
3	10	10	40	20	15	5	100
4	10	10	30	25	20	5	100
平均	10	10	40	20	15	5	100

表 9-16 通货膨胀影响分析表

通货膨胀/(%)	发生概率	损失预计/万元	概率累计
0	0.1	0	1.0
3	0.1	20	0.9
6	0.4	30	0.80
9	0.2	45	0.40
12	0.15	60	0.20
15	0.05	90	0.05

按其各种状态的概率累计可作出通货膨胀风险状态图,如图 9-2 所示。

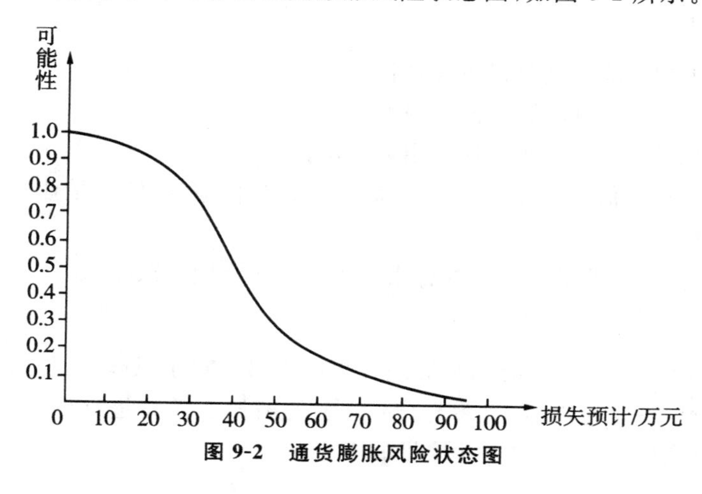

图 9-2 通货膨胀风险状态图

从图 9-2 可获得通货膨胀率损失大致的风险状况。例如,损失预计达 45 万元,即为 9%

的通货膨胀率约有40%的可能性。同一个项目、不同种类的风险,可以在该图上叠加求和。

一般认为,在图9-2中概率(可能性)在0.1~0.9范围内,表示能力较强即可能性较大。从风险状态曲线上可反映风险的特性和规律,如风险的可能性及损失的大小、风险的波动范围等。

例如,图9-3中A风险损失的主要区间为(A_1,A_2),B风险损失的主要区间为(B_1,B_2)。A的风险损失区间较大,而B比较集中。

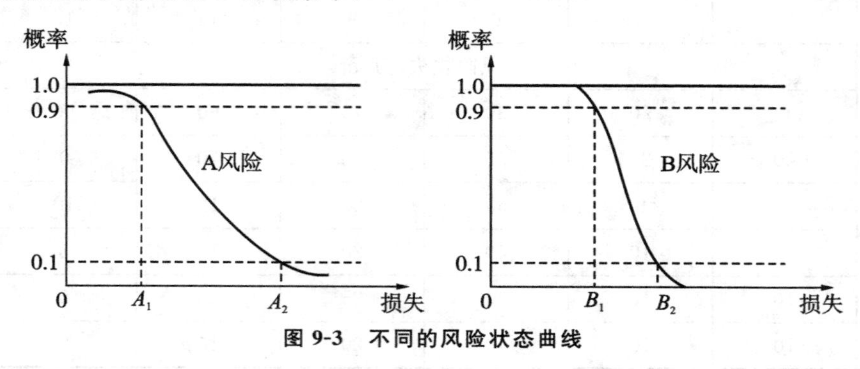

图9-3 不同的风险状态曲线

任务四 建设工程风险响应

对分析出来的风险应有响应,即确定针对风险的对策。风险响应是通过采用将风险转移给另一方或将风险自留等方式,研究如何对风险进行管理,包括风险规避、风险减轻、风险转移、风险自留及其组合等策略。

一、风险规避

风险规避是指承包商设法远离、躲避可能发生风险的行为和环境发生的可能性,其具体做法有以下三种。

1. 拒绝承担风险

承包商拒绝承担风险大致有以下几种情况:

(1)对某些存在致命风险的工程拒绝投标;

(2)利用合同保护自己,不承担应该由业主承担的风险;

(3)不接受实力差、信誉不佳的分包商和材料、设备供应商,即使是业主或者有实权的其他任何人的推荐;

(4)不委托道德水平低下或其他综合素质不高的中介组织或个人。

2. 承担小风险,回避大风险

这在项目决策时要注意,放弃明显导致亏损的项目。对于风险超过自己的承受能力,成功把握不大的项目,不参与投标,不参与合资。甚至有时在工程进行到一半时,预测后期风险很大,必然有更大的亏损,采取中断项目的措施。

3. 为了避免风险而损失一定的较小利益

利益可以计算，但风险损失是较难估计的，在特定情况下采用此种做法。例如，在建材市场中有些材料价格波动较大，承包商与供应商提前订立购销合同并付一定数量的定金，从而避免因涨价带来的风险；采购生产要素时应选择信誉好、实力强的分包商，虽然价格略高于市场平均价，但分包商违约的风险减小了。

规避风险虽然是一种风险响应策略，但应该承认这是一种消极的防范手段。因为规避风险固然避免损失，但同时也失去了获利的机会。如果企业想生存、图发展，又想回避其预测的某种风险，最好的办法是采用除规避以外的其他策略。

二、风险减轻

承包商的实力越强，市场占有率越高，抵御风险的能力也就越强，一旦出现风险，其造成的影响就相对显得小些。例如：承包商承担一个项目，出现风险会使其难以承受；若承包若干个工程，一旦在某个项目上出现了风险损失，还可以有其他项目的成功加以弥补。这样，承包商的风险压力就会减轻。

在分包合同中，通常要求分包商接受建设单位合同文件中的各项合同条款，使分包商分担一部分风险。有的承包商直接把风险比较大的部分分包出去，将建设单位规定的误期损失赔偿费如数订入分包合同，将这项风险分散。

三、风险转移

风险转移是指承包商在不能回避风险的情况下，将自身面临的风险转移给其他主体来承担。

风险的转移并非转嫁损失，有些承包商无法控制的风险因素，其他主体都可以控制。风险转移一般是将风险转移给分包商和保险机构。

1. 转移给分包商

工程风险中的很大一部分可以分散给若干分包商和生产要素供应商。例如，对于业主拖欠工程款的风险，可以在分包合同中规定在业主支付给总包后若干日内向分包方支付工程款。

承包商在项目中投入的资源越少越好，以便一旦遇到风险，可以进退自如。可以采用租赁或指令分包商自带设备等措施来减少自身资金、设备沉淀。

2. 工程保险

购买保险是一种非常有效的转移风险的手段，将自身面临的风险很大一部分转移给保险公司来承担。

工程保险是指业主和承包商为了工程项目的顺利实施，向保险人（公司）支付保险费，保险人（公司）根据合同约定对在工程建设中可能产生的财产和人身伤害承担赔偿保险金责任。

3. 工程担保

工程担保是指担保人（一般为银行、担保公司、保险公司、其他金融机构、商业团体或个人）应工程合同一方（申请人）的要求向另一方（债权人）做出的书面承诺。工程担保是工程风险转移的一项重要措施，它能有效地保障工程建设的顺利进行。许多国家政府都在法规中规定要求进行工程担保，在标准合同中也含有关于工程担保的条款。

四、风险自留

风险自留是指承包商将风险留给自己承担，不予转移。这种手段有时是无意识的，即当初并不曾预测，不曾有意识地采取种种有效措施，以致最后只好由自己承受；但有时也可以是主动的，即经营者有意识、有计划地将若干风险主动留给自己。

决定风险自留必须符合以下条件之一：

(1)自留费用低于保险公司所收取的费用；

(2)企业的期望损失低于保险人的估计；

(3)企业有较多的风险单位，且企业有能力准确地预测其损失；

(4)企业的最大潜在损失或最大期望损失较小；

(6)风险管理目标可以承受年度损失的重大差异；

(7)费用和损失支付分布于很长的时间里，因而导致很大的机会成本；

(8)投资机会很好；

(9)内部服务或非保险人服务优良。

如果实际情况与以上条件相反，则应放弃风险自留的决策。

任务五　建设工程风险控制

在整个建设工程风险控制过程中，应收集和分析与项目风险相关的各种信息，获取风险信号，预测未来的风险并提出预警，纳入项目进展报告。同时，还应对可能出现的风险因素进行监控，根据需要制订应急计划。

一、风险预警

工程建设项目推进过程中会遇到各种风险，要做好风险管理，就要建立完善的项目风险预警系统，通过跟踪项目风险因素的变动趋势，测评风险所处状态，尽早地发出预警信号，及时向业主、项目监管方和施工方发出警报，为决策者掌握和控制风险争取更多的时间，尽早采取有效措施防范和化解项目风险。

在工程中需要不断地收集和分析各种信息。可通过以下几条途径捕捉风险前奏的信号：

(1)天气预测警报；

(2)股票信息；

(3)各种市场行情、价格动态；

(4)政治形势和外交动态；

(5)各投资者企业状况报告；

(6)在工程中通过工期和进度的跟踪、成本的跟踪分析、合同监督、各种质量监控报告、现场情况报告等手段，了解工程风险；

(7)在工程的实施状况报告中应包括风险状况报告。

二、风险监控

在工程建设项目推进过程中,各种风险在性质和数量上都是在不断地变化的,有可能会增大或者衰退,因此,在项目整个生命周期中,需要时刻监控风险的发展与变化情况,并确定随着某些风险的消失而带来的新风险。

1. 风险监控的目的

(1)监视风险的状况,如风险是已经发生、仍然存在,还是已经消失。

(2)检查风险的对策是否有效,监控机制是否在运行。

(3)不断识别新的风险并制订对策。

2. 风险监控的任务

(1)在项目进行过程中跟踪已识别风险,监控残余风险并识别新风险。

(2)保证风险应对计划的执行并评估风险应对计划执行效果。评估的方法可以是项目周期性回顾、绩效评估等。

(3)对突发的风险或接受风险采取适当的权变措施。

3. 风险监控的方法

(1)风险审计。专人检查监控机制是否得到执行,并定期做风险审核。例如,在大的阶段点重新识别风险并进行分析,对没有预计到的风险制订新的应对计划。

(2)偏差分析。与基准计划比较,分析成本和时间上的偏差。例如,未能按期完工、超出预算等都是潜在的问题。

(3)技术指标。比较原定技术指标和实际技术指标差异。例如,测试未能达到性能要求,缺陷数大幅度超过预期等。

三、风险应急计划

在工程项目建设实施的过程中必然会遇到大量未曾预料到的风险因素,或风险因素的后果比已预料的更严重,使事先编制的计划不能奏效,所以,必须重新研究应对措施,即编制附加的风险应急计划。

风险应急计划应当清楚地说明当发生风险事件时要采取的措施,以便可以快速有效地对这些事件做出响应。

风险应急计划的编制要求见以下文件。

(1)中华人民共和国国务院令第373号《特种设备安全监察条例》;

(2)《职业健康安全管理体系　要求》(GB/T 28001—2011);

(3)《环境管理体系　要求及使用指南》(GB/T 24001—2016);

(4)《施工企业安全生产评价标准》(JGJ/T 77—2010)。

风险应急计划的编制程序如下:

(1)成立预案编制小组;

(2)制订编制计划;

(3)现场调查,收集资料;

(4)环境因素或危险源的辨识和风险评价；
(5)控制目标、能力与资源的评估；
(6)编制应急预案文件；
(7)应急预案评估；
(8)应急预案发布。

风险应急计划的编写内容主要包括：

(1)应急预案的目标；
(2)参考文献；
(3)适用范围；
(4)组织情况说明；
(5)风险定义及其控制目标；
(6)组织职能(职责)；
(7)应急工作流程及其控制；
(8)培训；
(9)演练计划；
(10)演练总结报告。

案例分析

根据案例引入中的资料，在过去的10年里，甲、乙两市投保火灾的住宅数均为80 000幢，每年都平均有100幢住宅发生火灾，甲市发生火灾的住宅数变化范围为95～105幢，乙市发生火灾的住宅数变化范围为80～120幢。通过计算甲市火灾的损失机会为100/80 000＝0.1%，乙市火灾的损失机会为100/80 000＝0.1%；两市火灾的损失机会相同。再计算甲市火灾风险为5/100＝1/20，乙市火灾风险为20/100＝1/5。通过比较得知，乙市的火灾风险大于甲市。

复习思考题

1. 建设工程风险具有哪些特点？
2. 建设工程风险管理的重要性主要体现在哪几个方面？
3. 常见的项目环境要素风险有哪些？
4. 项目的行为主体产生的风险主要有哪几种情况？
5. 识别建设工程风险应遵循哪些程序？

项目十
建设工程安全生产管理

10

学习目标

了解建设工程安全生产相关法律、法规；掌握建设工程安全生产管理监理工作的主要内容和主要方法；掌握建设工程安全生产管理监理工作现场检查要点；熟悉安全文明施工的重点、内容和措施。

案例引入

对于某工程，建设单位将土建工程、安装工程分别发包给甲、乙两家施工单位。在合同履行过程中发生了如下事件。项目监理机构在审查土建工程施工组织设计时，认为脚手架工程危险性较大，要求甲施工单位编制脚手架工程专项施工方案。甲施工单位项目经理部编制了专项施工方案，凭以往经验进行了安全估算，认为方案可行，并安排质量检查员，质量检查员同时负责施工现场安全员工作，遂将方案报送总监理工程师签认。试指出脚手架工程专项施工方案编制和报审过程中的不妥之处，写出正确做法。

任务一　相关法律责任

一、《建设工程安全生产管理条例》相关内容

第四条规定：建设单位、勘察单位、设计单位、施工单位、工程监理单位及其他与建设工程安全生产有关的单位，必须遵守安全生产法律、法规的规定，保证建设工程安全生产，依法承担建设工程安全生产责任。

第十四条规定：工程监理单位应当审查施工组织设计中的安全技术措施或者专项施工方案是否符合工程建设强制性标准。

工程监理单位在实施监理过程中，发现存在安全事故隐患的，应当要求施工单位整改；情况严重的，应当要求施工单位暂时停止施工，并及时报告建设单位。施工单位拒不整改或者不停止施工的，工程监理单位应当及时向有关主管部门报告。

工程监理单位和监理工程师应当按照法律、法规和工程建设强制性标准实施监理，并对建设工程安全生产承担监理责任。

第五十七条规定：违反本条例的规定，工程监理单位有下列行为之一的，责令限期改正；逾期未改正的，责令停业整顿，并处 10 万元以上 30 万元以下的罚款；情节严重的，降低资质等级，直至吊销资质证书；造成重大安全事故，构成犯罪的，对直接责任人员，依照刑法有关规定追究刑事责任；造成损失的，依法承担赔偿责任：

（一）未对施工组织设计中的安全技术措施或者专项施工方案进行审查的；

（二）发现安全事故隐患未及时要求施工单位整改或者暂时停止施工的；

（三）施工单位拒不整改或者不停止施工，未及时向有关主管部门报告的；

（四）未依照法律、法规和工程建设强制性标准实施监理的。

第五十八条规定：注册执业人员未执行法律、法规和工程建设强制性标准的，责令停止执业 3 个月以上 1 年以下；情节严重的，吊销执业资格证书，5 年内不予注册；造成重大安全事故的，终身不予注册；构成犯罪的，依照刑法有关规定追究刑事责任。

二、《中华人民共和国刑法》相关内容

第一百三十四条　在生产、作业中违反有关安全管理的规定，因而发生巨大伤亡事故或者造成其他严重后果的，处三年以下有期徒刑或者拘役；情节特别恶劣的，处三年以上七年以下有期徒刑。

强令他人违章冒险作业，因而发生巨大伤亡事故或者造成其他严重后果的，处五年以下有期徒刑或者拘役；情节特别恶劣的，处五年以上有期徒刑。

第一百三十七条　建设单位、设计单位、施工单位、工程监理单位违反国家规定，降低工程质量标准，造成重大安全事故的，对直接责任人员，处五年以下有期徒刑或者拘役，并处罚金；后果特别严重的，处五年以上十年以下有期徒刑，并处罚金。

任务二　安全生产管理的监理工作主要内容

一、施工准备阶段主要内容

(1)熟悉工程项目安全有关的法律、法规及政府规章制度，熟悉设计文件、地勘资料及施工合同，了解施工现场及周边环境情况。

①应熟悉建设单位向施工单位提供施工现场及毗邻区域内地上、地下管线资料和相邻建筑物、构筑物、地下工程的有关资料。

②应审查施工单位制订的对毗邻建筑物、构筑物和地下管线等的专项保护措施。

(2)协助建设单位办理工程项目安全监督手续。

(3)核查施工总承包、专业分包、劳务分包单位的资质、营业执照、安全生产许可证。

审查施工单位资质和安全生产许可证是否合法有效，检查总包单位与分包单位的安全协议签订情况。

(4)审查施工单位的项目经理、技术负责人、专职安全生产管理人员、特种作业人员的数量与资格。

审查项目经理和专职安全生产管理人员资格证及数量，审核特种作业人员的操作资格证书是否符合要求。

(5)审查施工单位的工程项目安全生产管理和责任体系、管理和教育培训制度。

检查施工单位在工程项目上的相关安全制度(安全生产责任制度、安全生产检查制度、安全生产教育培训制度、安全生产交底制度、安全规章与操作规程、施工现场消防管理制度和安全事故报告制度等)和安全管理机构的建立情况，督促施工单位检查各分包单位的安全生产规章、制度的建立情况；建立的安全管理目标应明确并符合合同的约定。

(6)核查施工单位特种设备验收备案手续。

①建筑施工起重机械设备装拆前，监理人员应检查装拆单位的企业资质、设备的出厂合格证及特种作业人员上岗证，并对其编制的专项装拆方案进行审查。

②建筑施工起重机械设备应按国家规定使用期限，经具有专业资质的检测机构检测合格后使用，监理人员应检查建筑施工起重机械设备的进场安装验收手续和备案登记手续。

(7)审查施工组织设计中的安全技术措施或安全专项方案。

①符合性审查。

a. 施工组织设计中的安全技术措施或安全专项施工方案是否有编制人、审核人、施工单位技术负责人签认并加盖单位公章；专项施工方案是否经专家认证、审查，是否执行；不符合程序的是否予以退回。

b. 施工组织设计中的安全技术措施或专项施工方案必须符合安全生产法律、法规、规范、工程建设强制性标准及有关安全生产的规定。必要时应附有安全验算的结果；须经专家论证、审查的项目，应附有专家审查的书面报告。安全专项施工方案还应有紧急救援措施等应急救援预案。

②针对性审查。

安全技术措施或专项施工方案应针对本工程特点、施工部位、所处环境、施工管理模式、现场实际情况，具有可操作性。

③施工现场安全管理目标、安全生产保证体系、人员及职责审查。

a. 检查施工单位总、分包现场专职安全生产管理人员的配备是否符合《建筑施工企业安全生产管理机构设置及专职安全生产管理人员配备办法》〔2008〕91 号文规定。

建筑工程、装修工程按照建筑面积：1 万平方米及以下的工程至少 1 人；11 万～5 万平方米的工程至少 2 人；5 万平方米及以上的工程至少 3 人，并应当设置安全主管，按土建、机电设备等专业设置专职安全生产管理人员。

土木工程、线路管道、设备按照工程合同价：5 000 万元以下的工程至少 1 人；5 000 万～1 亿元的工程至少 2 人；1 亿元及以上的工程至少 3 人，并应当设置安全主管，按土建、机电设备等专业设置专职安全生产管理人员。

b. 检查安全生产责任制、安全生产教育制度、安全技术交底制度、安全生产规章制度和操作规程、消防安全责任制、大中型施工机械安装拆卸验收、维护保养管理制度及安全生产检查制度等。

c. 检查对同边建筑物、构筑物及地下管道、电缆、线网等保护措施；施工现场平面布置中有关安全生产的说明，如施工区、仓库区、办公区、生活区等临时设施标准、位置、间距，现场道路和出入口，场地排水和防洪，施工用电线路埋地或架空，市区内施工的围挡封闭等。

d. 检查各期、雨期施工等季节性安全施工措施。

e. 检查安全生产事故应急救援预案。

④经专业监理工程师进行审查后，应在报审表上填写监理意见，并由总监理工程师签认。经审查如有不遵守程序的、不符合有关规定的、缺乏针对性的，应通知其重新编写或修改补充后再报审。

(8)编制含履行安全生产监理工作内容的监理规划和监理实施细则。

监理单位应根据《建设工程安全生产管理条例》的规定，按照工程建设标准《建设工程监理规范》(GB/T 50319—2013)和相关行业监理规范的要求，编制包括履行安全生产监理工作内容的项目监理规划和监理实施细则，明确安全生产管理监理工作的范围、内容、工作程序、制度和措施等。

(9)参加安全监督部门对项目的安全监督交底。

①参加安全生产监督管理交底的施工单位人员应包括施工单位项目经理、技术负责人及有关的安全管理人员。

②安全生产监督管理交底的主要内容应包括安全生产监督管理工作的内容、程序和方法。

③将《建设工程安全生产管理条例》中相关单位的安全责任告知各单位。

二、施工阶段主要内容

(1)监督施工单位按照施工组织设计和专项施工方案组织施工。督促施工单位进行日常、专项安全生产检查工作。

检查施工单位安全生产管理机构和专职安全生产管理人员上岗履责情况、施工单位安全生产责任制和安全检查制度的执行情况等,将检查情况记入监理日记。

(2)检查危险性较大的分部、分项工程的施工情况。对危险性较大的分部、分项工程的施工情况,按安全生产施工方案定期或不定期进行安全检查,将检查结果写入监理日记。

(3)巡视、专项检查施工单位安全生产管理情况。

①监理人员对施工现场进行巡视时,对发现的安全问题,按其严重程度及时要求施工单位改正,并向总监理工程师、专(兼)职安全生产监督管理人员报告。

②项目监理机构应要求施工单位定期(一般按周、月)组织施工现场的安全防护、临时用电、起重机械、脚手架、施工防汛、消防设施等安全检查,并派人参加。

(4)项目监理机构在实施监理过程中,发现工程存在安全事故隐患的,应签发监理通知,要求施工单位整改;情况严重的,应签发工程暂停令,并及时报告建设单位和建设行政主管部门。

(5)阶段性检查施工单位安全生产管理资料。

①检查安全生产许可证、安全生产人员的岗位证书、安全生产考核合格证书、特种作业人员岗位证书。

②检查施工单位的安全生产责任制、安全管理规章制度。

③检查施工单位的专项安全施工方案及工程项目应急救援预案。

④检查安全防护、文明施工措施费的使用。

⑤检查监理工程师通知单及回复单、工程暂停令及复工审批资料。

⑥检查关于安全事故隐患、安全生产问题的报告或处理意见等有关文件。

⑦检查关于安全事故处理的相关资料。

(6)参加安全监督部门对项目的安全监督检查、验收。

(7)配合工程安全事故的调查、分析和处理。工程施工安全事故发生后,项目监理机构应做好如下工作。

①做好举证工作,防止监理无过错或只有轻微过错而被扩大追究安全责任。例如,收集证明项目监理机构是按国家法律法规、合同、设计文件、工程建设强制性标准等进行监理的资料项目。这是一项合理规避安全责任的基础性且非常重要的工作。

②根据编制的应急救援预案,及时对伤员组织抢救并协助施工单位妥善处理好死伤家

属的赔偿、安抚工作，避免安全事故扩大而造成对社会、政治等的不利影响。

③在相关主管部门介入之前，应及时与施工单位相关人员就安全事故发生的初步原因、人员伤亡等情况进行分析。

④督促施工单位成立事故调查处理领导小组，落实防范和整改措施，防止事故再次发生。

⑤配合事故调查组查明事故发生经过、原因、人员伤亡情况等，主要阐述项目监理机构在“审、停、报”方面做的工作。

三、施工验收阶段主要内容

(1)整理履行安全生产管理监理职责的工作资料。

(2)参加竣工验收，提出监理意见，对交付使用过程中应注意的安全管理事项提出建议。

任务三　安全生产管理的监理工作主要方法

一、基本工作方法

1. 审查

(1)审查施工单位安全许可证、现场安全生产规章制度的建立和实施情况。

施工单位现场安全生产规章制度主要包括安全生产许可制度、安全生产责任制度、安全施工技术交底制度、安全生产检查制度、特种作业人员持证上岗制度、安全生产教育制度、机械设备(含租赁设备)管理制度、危险性较大分部分项工程安全管理制度、应急救援预案管理制度、消防安全管理制度、生产安全事故报告和调查处理制度、工伤和意外伤害保险制度等。

(2)特种作业人员主要包括垂直运输机械作业人员、爆破作业人员、起重信号工、安装拆卸工、登高架设作业人员等。

(3)审查施工单位项目经理、专职安全管理人员和特种作业人员的资格，核查施工机械和设施的安全许可验收手续。

2. 检查

项目监理机构应巡视检查危险性较大的分部、分项工程专项施工方案实施情况及工程施工安全生产情况。发现未按专项方案实施和工程施工有安全隐患时，应签发“监理通知单”，要求施工单位按已批准的专项施工方案实施及整改。

3. 暂停

当发现施工现场存在重大安全事故隐患时，总监理工程师应及时签发“工程暂停令”，暂停部分或分部工程的施工，并责令其限期整改；经项目监理机构复查合格，总监理工程师批准后方可复工。“工程暂停令”应抄报建设单位。

1)暂停施工条件

(1)施工单位开工条件不具备(如组织机构不完备,人员、材料、机械未按计划进场,大型机械设备进场后手续不全或不符合要求,施工组织设计未经批准,临时用等方案尚未批准,质保体系、安保体系尚未上报等)擅自进入实际施工(如桩基施工、钢结构安装或幕墙施工等)。

①项目监理机构应以“工程暂停令”形式制止施工,待施工单位开工条件具备,“开工报审表”签批后方可开工;

②部分施工准备工作(如临建搭设、三通一平、测量放线、设备试运行等)不在暂停令控制范围内,但监理可以“工作联系单”形式提醒其注意安全和工作质等;

③因建设单位开工条件不具备(如未办理规划、施工许可证,施工图纸未审查合格等)而要求工程开工的,监理应发“工作联系单”提醒。

(2)危险性较大分部、分项工程的安全专项施工方案(如深基坑、高大模板、脚手架工程、起重吊装等)未经审批通过,施工单位即开始实际实施,或施工实施内容与审批方案有较大偏离或现场管理混乱。

(3)大型起重机械设备未经安检合格或未取得验收备案手续就投入使用(如塔吊、人货梯、爬升脚手架、自升式模板系统等)。

①安装后未经有资质的单位检验合格即投入使用的,必须以“工程暂停令”形式制止;

②如大型起重机械设备已经由有资质的单位检验合格(有检测合格报告),但尚未办理备案登记手续、尚未领取“使用合格证”,可以不下发“工程暂停令”,而以“工作联系单”形式要求施工单位抓紧办理相关手续,且对其行为承担全部责任。

(4)现场发现有重大质量安全隐患(如基坑局部塌陷,基坑渗漏严重,脚手架、模板发生较大沉降或变形,梁柱等构件尺寸、位置有严量偏差等)。

(5)施工单位对“监理通知单”等指令文件执行不力、整改不力,现场质量、安全有失控的风险:

①施工单位对“监理通知单”拒不执行、执行不力或阳奉阴违,现场质量、安全有失控的危险(如钢筋不合格即封模拟浇筑混凝土,材料、设备未验收合格即投入使用、安装、隐蔽等),必须以书面形式制止施工;

②一般情况下,“工程暂停令”下发前应事先与建设单位沟通,取得建设单位同意,特殊、紧急情况例外。

2)暂停施工形式

以“工程暂停令”书面形式要求暂停施工,情况紧急时可先口头要求局部暂停施工,继而以书面形式制止施工。

4. 报告

1)报告条件

(1)施工现场发生安全事故情况紧急时;

(2)发出“监理通知单”后拒不整改的;

(3)签发了“工程暂停令”而不停止施工的。

2)报告形式

(1)专题监理报告；

(2)以电话、电邮等形式报告的应有通话记录，并及时补充书面报告。

3)报告单位

需要报告的单位包括建设单位、监理单位、建设工程安全监督站或建设行政主管部门等。

二、其他工作方法

1. 告知

监理人员在日常巡视中发现施工现场的一般性安全事故隐患，凡立即整改能够消除的可通过口头指令向施工单位管理人员予以指出，监督其改正，并在监理日志中记录。

2. 会议

在定期召开的监理例会上，应检查上次例会有关安全生产决议事项的落实情况，分析未落实事项的原因，确定下一阶段施工安全管理工作的内容，明确重点监控的措施和施工部位，并针对存在的问题提出意见；必要时，应召开安全专题会议，安全专题会议由总监理工程师或安全生产监督管理人员主持，施工单位的项目负责人、现场技术负责人、现场安全管理人员及相关单位人员参加，监理人员应做好会议记录，及时整理会议纪要。

3. 预控

(1)在项目监理机构评估工程施工可能会存在安全事故隐患后，应及时签发有关安全的“工作联系单”，提醒施工单位重视，进行有效防范。“工作联系单”应抄报建设单位。

(2)签发安全类“工作联系单”的条件：

①重要的分部、分项工程安全预控，如针对基坑土方开挖、脚手架或支撑架搭设、幕墙工程施工等易出现安全事故的技术与管理要求。

②现场重复发现一般安全隐患，如临边洞口防护不到位、临时用电不规范、交叉作业和高空作业防护不够等。

任务四　建筑工程安全生产管理监理工作现场检查要点

施工过程体现在一系列的现场施工作业和管理活动中，作业和管理活动的效果将直接影响到施工过程的施工安全。监理人员应掌握施工现场关键环节，从脚手架、模板工程、基坑支护、临时用电、起重机械等影响工程施工安全方面的因素对施工单位的安全生产管理进行监督检查，其检查要点如表 10-1 所示。

表 10-1 建筑工程安全生产管理监理工作现场检查要点

序号	类别	项　　目	检 查 要 点
1	脚手架或支撑架	立柱基础(落地式)、扫地杆、拉杆、立柱、连接件及扣件	①基础平整,夯实满足设计要求。 ②底座和垫木齐全,排水措施到位,每根立杆底部应设置底座及垫板。 ③在立柱底距地面 200 mm 高处,沿纵横水平方向应按纵下横上的程序设扫地杆。可调支托底部的立杆顶端应沿纵横向设置一道水平拉杆。扫地杆与顶部水平拉杆之间的间距在满足模板设计所确定的水平拉杆步距要求的条件下,进行平均分配,确定步距后,在每一步距处沿纵横向应各设一道水平拉杆。当层高在 8～20 m 时,在最顶步距两水平拉杆中间应加设一道水平拉杆;当层高大于 20 m 时,在最顶两步距水平拉杆中间应分别增加一道水平拉杆。所有水平拉杆的端部均应与四周建筑物顶紧顶牢。无处可顶时,应在水平拉杆端部和中部沿竖向设置连续式剪刀撑。扫地杆、水平拉杆应采用对接连接。 ④立柱接长严禁搭接,必须采用对接扣件连接,相邻两立柱的对接不得在同步内,且对接接头沿竖向错开的距离不宜小于 500 mm,各接头中心距主节点不宜大于步距的 1/3。严禁将上段的钢管立柱与下段钢管立柱错开固定在水平拉杆上。 ⑤严禁将外径为 48 mm 与 51 mm 的钢管混合使用。 ⑥对负荷面积较大和高 4 m 以上的支架立柱采用扣件式钢管、门式钢管脚手架时,除应有合格证外,对所用扣件应采用扭矩扳手进行抽检,达到合格后方可承力使用。 ⑦严禁使用有裂缝、变形的扣件,出现滑丝的螺丝必须更换。对扣件质量有怀疑时,应要求施工单位按《钢管脚手架扣件》(GB 15831—2006)规定抽样检测
		悬挑梁及架体稳定(悬挑式)	悬挑梁安装规范、牢固,杆件固定及连接良好
		附着支撑设置(附着升降式)	附着点稳固,主框架与附着点连接牢固
		升降装置(附着升降式)	装置齐全、有效
		防坠落、导向防倾斜装置(附着升降式)	装置齐全、有效
		安全装置(吊篮式)	装置齐全、有效
		吊篮架体稳定性(吊篮式)	按照方案采取固定措施
		架体与建筑结构拉接	按照规定与建筑结构设置拉接且拉接牢固。按照《建筑施工扣件式钢管脚手架安全技术规范》(JGJ 130—2011),当支架立柱高度超过 5 m,应在立柱周圈外侧和中间有结构柱的部位,按水平间距 6～9 m、竖向间距 2～3 m 与建筑结构设置一个固结点
		杆件间距	立杆及大、小横杆间距符合方案规定
		脚手板与防护栏杆	脚手板满铺、严密且搭接牢固,按照要求设置防护栏杆及挡脚板。按《建筑施工扣件式钢管脚手架安全技术规范》(JGJ 130—2011)执行

续表

序号	类别	项目	检查要点
1	脚手架或支撑架	剪刀撑设置	是否按照方案搭设、有无缺失等。按《建筑施工扣件式钢管脚手架安全技术规范》(JGJ 130—2011)、《建筑施工模板安全技术规范》(JGJ 162—2018)执行。水平夹角应为45°～60°
		架体内防护	不超过10 m设置水平防护网
		卸料平台	应符合方案要求。自身体系牢固,不得与脚手架等连接,防护到位,并有限定荷载标牌。钢丝绳与建筑物间应设置软防护
		安全通道设置	高空作业人员应通过斜道或专用爬梯以及上下通行,按照规定设置通道且牢固,通道脚手板上应设防滑条,架体出入口和紧临架体的通道,应在其上设置防护棚
		荷载	架体荷载不得超过规定,严禁不均与堆放
		作业人员	无违章操作,按规定使用安全带及安全帽
		外脚手架与电力架空线间距	电压≤1 kV为4 m,1～10 kV为6 m
		防雷接地装置	钢管脚手架四角应设置保护接地和防雷接地装置
2	基坑支护	临边防护	防护措施到位且稳固
		坑壁支护	按照规定放坡,支护做法符合设计方案,无变形
		排水措施	按方案设置排水措施,排水畅通
		坑边荷载	物料堆放距离坑边符合要求
		通道设置	上下通道符合安全要求
		作业环境	确保足够作业面,满足现场施工需要
		土石方开挖	作业人员及机械无违章操作
		其他	符合施工现场安全要求
3	模板	模板存放	大模板存放应有防倾倒措施,不得超高堆放
		施工荷载	严禁超载、不均匀施加较大荷载
		作业环境	安全防护措施到位,满足实际施工需要,制模施工是在2 m以上高处时,作业人员应有稳定可靠的作业环境
4	三安、四口防护	楼梯口、电梯进口防护	防护措施到位且牢固,楼梯口、电梯井口、预留洞口、坑井口应有防护栏杆
		预留洞口及坑井防护	防护措施到位,防护效果严密
		通道口防护	防护措施到位,防护效果严密
		通道口防护	已按规定设置防护棚,通道及出入口处有防护棚
		阳台、楼板、层面等临边防护	防护措施到位且牢固

续表

序号	类别	项　　目	检 查 要 点
5	施工用电	外电防护	已按要求设置防护措施
		接地与接零保护系统	用电设备、机械设备应有可靠的接地装置
		配电箱及开关箱	满足“三级配电、两级保护”要求，箱内各装置灵敏有效，设置环境及高度满足要求，配电箱内有标记，出线整齐、有门，有锁，有防雨措施。 动力开关箱应做到一机、一闸、一漏、一箱。用电开关箱应统一编号，安装位置适当，周围无杂物，箱体下边高出地面60 cm，箱内闸具齐全、熔断丝匹配
		现场照明	设置高度和照明亮度符合要求，潮湿环境应采取低压照明
		配电线路设置	无严重老化、破皮、架设或埋地符合安全要求，按照规定使用五芯电缆
		电器装置	参数与设备匹配，安装满足有关规定要求。民工宿舍宜安装限流器
		变配电装置	符合有关用电要求，施工用电变配电装置应符合规范要求；三级配电、二级保护；供电采用三相五线制；配电室应有警示牌、配备灭火器、绝缘垫、绝缘手套等用品
		用电管理	符合施工现场有关安全要求
6	施工升降机（人货两用电梯）	安全装置	安全装置齐全且有效
		安全防护情况	地面出入口防护措施到位，楼层出入口防护门封闭，电梯地层四周设置防护围网，底层出入口上部应设防护棚
		荷载	严禁超载，无明显偏载
		架体稳定	垂直度满足要求，架体与建筑结构连接牢固
		电器装置安全	装置齐全且灵敏有效
		避雷	已按规定设置且符合安全要求
		其他	符合施工现场有关安全要求。电梯司机必须持证上岗。电梯操作室与各楼层须设置信号联系装置，且须有阶段性例检记录
7	塔吊	力矩限制器	设置齐全且灵敏有效
		限位器	设置齐全且灵敏有效
		保险装置	设置齐全且灵敏有效
		附墙装置与轨道夹	按照规定设置附墙装置和轨道夹
		基础	无积水、无覆盖情况，周边环境符合安全要求
		现场吊装安全	无违章操作情况，符合现场要求
		多塔作业	防碰撞措施到位，现场运转符合要求，塔吊与塔吊、塔吊与建筑物、塔吊与架空线路之间必须符合安全距离
		其他	符合施工现场有关安全要求。塔吊应有接地、接零、漏电保护装置。塔吊司机、指挥应持证上岗，须有阶段性例行检查资料

续表

序号	类别	项　　目	检 查 要 点
8	施工机具	搅拌机	验收手续齐全，摆放平稳，安全装置齐全，无违章操作
		圆盘锯	验收手续齐全，摆放平稳，安全装置齐全，无违章操作
		钢筋机械	验收手续齐全，摆放平稳，安全装置齐全，无违章操作
		电焊机	验收手续齐全，摆放平稳，安全装置齐全，无违章操作
		手持电动工具	验收手续齐全，摆放平稳，安全装置齐全，无违章操作
		气瓶	验收手续齐全，摆放距离和环境满足安全要求，安全装置齐全
		打桩机械	验收手续齐全，防超高装置灵敏有效、设置平稳，无违章操作
		潜水泵	保护装置齐全灵敏，无违章操作
		消防设置	警示标志齐全，灭火器材设置齐全，消防通道畅通
		临时设施	按照“三区分离”要求设置，符合安全要求和卫生、防火要求等
		保健急救	有专门的机构和人员，药品齐全
		其他	符合施工现场有关安全要求
9	其他	高切坡（或深开挖）	临边防护到位，排水通畅，坑边荷载符合要求，变形监测到位
		大型吊装（或安装）	起重机械手续齐全，特种作业人员证件齐全，吊点设置合理，现场警戒到位
		安全通道	高空作业人员应通过斜道或专用爬梯以及电梯上下通行

任务五　安全文明施工监理

一、现场安全文明施工监理重点

现场安全文明监理安全履责工作主要是监督施工人员的不安全行为，控制物的不安全状态，督促施工单位做好作业环境的防护工作，其具体工作有以下几项。

(1)贯彻执行“安全第一，预防为主”的方针，国家现行的安全生产的法律、法规，建设行政主管部门的安全生产的规章和标准。

(2)督促施工单位落实安全生产的组织保证体系，建立健全安全生产责任制，检查责任制的建立健全和考核、经济承包合同或协议中安全生产指标、各工程安全技术操作规程、专(兼)职安全员设置。

(3)督促施工单位对工人进行安全生产教育及分部、分项工程的安全技术交底。

(4)审查施工方案或施工组织设计中有否保证工程质量和安全的具体措施，使之符合安全施工的要求，并督促其实施；核查施工组织设计和专项施工方案的种类和编审手续，以及安全措施的合理性、科学性。

(5)检查并督促施工单位，按照建筑施工安全技术标准和规范要求，落实分部、分项工程或各工序、关键部位的安全防护措施。

(6)定期检查工程安全技术交底的涉及面、针对性及履行签字手续情况;检查承包商安全检查制度、检查记录、整改情况;检查承包商安全教育制度,以及新工人三级教育和变换工种教育的内容、时间等;检查从事特种作业人员的培训指证上岗情况(复验时间、单位名称);对不安全因素,及时督促施工单位整改。

(7)监督检查施工现场的消防工作和冬季防寒、夏季防暑、文明施工、卫生防疫等项工作。

(8)不定期组织安全综合检查,按《建筑施工安全检查标准》(JGJ 59—2011)进行评价,提出处理意见并限期望改。

(9)发现违章冒险作业的要责令其停止施工,发现隐患的要责令其停工整改。

二、安全文明施工监理的工作内容

(1)检查施工单位安全生产管理职责,检查施工单位工程项目部安全管理组织结构图,检查施工单位安全保证体系要素、职能分配表,检查施工单位项目人员的安全生产岗位责任制。

(2)检查施工单位安全生产保证体系文件。施工单位安全生产保证体系文件包括安全生产保证体系程序文件、施工安全各项目管理制度文件、经济承包责任制文件、明确的安全指标和包括奖惩在内的保证措施支持性文件、内部安全生产保证体系审核记录、施工单位内部安全生产保证体系审核记录。

(3)审查施工单位安全设施,保证安全所需的材料、设备及安全防护用品到位。

(4)强化分包单位安全管理,检查施工总承包单位对分包施工安全管理。

(5)检查施工单位安全技术交底及动火审批,检查交底及动火审批目录、记录说明。检查总包对分包的进场安全总交底;对作业人员按工种的安全操作规程交底、施工作业过程中的分部、分项安全技术交底;安全防护设施交接验收记录。检查动火许可证、模板拆除申请表,检查施工单位之间的安全防护设施交接验收记录。

(6)督促和检查施工单位对安全施工的内部检查。检查施工单位安全检查记录表、脚手架搭设验收单、特殊类脚手架搭设验收单、模板支撑系统验收单、井架与龙门架搭设验收单、施工升降机安装验收单、落地操作平台搭设验收单、悬挂式钢平台验收单、施工现场临时用电验收单、接地电阻测验记录、移动手持电动工具定期绝缘电阻测验记录、电工巡视维修工作记录卡、施工机具验收单,并对安全检查进行记录。

(7)检查施工单位事故隐患控制,检查事故隐患控制记录、事故隐患处理表、违章处理登记表、事故月报表。

(8)检查施工单位安全教育和培训,检查安全教育和培训目录及记录说明。对新进施工现场的各类施工人员,必须进行安全教育并做好记录。

(9)检查施工单位职工劳动保护教育卡汇总表,提醒施工单位加强对全体施工人员节前后的安全教育并做好记录。

(10)抽查施工单位班前安全活动、周讲评记录。检查施工单位安全员及特种作业人员名册、持证人员的证件。

三、安全文明施工监理措施

(1)开工前,项目监理部针对所监理项目特点召开安全施工专题讨论会,加强安全知识的深化学习,进一步强化监理人员的安全意识。

(2)项目监理部制定安全管理职责,落实安全责任制,总监理工程师负全责,各专业监理工程师各负其责。

(3)审核施工组织设计中安全管理的条款以及开工条件中安全施工的准备工作情况,否则不予开工。

(4)发现施工过程中存在安全隐患时,责令停工整改。

(5)监理工程师对现场采取定期或不定期巡查或旁站,对施工现场及办公生活区的安全措施进行检查,对发现的问题及时发监理整改通知,同时及时收集现场安全方面的信息,及时对信息进行处理。

(6)通过例会、专题会议解决安全施工中出现的问题。

(7)及时、多渠道地向业主汇报工程安全方面的信息。

(8)建立安全施工状况登记制度,即在监理日记、监理月报、监理总结等监理文件中准确、及时地记录安全状况。

(9)制定安全施工管理中的奖罚机制,对成绩优异的监理人员实行奖励,对责任心不强的监理人员进行处罚,直至调离监理工作岗位。

现场安全文明施工监理控制要点如表 10-2 所示。

表 10-2　现场安全文明施工监理控制要点

内　　容	监理督促检查内容
施工现场挂牌	挂牌内容齐全,“五牌一图”挂放整齐、醒目
封闭式管理	现场统一服装,佩戴出入证,确立门卫制度,杜绝人员混杂
现场围挡	围挡高度应不低于当地主管部门要求,整齐、安全,无残缺
总平面布置	构件、料具及设施布置严格按经审定的总平面实施,道路畅通,无大面积积水
现场住宿	施工作业区与住宿区必须隔离,住宿环境安全、卫生
生活设施	厕所必须符合卫生要求,卫生饮水保证供应,食堂符合卫生要求
保健急救	现场应配备医疗室及经培训的急救人员,具备急救措施和器材
垃圾、污水	垃圾集中堆放、及时清运,排污符合环卫要求
防火	必须配备经培训的消防人员,配置充足的消防器材、消防水源,有严格的消防措施
宣传	现场有安全标语、安全标志
施工人员	外来施工人员必须办理暂住证及计划生育证

案例分析

(1)甲施工单位项目经理部凭以往经验进行安全估算的做法不妥。正确做法是应进行安全验算。

(2)甲施工单位项目经理部安排质量检查员兼任施工现场安全员的做法不妥。正确做法是应有专职安全生产管理人员进行现场安全监督工作。

(3)甲施工单位项目经理部直接将专项施工方案报送总监理工程师签认的做法不妥。正确做法是专项施工方案应先经甲施工单位技术负责人签认后报送总监理工程师。

复习思考题

1. 简述《建设工程安全管理条例》中关于监理责任的条款。
2. 简述安全生产管理监理工作的主要内容。
3. 简述安全生产管理监理工作的主要方法。
4. 项目监理机构在何种条件下签发安全监理通知、工程暂停令和监理报告？
5. 工程安全事故发生后，项目监理机构该做好哪些工作？

项目十一 建设工程监理信息管理

11

学习目标

了解建设工程信息管理的基本概念；熟悉建设工程信息管理的流程；掌握建设工程文件和档案资料管理；熟悉建设工程信息管理系统；了解建设工程信息管理软件及其应用。

案例引入

某地区政府部门A建设一个面向公众服务的综合性网络应用系统，主要包括机房建设、网络和主机平台建设以及业务应用系统开发，该政府部门A通过招投标方式选定本项目的监理方为具有甲级资质的全国知名监理单位希赛公司C，并确定监理方式为全过程监理，然后与希赛公司签订了监理委托合同；同时招标选定承建单位B为本项目的实施方，希赛公司与该政府部门A签订监理委托合同前，双方明确了监理合同的主要内容。问：一般而言，监理委托合同中应包括或体现哪些主要内容？

任务一 监理信息管理概述

一、监理信息的作用和分类

1. 监理信息的作用

监理信息是为监理决策和管理服务的，是监理决策和管理的基础。建设工程监理的主要方法是控制，控制的基础是信息，及时掌握准确的监理信息，可以使监理工程师耳聪目明，可以更加卓有成效地完成监理任务。信息管理工作的好坏，将会直接影响监理工作的成败，所以监理工程师应重视监理信息，掌握信息管理的方法。

2. 监理信息的分类

建设工程项目监理过程中，涉及大量的信息，这些信息根据不同标准可划分如下。

1)按照建设工程的目标划分

监理信息按照建设工程的目标可划分为以下四类。

(1)投资控制信息。

(2)质量控制信息。

(3)进度控制信息。

(4)合同管理信息。

2)按照建设工程项目信息的来源划分

监理信息按照建设工程项目信息的来源可划分为以下两类。

(1)项目内部信息。

(2)项目外部信息。

3)按照信息的稳定程度划分

监理信息按照信息的稳定程度可划分为以下两类。

(1)固定信息。

(2)流动信息。

4)按照信息的层次划分

监理信息按照信息的层次可划分为以下三类。

(1)战略性信息。

(2)管理性信息。

(3)业务性信息。

5)按信息的性质划分

监理信息按照信息的性质可划分为以下四类。

(1)组织类信息。

(2)管理类信息。

(3)经济类信息。

(4)技术类信息。

二、信息管理与信息系统

1. 信息管理

1)信息管理的概念

信息管理是指对信息的收集、加工整理、储存、传递与应用等一系列工作的总和。信息管理的目的就是通过有组织地流通信息,使决策者能及时、准确地获得相应的信息。

2)信息管理的基本任务

监理工程师作为项目管理者,承担着项目信息管理的任务。

(1)组织项目基本情况的信息收集并系统化,编制项目手册。

(2)规定项目报告及各种资料的基本要求。

(3)按照项目实施、项目组织、项目管理工作过程建立项目管理信息流程,在实际工作中保证这个系统正常运行,并控制信息流。

(4)文件档案管理工作。

3)信息管理工作的原则

为了便于信息的收集、处理、储存、传递和利用,监理工程师在进行建设工程信息管理中应遵循以下基本原则:

(1)标准化原则;

(2)有效性原则;

(3)定量化原则;

(4)实效性原则;

(5)高效处理原则;

(6)可预见原则。

4)信息分类编码的原则

在信息分类的基础上,可以对项目信息进行编码。信息编码是指将事物或概念赋予一定规律性的、易于计算机和人识别与处理的符号。对项目信息进行编码的基本原则如下:

(1)唯一性原则;

(2)合理性原则;

(3)可扩充性原则;

(4)简单性原则;

(5)适用性原则;

(6)规范性原则。

2. 信息系统

信息系统是由人和计算机等组成,以系统思想为依据,以计算机为手段,进行数据收集、传递、处理、存储、分发，加工产生信息，为决策、预算和管理提供依据的系统。

信息系统是一个系统，具有系统的一切特点，信息系统的目的是对数据进行综合处理，得到信息，它也是一个更大系统的组成部分。它能够再分为多个子系统，与其他子系统有相关性，也与环境有联系。它的对象是数据和信息，通过对数据的加工得到信息，而信息是为决策、预测、管理服务的。

任务二 监理的信息管理

一、监理工作信息流程

建设工程的信息流由建设各方的信息流组成，监理单位的信息系统是建设工程系统的一个子系统，监理的信息流仅仅是建设工程中的一部分信息流。建设工程的信息流程图如图 11-1 所示。

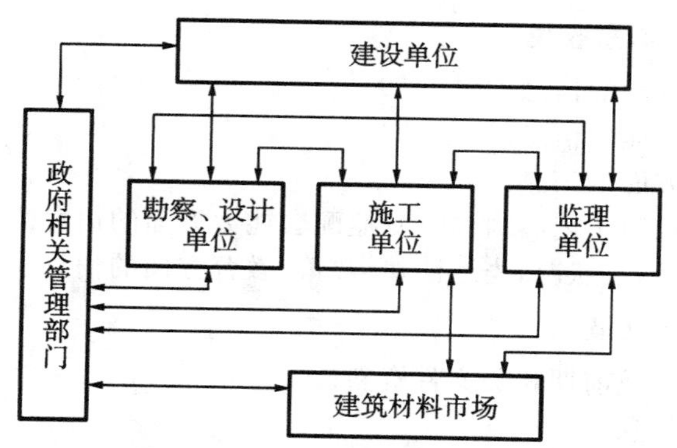

图 11-1 建设工程的信息流程图

在监理单位内部，也有一个信息流程，监理单位的信息系统更偏重于内部管理和对所监理的建设工程项目监理部的宏观管理，对具体的某个工程项目监理部，也要组织必要的信息流程，加强项目数据和信息的微观管理。监理单位的信息流程图如图 11-2 所示，项目监理部的信息流程图如图 11-3 所示。

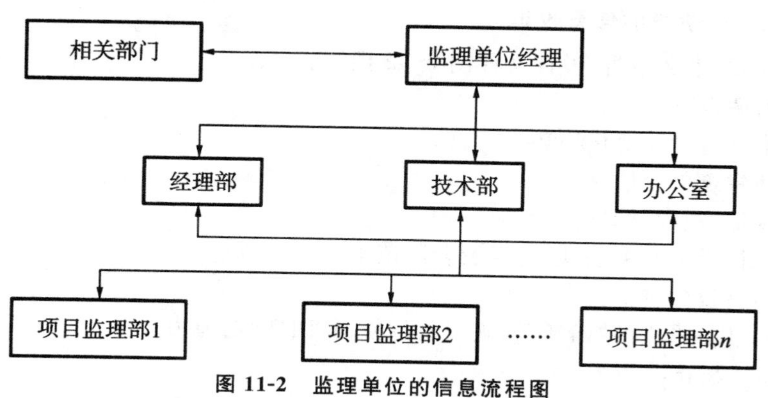

图 11-2 监理单位的信息流程图

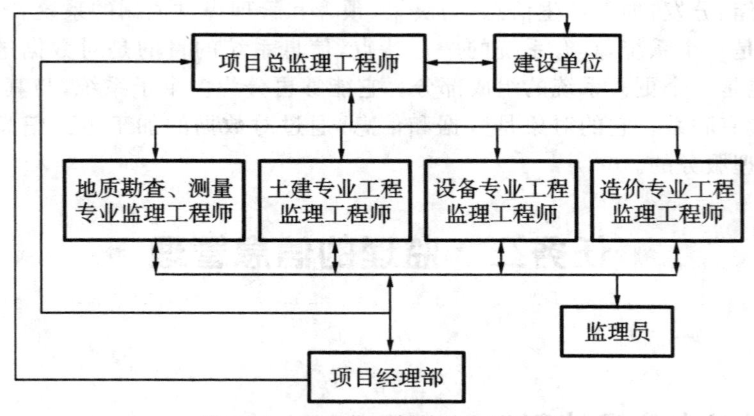

图 11-3　项目监理部的信息流程图

二、监理信息的收集

在建设工程不同阶段，对数据和信息的收集是不同的。

1. 项目决策阶段的信息收集

(1)项目相关市场方面的信息。

(2)项目资源相关方面的信息。

(3)自然环境相关方面的信息。

(4)新技术、新设备、新工艺、新材料、专业配套能力方面的信息。

(5)政治环境，社会治安状况，当地法律、政策、教育方面的信息。

2. 设计阶段的信息收集

(1)可行性研究报告及前期相关文件资料。

(2)同类工程相关信息。

(3)拟建工程所在地相关信息。

(4)勘察、测量、设计单位相关信息。

(5)工程所在地政府相关信息。

(6)设计中的设计进度计划、设计质量保证体系、设计合同执行情况、偏差产生的原因、专业交接情况、执行规范、标准情况、设计概算等方面的信息。

3. 施工招投标阶段的信息收集

(1)工程地质、水文报告、设计文件图纸、概预算。

(2)建设前期报审资料。

(3)建筑市场造价及变化趋势。

(4)所在地建筑单位信息。

(5)适用规范、规程、标准。

(6)所在地招投标有关法规、规定及合同范本。

(7)所在地招投标情况。

(8)该工程准备采用的“四新”和施工单位使用“四新”的能力。

4. 施工阶段信息的收集

(1)施工准备期的信息收集，主要有：监理大纲；施工单位项目经理部的组成及管理方法；建设工程项目所在地具体情况；施工图情况；相关法律、法规、规章、规范、规程，特别是强制性标准和质量评定标准。

（2）施工实施期的信息收集，主要有：施工单位人员、设备、能源；原材料等供应、使用、保管；项目经理部管理程序；施工规范、规程；工程数据的记录、材料的试验资料；设备安装调试资料；工程变更及施工索赔相关信息。

（3）竣工保修期的信息收集，主要有：贯彻准备阶段文件；监理文件；施工资料；竣工图；竣工归档整理规范及竣工验收资料。

三、监理信息的处理

1. 信息的加工、整理

把建设各方得到的数据和信息进行鉴别、选择、核对、合并、排序、更新、计算、汇总，生成不同形式的数据和信息，提供给具有不同需求的各类管理人员使用。

2. 信息的加工、整理、存储流程

通过完善建设工程项目业务流程图，进而抽象化，找到总的数据流程图，再通过数据流程图得到系统流程图，规范信息的处理程序。

3. 信息的分发和检索

通过对收集的数据进行分类加工、处理产生信息后，要及时提供给需要使用数据和信息的部门，要根据需要来分发信息和数据，信息和数据的检索则要建立必要的分级管理制度，一般使用软件来保证实现数据和信息的分发、检索。分发和检索的原则是：需要的部门和使用人，有权在需要的第一时间，方便地得到所需要的、以规定形式提供的一切信息和数据，而保证不向不该知道的部门提供任何信息和数据。

信息的储存一般需要建立统一的数据库，各类数据以文件的形式组织在一起，组织的方法一般由单位自定，但要考虑规范化。

任务三　监理资料与文档管理

一、监理资料

监理资料应包括的内容有：

（1）施工合同文件及委托监理合同；

（2）勘察设计文件；

（3）监理规划；

（4）监理实施细则；

（5）分包单位资格报审表；

（6）设计交底与图纸会审会议纪要；

（7）施工设计（方案）报审表；

（8）工程开工/复工报审表及工程暂停令；

（9）测量核实资料；

（10）工程进度计划；

(11)工程材料、构配件、设备的质量证明文件；
(12)检查试验资料；
(13)工程变更资料；
(14)隐蔽工程验收资料；
(15)工程计量单和工程款支付证书；
(16)监理工程师通知单；
(17)监理工作联系单；
(18)报验申请表；
(19)会议纪要；
(20)往来函件；
(21)监理日记；
(22)监理月报；
(23)质量缺陷与事故的处理文件；
(24)分部工程、单位工程等验收资料；
(25)索赔文件资料；
(26)竣工结算审核意见书；
(27)工程项目施工阶段质量评估报告；
(28)监理总结。

二、建设工程监理文件档案资料管理

1. 监理文件档案资料的基本概念

监理文件档案资料是指监理工程师受业主委托，在进行建设工程监理的工作期间，对建设工程实施过程中形成的与监理相关的文档进行收集积累、加工整理、立卷归档和检索利用等一系列工作。

2. 监理文件档案资料的主要内容

(1)监理文件档案收文与登记。
(2)监理文件档案资料传阅与登记。
(3)监理文件档案资料发文与登记。
(4)监理文件档案资料分类存放。
(5)监理文件档案资料归档。
(6)监理文件档案资料借阅、更改与作废。

3. 监理文件档案资料管理的办法

(1)收、发文，借阅、传阅应建立登记制度。
(2)收文应记录文件名、文件摘要、发放部门、文件编号、收文日期，收文人员应签字。
(3)检查收文各项内容的填写和记录是否真实、完整，格式是否满足文件档案规范的要求。
(4)收到文件后应及时提交给项目总监理工程师、总监理工程师代表或专业监理工程师进行处理。

(5)监理文件的更改、作废，原则上应由信息部门指定的责任人进行，涉及审批责任的，还需经相关原审批责任人签字认可，更改后的新文件及时取代原文件。

三、施工阶段基本表式

建设工程监理在施工阶段的基本表式按照《建设工程监理规范》执行，规范中基本表式有三类。

1. A类表

A类表共10个(A1～A10)，为承包单位用表，是承包单位与监理单位之间的联系表，由承包单位填写，向监理单位提交或回复。A类表有：(1)工程开工/复工报审表(A1)；(2)施工组织设计方案报审表(A2)；(3)分包单位资格报审表(A3)；(4)________损验申请表(A4)；(5)工程款支付申请表(A5)；(6)监理工程师通知回复单(A6)；(7)工程临时延期申请表(A7)；(8)费用索赔申请表(A8)；(9)工程材料构配件设备报审表(A9)；(10)工程竣工报验单(A10)。

2. B类表

B类表共6个(B1～B6)，为监理单位用表，是监理单位与承包单位之间的联系表，由监理单位填写，向承包单位发出指令或回复。B类表有：(1)监理工程师通知单(B1)；(2)工程暂停令(B2)；(3)工程款支付证书(B3)；(4)工程临时延期审批表(B4)；(5)工程最终延期审批表(B5)；(6)费用索赔审批表(B6)。

3. C类表

C类表共2个(C1，C2)，为各方通用表，是工程项目监理单位、承包单位、建设单位等有关单位之间的联系表。C类表有：(1)监理工作联系单(C1)；(2)工程变更单(C2)。

案例分析

信息系统工程监理是指依法设立且具备相应资质的信息系统工程监理单位，受建设单位委托，依据国家有关法律法规、技术标准和信息系统工程监理合同，对信息系统工程项目实施的监督管理。监理单位是指具有独立法人资格，并具备规定数量的监理工程师和注册资金、必要的软硬件设备、完善的管理制度和质量保证体系、固定的工作场所和相关的监理工作业绩，取得工业和信息化部颁发的“信息系统工程监理资质证书”，从事信息系统工程监理业务的单位。

监理单位从事信息系统工程监理活动，应当遵纪守法、公平、公正、独立的原则。监理单位承担信息系统工程监理业务，应当与建设单位签订监理合同，合同内容包括：(1)监理业务内容；(2)双方的权利和义务；(3)监理费用的计取和支付方式；(4)违约责任及争议的解决方法；(5)知识产权；(6)双方约定的其他事项。实施监理前，建设单位应将所委托的监理单位、监理内容书面通知承建单位。承建单位应当提供必要的资料，为监理工作的开展提供方便。

复习思考题

1. 监理工程师进行建设工程项目信息管理的基本任务是什么？
2. 建设工程监理信息在建设各个阶段如何进行收集？
3. 监理资料包括哪些内容？
4. 监理工作基本表式有哪几类？具体有哪些？

参考文献 CANKAOWENXIAN

[1]袁景翔，肖波，建设工程监理[M]. 重庆:重庆大学出版社，2015.

[2]杨晓林，建设工程监理[M].2 版. 北京:机械工业出版社，2007.

[3]郑新德. 建设工程监理[M].3 版. 重庆:重庆大学出版社. 2014.

[4]李京玲. 建设工程监理[M].4 版. 武汉:华中科技大学出版社. 2017.

[5]刘勇. 建设工程监理概论[M]. 北京:中国水利水电出版社，2016.

[6]李明安. 建设工程监理操作指南[M].2 版. 北京:中国建筑工业出版社，2017.

[7]金能龙. 建设工程监理[M]. 成都:西南交通大学出版社，2016.

[8]倪建国. 建设工程监理实施细则精选汇编[M]. 北京:中国建筑工业出版社，2013.

[9]王照雯. 建设工程监理[M]. 北京:机械工业出版社，2012.

[10]李惠强，唐菁菁. 建设工程监理[M].2 版. 北京:中国建筑工业出版社，2010.

[11]杨晓林. 建设工程监理[M].3 版. 北京:机械工业出版社，2016.

[12]中国建设监理协会. 建设工程监理相关法规文件汇编[M]. 北京:中国建筑工业出版社，2017.